地盤工学 第2版 新装版

澤 孝平 編著

森北出版株式会社

第2版のまえがき

1999年に「地盤工学」を出版してから，早10年が過ぎました．その当時，この分野は土質力学や土質工学と呼ばれることが多かったのですが，地盤の環境問題や大深度の地下開発，防災関連の地震・耐震工学などもその範囲にとりこまれることが多くなり，学会名称も変更する機運が高まってきていました．大学や高専で土の研究と教育に携わっていた教員5名が執筆者となり，わかりやすい教科書を作成するべく，まとめたものが「地盤工学」でした．10年前には少し目新しい「地盤工学」という名称は今や広く認知され，ごくあたりまえに使われています．そして，本書は多くの大学・高専で学生諸君や，教員各位に親しまれ，利用されてきました．

このたび，初版執筆10年の節目に執筆陣を若返らせ，最新の知見を取り入れ，版を改めることにしました．大学や高専で勉強する内容は年々増えているにもかかわらず，授業時間は減少してきているため，授業ではできるだけ効率良く多くのことがらに触れ，理解を深める工夫が必要になってきています．そのような観点から，今回の改訂版においては，総ページ数を約1割減少させましたが，旧版以上にわかりやすい記述を心がけ，演習問題を増やすことにしました．章・節の順序や構成および基本的事項は旧版と同様としています．編著者以外の執筆者は40〜50歳台の経験豊かで新進気鋭の教育・研究者であり，それぞれの分野で育まれてきた知見をわかりやすく解説しました．

本書は"建設工学シリーズ"の中に収められていましたが，出版元の意向によりこのシリーズから外れることになり，書判をA5判から判を多少大きくし，図表などが見やすく，全体をゆったりと編成できるようになりました．

新機軸の本書により地盤工学に親しんでいただき，より深い知識を修得していただけるように配慮したつもりですが，まだまだ不十分な点があるかもしれません．読者諸氏の忌憚のないご意見を賜り，後日を期したいと存じます．

最後に，本改訂に当たりお世話になりました森北出版株式会社の石田昇司様，二宮惇様をはじめ，関係各位にお礼申し上げます．

2009年11月　　　　　　　　　　　執筆者を代表して　編著者　澤　孝平

新装版にあたって

本書は発行以来，多くの大学・高専で教科書として採用していただきました．このたび，よりわかりやすくするために，2色刷としてレイアウトを一新しました．

2020年8月　　　　　　　　　　　執筆者を代表して　編著者　澤　孝平

まえがき

　地盤の上に住居や石積みを建設したり堅固な河川堤防を構築するために，地盤やそれを構成している土の性質に関する知識や技術の一部は古くから発達していた．これを近代科学の一分野として最初に体系化したのはテルツァギー (Terzaghi) である．彼は 1925 年に「Erdbaumechanik auf Bodenphysikalisher Grundlage」という書物を執筆し，現場経験に基づいて土の学問をまとめあげた．この Erdbaumechanik は英語で「soil mechanics」，日本語で「土質力学」と訳された．

　わが国で土質力学に関する研究が始められたのは 1930 年ごろからであり，大学で本格的に講義が始まったのは 1940 年代後半である．1949 年に研究者や技術者の組織する「土質工学会」が発足している．土質力学は土の強さと変形および透水を問題とする科学であり，せん断強さ，透水性，圧密特性などを取り扱う．一方，土質工学 (soil engineering) は土質力学の知識を建設工学の分野に応用する学問分野であり，地盤の安定，支持力および沈下などを取り扱う．最近では大深度地下開発などのために岩盤との境界地盤や地球環境問題にかかわる地盤環境工学などをも取り扱うようになり，広く「地盤工学 (geotechnical engineering)」といわれることが多い．

　地盤工学以外にも地盤や土に関する学問分野は多く，農学では土壌学，理学では地質学，地形学，工学では岩盤力学，セラミック工学などがある．これらの関連学問分野において得られた知見を取り入れながら，地盤工学の内容は徐々に広がってきている．

　本書では，このような地盤工学の教科書としてできるだけわかりやすく解説するために，理論や経験に基づく解説とともに多くの例題を通じて理解が深められるようにした．各章には演習問題とともに課題をつけ，学生諸君が自主的に学習するための手がかりを示している．是非積極的に取り組んでいただきたい．地盤環境工学の分野も本書に取り入れるつもりであったが，このシリーズの「環境工学」で解説されると聞き，またページ数の関係からあえて割愛した．このような境界領域の知識を身につけた技術者が活躍する社会は間近かであり，いずれは地盤工学の教科書に必要な事項である．

　本書は計量法の移行猶予期限（1999 年 9 月 30 日）が終わろうとする時期に出版されるものであり，計量法にのっとり単位系を SI 単位で表示し，従来の重力単位を使わないことにしている．重力単位に慣れている世代には取り付きにくい面もあろうが，SI 単位の流れに乗っていただくよう期待している．また，JIS や地盤工学会基準で定められている試験法や調査法の最新のものに基づいて記述している．これらは日々改正されていくものであり，版を改める都度できるだけ更新していくつもりである．

　わかりやすい教科書という当初の目的がどこまで達成できたかは，読者諸氏の判断に待つところが多い．本書を利用される方々からのご指摘，ご助言を得て，よりわかりやすい内容にしていきたい．

　本書の執筆にあたって懇切なご校閲をいただいた監修者の大原資生先生にお礼申し上げます．また，本書の企画から出版までいろいろとお世話いただいた森北出版株式会社の渡邊侃治氏，石田昇司氏に心から感謝いたします．

1999 年 9 月

執筆者一同

⎍目　次

編集・執筆担当

担当部分	担当者氏名		担当部分	担当者氏名	
	第2版・新装版	第1版		第2版・新装版	第1版
編　集	澤　孝平	澤　孝平	第6章	佐野博昭	佐野博昭
第1章	澤　孝平	澤　孝平，沖村　孝	第7章	辻子裕二	渡辺康二
第2章	鍋島康之	澤　孝平	第8章	辻子裕二	渡辺康二
第3章	日置和昭	青木一男，澤　孝平	第9章	吉田信之，澤　孝平	沖村　孝
第4章	日置和昭	青木一男，澤　孝平	第10章	吉田信之，澤　孝平	沖村　孝
第5章	佐野博昭	佐野博昭	第11章	鍋島康之	澤　孝平

※担当者の略歴は巻末を参照

第1章 地盤と土

1.1 地盤の生成

わが国は地球全表面積の 0.07% に相当する約 37 万 km^2 の面積しかないが，島国であるため海岸が入り組んでおり，海岸線の長さはアメリカより長い．このことは条件の良い港がつくりやすく，かつ埋め立てによる国土の造成が容易なことを示している．しかし，反面，海岸付近に軟弱地盤が広く分布し，各種の建設工事で問題になることが多い．

また，わが国は山地が国土の約 70% と多く，梅雨期と台風時期を中心に降水量が多い（年平均降水量は約 1800 mm）．この水は地盤構成要素である土の生成に大いに関係するとともに，山崩れや土石流が多発する原因になっている．一方，このような多雨は植生の生育に適し，緑に覆われた面積はわが国土全体の 87% にも達する．

さらに，わが国は環太平洋地震帯に位置し，活火山が 111 個もあるため，地震や火山活動が活発である．全世界で発生する地震や活火山の約 10% がわが国で発生しているほどであり，わが国の地盤構成の複雑さの原因となっている．

地盤工学を学習するに当たって，この複雑な地盤がどのような過程を経て，どのような物質で形成されているかを知ることは大切なことである．

1.1.1 地盤を構成する物質の定義

地質学では地殻を構成しているすべての物質を岩石 (rock) といい，その固形部分を底岩 (bed rock)，底岩上の分解物を套岩 (mantle rock) と区別している．また，農業工学では套岩上部の植物の根が貫入する部分のみを土壌 (soil) と呼んでおり，地表面からせいぜい数 m の深さまでである．

地盤工学では，地盤を構成している物質を岩 (rock) と土 (soil) に区別している．そのうち，土を「礫，砂，シルト，粘土およびそれらの混合物からなる弱いあるいは中程度の粘着性堆積物」と定義している．その下の「火成岩，堆積岩，変成岩の天然の岩盤またはそれらの大きな硬い岩塊」を岩と呼んでいる．建設工学が取り扱う深さは，最近の大深度地下開発に伴って深くなっており，地表面下 100 m 以上にも達している．たとえば，関西国際空港の人工島建設において沈下が問題となった洪積層は，海底面

下 20〜400 m の深さに存在する.

1.1.2　地盤を形成する岩

　地盤工学では，1.1.1 項で説明したように，地盤を構成する物質を土と岩に分けている．このうち，土を生み出す元である岩に着目すると，次の四つに大別できる．

① 火成岩 (igneous rock)：地球のマグマが冷却し，固結化したものを火成岩という．この冷却時の時期と速度により，火成岩中の鉱物の組み合わせと粒子の大きさが異なってくる．これに着目して，火成岩は表 1.1 のように分類されている.

表 1.1　火成岩の種類

	酸性岩	中性岩	塩基性岩	超塩基性岩
火山岩	流紋岩	安山岩	玄武岩	
半深成岩	石英斑岩	ひん岩	輝緑岩	
深成岩	花崗岩	閃緑岩	斑れい岩	かんらん岩

表 1.2　火山噴出物の種類

名　称		粒子の大きさ（直径）
溶岩	火山岩塊	32 mm 以上
	火山礫	4〜32 mm
火山灰		4 mm 未満

② 火山噴出物・火山砕屑物 (pyroclastic material)：火山から噴出する物質を火山噴出物あるいは火山砕屑物といい，大きさにより表 1.2 のように分類できる．このうち，溶岩は火口から噴出したマグマ中のガス成分が抜け出て多孔質になっている場合が多い.

③ 堆積岩 (sedimentary rock)：地表近くの岩石は，1.1.3 項で説明する風化作用により細粒子に変わっていき，このような細粒物（砕屑物とも呼ばれる）が地表を浅く広く覆っている．これらが固結したものを堆積岩といい，堆積する環境により表 1.3 の 4 種類に分けられる.

　堆積岩の場合，形成された年代が古いほど岩の性質を示し，新しいほど土の性質に近い．工学的に硬岩と軟岩の境界はさまざまであるが，地質年代では新生代（第四紀，第三紀，今から 7000 万年前）以降のものには軟岩が多く，これらがわが国の低地を覆っている.

表 1.3　堆積岩の種類と堆積環境

名　称	種　類	堆積・固結の環境
水成砕屑物	礫岩，砂岩，泥岩	水中にて堆積
火山砕屑物	火山角礫岩，集塊岩，凝灰岩	火山噴出物が固結
生物岩	石灰石，チャート，石炭	動植物の遺骸が集積
化学岩	石膏，岩塩，石灰岩，チャート	化学反応により固結

④ **変成岩** (metamorphic rock)：地下の深部において岩石が高い温度や圧力を受けると，岩石を構成している物質が変質し，変成岩となる．変成岩は変質・変成の規模により表 1.4 のように分類できる．

表 1.4　変成岩の種類と変成の規模

名　称	種　類	高温・高圧の範囲
接触変成岩	ホルンフェルス，晶質石灰岩	岩石にマグマが貫入・接触
広域変成岩	結晶片岩，片麻岩，千枚岩，晶質石灰岩	大規模な地殻変動

このように，さまざまな岩石で構成されている地盤の境界は，侵食や堆積により生じるものもあるし，断層により生じるものもある．地盤の不連続面の代表的なものは以下のようである．

① **断層** (fault)：地殻変動の結果，せん断破壊を起こした面をいう．断層周辺の地盤は破壊されているため，破砕帯を伴うことが多い．

② **層理面** (bedding plane)：堆積層の岩相が変わる境界をいう．

③ **節理面** (joint surface)：岩石の破断面であるが，この面を境にして相対的変化のない場合をいう．

1.1.3　風化作用

地盤を構成する大部分の土は，岩から風化作用 (weathering) によりつくられる．土の元になる岩を母岩 (parent rock) といい，1.1.2 項で述べた火成岩，堆積岩，変成岩に分けられる．このうち堆積岩は堆積した土が圧力の作用により再び固結する続成作用 (diagenesis) でできたものであり，これが風化すると元の土の性質を示すことが多い．たとえば，細粒土が固結した頁岩からは粘土やシルトが生成するし，砂が固結した砂岩は砂に戻る．一方，火成岩はその風化作用の違いにより生成される土の種類が異なる．

風化作用は物理的作用，化学的作用および生物的作用に分けられる．

(1) 物理的風化作用　物理的風化作用 (physical weathering) の要因は熱と圧力である．昼と夜，夏と冬のように周期的な温度変化が岩の膨張・収縮を繰り返し，かつ岩を構成している鉱物（造岩鉱物）の熱膨張率の違いに基づく不均一なひずみが原因となって，岩が崩壊していく．このような風化作用はスポーリング (spolling)，あるいは日射風化 (insolation weathering) と呼ばれる．火事 (fire) による熱も，物理的風化の原因となる．切土や掘削の際の応力解放は拘束圧力を減少させ，岩の膨張と組織の緩みを伴う崩壊が生じる．このことを，除荷作用 (unloading)，あるいはシーティング (sheeting) という．岩の割れ目中の水分が凍結すると，体積が増大し割れ目を押

し広げ，岩を破壊させる．これを凍結風化 (frost weathering) という．このような物理的な作用は造岩鉱物を分離させ，細粒化させる．したがって，物理的風化作用により生成される土は砂質土である．

(2) 化学的風化作用　化学的風化作用 (chemical weathering) の要因は水とガスである．水とガスが造岩鉱物と化学反応を起こし，造岩鉱物を分解・変質させて粘土鉱物となる．したがって，造岩鉱物を一次鉱物 (primary mineral)，粘土鉱物を二次鉱物 (secondary mineral) という．化学反応とは酸化 (oxidation)，還元 (reduction)，炭酸塩化 (carbonation)，加水分解 (hydrolisis)，溶解 (solution) などである．造岩鉱物のうち，長石や雲母が化学的風化作用の影響を受けやすく，石英は化学反応に対して強い．したがって，化学的風化作用で生成される土には長石や雲母から変質した粘土が多い．

(3) 生物的風化作用　生物的風化作用 (biological weathering) は動物，植物，細菌またはそれらの死骸によって引き起こされるものであるが，これも物理的あるいは化学的な作用で岩を風化させていく．ミミズやげっ歯動物（ウサギ，モグラなど）が地盤を掘り返す作用は物理的なものであり，鳥のふんの作用は化学反応により岩を分解させる．木の根が岩の割れ目に入り，その根圧により岩の間隙を広げて崩壊させる現象は物理的なものであり，落葉や腐朽した植物はキレート化作用 (chelation) という化学反応により鉱物を変質させる．地盤中には無数のバクテリアが存在し，これらの作用も風化に関係があるといわれる．

1.1.4　堆積作用

　岩の風化産物は，母岩の位置にそのまま留まるものと，後述する各種の営力により運ばれて母岩とは別の場所に堆積するものとに分けられる．前者を定積土 (sedentary soil)，後者を運積土 (transported soil) という．

(1) 定積土　定積土は残積土と有機質土に分けられる．

① 残積土 (residual soil)：母岩が風化した後，その場所に堆積した土である．わが国の急峻な山岳地帯では流水などによる侵食作用が激しく，残積土はあまり存在しない．西日本を中心に分布するまさ土 (decomposed granite soil) は，残積土の代表的なものであり，花崗岩類が風化した土で，雨水に対する抵抗性が弱く，集中豪雨のときに土砂災害を起こしやすい特徴がある．

② 有機質土 (organic soil)：植物の腐朽集積土であり，さらにこれを植物組織が残っている泥炭 (peat) と植物組織が残っていない腐植土 (humus) とに分けている．いずれも軟弱地盤を形成し，地盤工学上問題の多い土である．

（2）　運積土　　運積土は重力，流水，風，火山，氷河などの自然営力により運ばれた土で，次のような種類がある．

① **崩積土 (colluvial soil)**：重力の作用により崩壊した土で，崖や急峻な斜面の崩壊した崖錐堆積物が代表的なものである．

② **沖積土 (alluvial soil)**：流水により運ばれて堆積した土であり，その営力により河成沖積土，海成沖積土，湖成沖積土などと呼ばれる．わが国の大都市はこの沖積土でできた平野部の地盤に立地しているため，都市内の建設工事では必ず目にする土である．

③ **風積土 (aeolian soil)**：風により運ばれて堆積した土である．中国大陸の黄土やレス (loes) は，風積土の代表例である．

④ **火山性堆積土 (volcanic soil)**：火山の噴火物が堆積した土であり，わが国では北海道，東北，関東および九州に広く分布している．関東ローム，黒ぼく，しらすなどと呼ばれており，強度が低く圧縮性が大きく，斜面などでは崩壊しやすい土である．

⑤ **氷積土 (glacial soil)**：氷河により運ばれて堆積した土で，わが国にはほとんど存在しない．氷河により母岩から削り取られた粗粒の角ばった岩塊が氷河の末端に堆積した氷礫土（チル，till）や，北欧・カナダで見られる均質なクィッククレイ (quick clay) が代表的なものである．

1.1.5　土層の形成

（1）　土質柱状図と N 値　　一般に，定積土でも運積土でも，地盤を構成している材料は層状をしていることが多く，その一つ一つを土層または地層という．このような土層の深さ方向の厚さと順序はボーリング調査などで明らかにされ，土質柱状図 (soil boring log) として表される．図 1.1 は土質柱状図を元にして作成された土層断面図 (soil profile) であり，この図には構成土層の名前とともに各土層の N 値 (N value) が示される．

　N 値は，地盤の調査ボーリングの掘削時に通常 1 m ピッチで実施される標準貫入試験 (standard penetration test) から求められ，地盤の硬軟，締り具合，あるいは地盤の強さの推定に用いられる．この試験では，図 1.2 のような質量 63.5 kg のハンマーを 76 cm 自由落下させ，ロッド端部のノッキングヘッドを打撃する．ロッドの下端には標準貫入試験用サンプラーが取り付けられており，これを 30 cm 打ち込むのに要するハンマーの打撃回数を N 値という．標準貫入試験の JIS 規格は 1959 年に定められたため，今までに多くのデータが蓄積されており，N 値と地盤のほかのパラメータの関係が得られている．たとえば，テルツァギーとペックは粘土のコンシステンシー，一

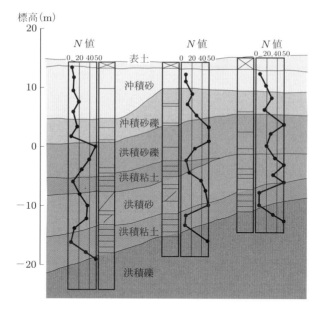

図 1.1　土層断面図

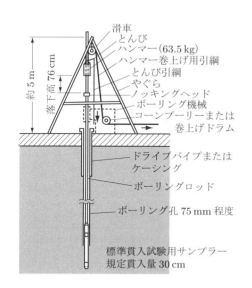

図 1.2　標準貫入試験装置［地盤工学会編：地盤調査法, p. 199, 図 – 6.2.3, 地盤工学会（1995）］

表 1.5　粘土の N 値とコンシステンシー, 一軸圧縮強さとの関係［地盤工学会編：地盤調査法, p. 202, 表 – 6.2.3, 地盤工学会（1995）］

N 値	コンシステンシー	一軸圧縮強さ（ kN/m^2 ）
2 未満	非常に軟らかい	25 未満
2～4	軟らかい	25～50
4～8	中位の	50～100
8～15	硬い	100～200
15～30	非常に硬い	200～400
30 以上	固結した	400 以上

　軸圧縮強さと N 値との関係を表 1.5 のように整理している. また, 砂の相対密度, 内部摩擦角との関係は表 1.6 のようになる. ここで, コンシステンシーと相対密度は粘

表 1.6　砂の N 値と相対密度，内部摩擦角との関係

[地盤工学会編：地盤調査法，p. 201，表 – 6.2.2，地盤工学会（1995）]

N 値	相対密度		内部摩擦角 φ（°）	
			ペックによる	マイヤホフによる
0〜4	非常に緩い	0.0〜0.2	28.5 未満	30 未満
4〜10	緩い	0.2〜0.4	28.5〜30	30〜35
10〜30	中位の	0.4〜0.6	30〜36	35〜40
30〜50	密な	0.6〜0.8	36〜41	40〜45
50 以上	非常に密な	0.8〜1.0	41 以上	45 以上

土や砂の軟らかさや締り具合を表すパラメータであり，一軸圧縮強さと内部摩擦角は強度を表すパラメータである．このように，N 値はいくつかのパラメータと関係づけられているため，N 値のみで地盤の種々のパラメータを推定して設計が行われることがあるが，N 値とパラメータとの関係には大きなばらつきがあることを知っておく必要がある．

（2）　土壌断面図と地質断面図　　土層断面図と似たもので，農学的観点から表土または土壌生成過程を示すものに土壌断面図がある．図 1.3 はその一例であり，上から A 層（A-horizon），B 層（B-horizon），C 層（C-horizon）の三つに分けられる．A 層は表層部の厚さ 1 m 以下の部分で有機物の多い黒色の土壌である．B 層は中間の厚さ数 m の部分で溶脱物の集積する褐色の土壌である．C 層は厚さ数 m で母岩のやや風化した部

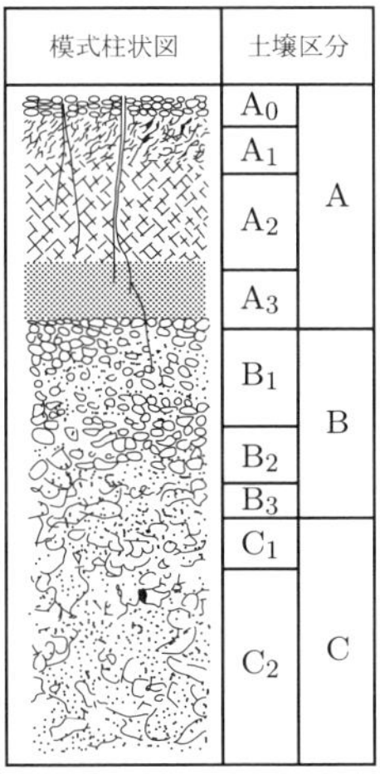

図 1.3　土壌断面図[土質工学会編：土のはなし III，p. 211，図 – 1，技報堂出版（1979），一部加筆]

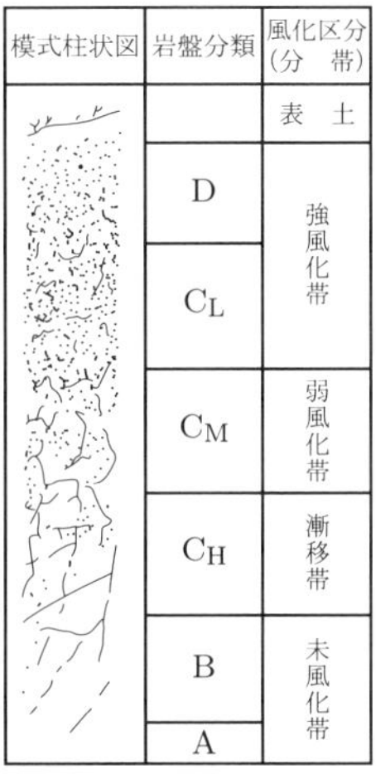

図 1.4　地質断面図[三木幸蔵：わかりやすい岩石と岩盤の知識，p. 162，図 6-6 鹿島出版会（1978），一部加筆]

分である.

　一方, 地質断面図 (geologic profile) は母岩の風化状況と硬さを表した図 1.4 のようなものである. ここでは, 記号 A が新鮮な母岩で最深部にあり, B, C, D の順に後者ほど風化が進み, 地表近くに位置するのが一般的である.

　土壌断面図と地質断面図では, 層を表す記号（A, B, C）の順序が逆になっていることに注意してほしい.

1.1.6　地形から見た地盤の特徴

　現在我々が目にする地形は, 地表を構成する岩石や土の物理的性質と, 降雨や風などによる気象条件により産み出されたものである. 地域を狭く限定すれば気象条件はほぼ同じと見みなされるため, 地表の凹凸はそれを構成している岩石の硬軟に関係している. したがって, 地形は地下水をも含めた地盤の物理・化学特性を反映しており, 地形により地盤のおおよその特性を知ることができる. 一般に, 地形は次の五つに区分され, それぞれの地盤特性は以下のようである.

① **山地**：主に固結した岩により構成されている. 地盤工学的には, 断層（破砕帯, 地下水）, 膨張性の岩石, 地すべり・山崩れなどが問題となる.

② **火山地帯**：硬い火成岩と軟らかい地層が混在する. 地下には多量の地下水が存在することがある.

③ **丘陵地**：新生代以降の岩で構成される. 固結度が低いため, 建設工事では問題が発生する場合がある.

④ **台地・段丘地**：固結度の低い軟岩や半固結の土からなる. 表面が火山灰で覆われることもある. 周囲の崖地を除くと, 地盤工学的な問題は少ない.

⑤ **低地**：未固結の軟らかい土で構成されている. 地下水面は高く（地表に近く）, 軟弱地盤が出現することがある.

1.2　地盤を構成する土

1.2.1　土の特性

　地盤を構成している土 (soil) は普通天然の材料であり, 鉄やコンクリートなどのほかの建設材料, 水や空気などの天然材料と比較して, 以下のような特徴がある. 建設技術者にとって土が取り扱いにくいものといわれたり, 建設関係の失敗例や事故例の大部分は土に関するものであるとされる理由は, これらの特徴に基づくものである.

(1) 三相系材料　鉄は大部分が固体物質で構成されている. 水は液体, 空気は気体である. 土は固体であると認識されることが多いが, 土を構成している物質は固体の土粒子と液体の水と気体の空気であり, おおよそ 1/3 ずつの体積を占めていることが

多い．この意味で土と良く似た材料はコンクリートであり，とくにまだ固まっていないフレッシュコンクリートの性質を調べるのに土の試験方法が使われることがある．

　三相の中でも水の役割が重要であり，土の多くの性質は土中の水が支配しているといっても過言ではない．土は含水量が変化すると，その物理的・工学的性質が大きく変化する．これはコンシステンシーという用語で表現され，土以外の多くの材料では見られない性質である．

(2) 砂と粘土　　土の代表的な二つの形態が砂と粘土である．これは主に土粒子の大きさの違いと粒子・水の接触面付近の界面化学的な相違に関係がある．砂は粒状体と考えられるため，粒子間力が重要であるが，粘土は微細粒子の集合体としての物理化学的性質が問題となる．このように，同じ土という言葉で表現されるものでも全く別の物質と考えた方が良いものが混在して，複雑な性質を示すことになる．

　砂地盤がせん断されるときに示すダイレイタンシーという体積変化，粘土地盤が載荷速度の違い（静的圧縮と動的圧縮）により生じる強度の違いなどは，ほかの多くの材料にはない性質である．

(3) 地域および深さ方向の複雑性　　地盤やそれを構成している土は，地域的な特徴を持っている．たとえば，関東地方の地盤は，関東ロームと呼ばれる火山灰でできた黒っぽい細粒の土で覆われている．九州の南部には，やはり火山がもたらしたしらすという土が見られる．西日本の山岳地や丘陵地には，花崗岩類が風化してその場に残積しているまさ土といわれる土が多い．北海道や東北地方には未分解の有機物で構成された黒泥・泥炭などの高有機質土が存在する．これらはわが国の特殊土の代表的なもので，それぞれに特徴のある土であり，建設工事において問題となることが多く，古くから研究の対象とされている．このように，地盤は地域の特徴的な土で構成されており，ほんの少し位置が変わるだけでも地盤の性質は大きく変化することがある．

　わが国の平野部は，河川が上流から運搬してきた土砂の堆積した沖積土で覆われていることが多いが，土層構成は深さ方向に砂や粘土の互層になっている．さらに，断層，破砕帯などの地質構造の変化も加わり，地盤はとても複雑なものとなる．

　地盤そのものあるいは地盤上に建設される構造物の安定性を考えるとき，このような複雑性のために，ある場所での成果をそのまま別の場所に適用することは難しい．すなわち，土は一定の基準のもとに大量生産されているものではなく，一つ一つが手作りのものであるといえる．

1.2.2　造岩鉱物と粘土鉱物

(1) 造岩鉱物　　火山岩を構成している鉱物を造岩鉱物 (minerals in rock) と呼び，次のようなものがある．

① 石英 (quartz)：多くの岩に 12〜20% 含まれる鉱物で，風化作用を受けると，化学的には変質せず，熱や圧力で破砕されて細粒子となる.

② 長石 (feldspar)：火成岩には最も多く存在する鉱物で，一般に 50〜60% 含まれている. 正長石 (orthoclase)，斜長石 (plagioclase) などがある. このうち斜長石は化学的風化作用により粘土鉱物となる.

③ 雲母 (mica)：黒雲母 (biotite) と白雲母 (muscobite) があり，両者で 4〜8% 含まれている. 黒雲母は化学的風化作用により，粘土鉱物に変質する.

④ **Fe, Ca, Mg のケイ酸塩**：かんらん石 (olivine)，輝石 (pyroxene)，角閃石 (amphibole) などの鉱物で，10 数% 含まれている.

(2) 粘土鉱物　主に斜長石や黒雲母が化学的風化作用により変質してできる二次鉱物を粘土鉱物 (clay minerals) という. 代表的なものは次のようである.

① カオリナイト (kaolinite)：0.1〜10 µm の六角板状結晶をしており，比較的安定した粘土鉱物である.

② ハロイサイト (halloysite)：針状または管状の結晶構造をしており，層間に水を 1 分子だけ含むものを加水ハロイサイトという.

③ モンモリロナイト (montmorillonite)：0.1〜0.5 µm の粒状結晶で，層間に多数の水分子を含有しているため，膨潤性を示すことが特徴である. この膨潤性は泥水掘削工法の泥水に利用されている. また，地すべり粘土にはこの鉱物が多く含まれている.

④ イライト (illite)：1 µm 以下の六角形結晶である. 層間に K^+ イオンが入っており，安定した性質を示す.

⑤ バーミキュライト (vermiculite)：1 µm 以下の粒状結晶で，層間に Mg，Ca，水 2 分子を持つ.

⑥ アロフェン (allophane)：非晶質の粘土鉱物で，火山灰土に多く含まれる粘土鉱物である.

(3) 土の構造　地盤中の土粒子の配置・配列状態を土の構造 (soil structure) といい，図 1.5 のように次の五つがある[1.1].

 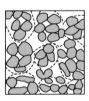

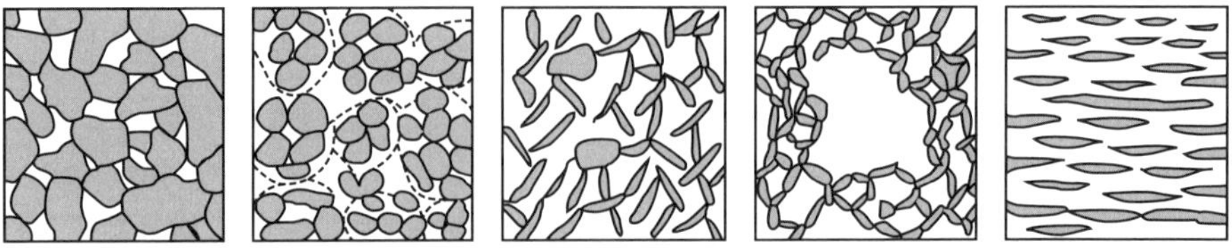

（a）単粒構造　　（b）団粒構造　　（c）ランダム構造　　（d）綿毛構造　　（e）配向構造

図 1.5　土の構造

(a) **単粒構造** (single-grained structure)：単一の粒子が密集して土層を形成するもので，砂や礫などの構造である．

(b) **団粒構造** (aggregated structure)：大小いくつかの粒子が集まり（これを団粒という）土層を形成するもので，砂質土や礫質土の構造である．

(c) **ランダム構造** (random structure)：粒子が無秩序な配向をしており，分散状態に近い構造である．粒子間の反発力が引力に比べて大きいときに生じる．淡水中で自然に堆積した活性粘土（モンモリロナイト）や繰り返しを受けた粘土試料がこの構造を示す．

(d) **綿毛構造** (flocculated structure)：粒子が固有の配向をすることなく，凝集して端－面接触構造をなすものをいう．粒子間の反発力が引力に比べて小さいときに生じ，海水中で不活性粘土（カオリナイト）が堆積するときの構造である．

(e) **配向構造** (oriented structure)：粒子が特定の配向を有するもので，淡水中でカオリナイトのような活性度の低い粘土粒子が面と面を相対して堆積するときに形成される．大きな圧密圧力やせん断変形を受けた粘土地盤の構造である．

演習問題

1.1 風化作用についてまとめよ．

1.2 残積土と運積土についてまとめよ．また，それらの代表的な土には，どのようなものがあるか．

1.3 土とほかの材料（鉄，水，コンクリート）との違いをまとめよ．

1.4 粘土鉱物を分類して，その特徴をまとめよ．

1.5 土の構造を分類してまとめよ．

課題

1.1 地盤や土に関する情報を新聞やインターネットから一つ探して，その内容についてあなたの考えをまとめよ．

土の基本的性質

2.1 土の組成とその表示方法

　三相系材料である土は，固体（土粒子），液体（水）および気体（空気）の体積と質量を，図 2.1 のように表すことができる．図中の記号を使うことにより，土の組成は次のように表現できる．

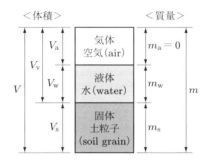

図 2.1　土の組成の模式図

2.1.1　間隙量と水分量の表示

　土全体の体積に対する間隙の体積の割合を間隙率 (porosity) n (%)，土粒子の体積に対する間隙の体積の比を間隙比 (void ratio) e といい，次のようになる．

$$n = \frac{V_v}{V} \times 100 \tag{2.1}$$

$$e = \frac{V_v}{V_s} \tag{2.2}$$

　この両者は土の間隙量を表すものとして重要であり，とくに第 4 章で述べる土の圧密現象を解析するに当たって必要となる．これらの量は直接測定することはなく，2.1.2 項で説明する土粒子の密度と土の乾燥密度の測定値から計算により求める．一般に，砂の間隙率 n は 30〜50%（間隙比 $e = 0.43$〜1），粘土では $n = 45$〜90%（$e = 0.8$〜9）である．間隙率と間隙比との間には次の関係がある．

$$n = \frac{e}{1+e} \times 100, \quad e = \frac{n}{100-n} \tag{2.3}$$

土中の水分量は土粒子の質量に対する水の質量を百分率で表し，これを含水比 (water content, moisture content) w (%) という．

$$w = \frac{m_{\mathrm{w}}}{m_{\mathrm{s}}} \times 100 \tag{2.4}$$

土の性質は水分量により左右されるため，含水比はとても重要な値であり，土を取り扱う場合，必ず測定される．一般に，含水比の値は砂で $10 \sim 30\%$，粘土で $10 \sim 300\%$ である．含水比の測定は JIS A 1203 で決められており，次式で求める[2.1]．

$$w = \frac{m_{\mathrm{a}} - m_{\mathrm{b}}}{m_{\mathrm{b}} - m_{\mathrm{c}}} \times 100 \tag{2.5}$$

ここに，m_{a}：容器に入れた土の質量 (g)，m_{b}：それを $110°\mathrm{C}$ の乾燥炉内で約 1 日間乾燥させた（炉乾燥という）後の質量 (g)，m_{c}：容器の乾燥質量 (g) である．

間隙が水や空気でどの程度満たされているかを表すものに飽和度 (degree of saturation) S_{r} (%)，空気間隙率 (air void ratio) v_{a} (%)，空気含有率 (air content) a_{c} (%) があり，次のように定義されている．このうち，飽和度は間隙中の水分量の割合を示すものとして良く用いられる．

$$S_{\mathrm{r}} = \frac{V_{\mathrm{w}}}{V_{\mathrm{v}}} \times 100 \tag{2.6}$$

$$v_{\mathrm{a}} = \frac{V_{\mathrm{a}}}{V} \times 100 \tag{2.7}$$

$$a_{\mathrm{c}} = \frac{V_{\mathrm{a}}}{V_{\mathrm{v}}} \times 100 \tag{2.8}$$

2.1.2 土粒子とその締り具合いの表示

単位体積当たりの質量を密度 (density) といい，水の密度との比を比重 (specific gravity) という．したがって，土粒子の密度 ρ_{s} (g/cm^3) と比重 G_{s} は，図 2.1 の記号を使って次のように表示できる．

$$\rho_{\mathrm{s}} = \frac{m_{\mathrm{s}}}{V_{\mathrm{s}}} \tag{2.9}$$

$$G_{\mathrm{s}} = \frac{\rho_{\mathrm{s}}}{\rho_{\mathrm{w}}} \tag{2.10}$$

ここに，ρ_{w}：水の密度 (g/cm^3) である．

土粒子の密度は土の密度に関係する量であるだけでなく，2.2 節で述べる粒度試験（土粒子の大きさを求める試験）の解析においても重要な役割を持っている．一般に，土粒子の密度は $2.65\,\mathrm{g/cm^3}$ 前後である．

　土粒子の密度の測定方法は JIS A 1202 で規定されており [2.1]，図 2.2 のようなピクノメーターを用いて土粒子と同体積の蒸留水の質量を測り，土粒子の体積を求めることにより，次式から土粒子の密度が計算できる．

$$\rho_{\mathrm{s}} = \frac{m_{\mathrm{s}}}{m_{\mathrm{s}} + (m_{\mathrm{a}} - m_{\mathrm{b}})} \times \rho_{\mathrm{w}(T)} \tag{2.11}$$

ここに，m_{s}：炉乾燥した土粒子（試料土）の質量 (g)，m_{a}：温度 T (℃) の蒸留水を満たしたピクノメーターの質量 (g)，m_{b}：温度 T (℃) の蒸留水と試料土を満たしたピクノメーターの質量 (g)，$\rho_{\mathrm{w}(T)}$：温度 T (℃) の蒸留水の密度 (g/cm^3) である．

図 2.2　ピクノメーター

　地盤を構成している土の密度 ρ (g/cm^3, t/m^3) は，土の状態（とくに水分量との関係）によって次の四つが考えられる．第 1 が湿潤密度 (wet density) ρ_{t} で，単位体積の土に含まれる土粒子と水分の質量の和であり，一般に土の密度というと湿潤密度を意味する．第 2 は乾燥密度 (dry density) ρ_{d} で，単位体積に含まれる土粒子だけの質量であり，完全に乾燥した状態の土の密度を表す．第 3 は飽和密度 (saturated density) ρ_{sat} で，間隙が水で飽和した土の密度である．第 4 は水中密度 (submerged density) $\rho_{\mathrm{sub}} = \rho'$ で，水中で土に働く浮力を考慮した見かけ密度をいう．

$$\rho_{\mathrm{t}} = \frac{m}{V} = \frac{\rho_{\mathrm{s}}(1 + w/100)}{1 + e} = \frac{G_{\mathrm{s}} + eS_{\mathrm{r}}/100}{1 + e}\rho_{\mathrm{w}} \tag{2.12}$$

$$\rho_{\mathrm{d}} = \frac{m_{\mathrm{s}}}{V} = \frac{\rho_{\mathrm{s}}}{1 + e} = \frac{G_{\mathrm{s}}}{1 + e}\rho_{\mathrm{w}} \tag{2.13}$$

$$\rho_{\mathrm{sat}} = \frac{\rho_{\mathrm{s}} + e\rho_{\mathrm{w}}}{1 + e} = \frac{G_{\mathrm{s}} + e}{1 + e}\rho_{\mathrm{w}} \tag{2.14}$$

$$\rho_{\mathrm{sub}} = \rho' = \rho_{\mathrm{sat}} - \rho_{\mathrm{w}} = \frac{\rho_{\mathrm{s}} - \rho_{\mathrm{w}}}{1 + e} = \frac{G_{\mathrm{s}} - 1}{1 + e}\rho_{\mathrm{w}} \tag{2.15}$$

土の密度は地盤の締り具合いを示すもので，2.5 節で述べる締固め試験の結果は乾燥密度で表す．湿潤密度と乾燥密度の間には次の関係がある．

$$\rho_\mathrm{d} = \frac{\rho_\mathrm{t}}{1 + w/100} \tag{2.16}$$

また，間隙比は式 (2.13) より次のように表され，土粒子の密度と土の乾燥密度より計算できる．

$$e = \frac{G_\mathrm{s} \cdot \rho_\mathrm{w}}{\rho_\mathrm{d}} - 1 = \frac{\rho_\mathrm{s}}{\rho_\mathrm{d}} - 1 \tag{2.17}$$

さらに，間隙比は土粒子の密度（あるいは比重），含水比，飽和度との間に次式の関係があり，この式は良く用いられる．

$$e = \frac{\rho_\mathrm{s} \cdot w}{\rho_\mathrm{w} \cdot S_\mathrm{r}} = \frac{G_\mathrm{s} \cdot w}{S_\mathrm{r}} \tag{2.18}$$

砂質土地盤の締り具合いを表示するのには，相対密度 (relative density) を用いることがある．これはその土の間隙（あるいは密度）が，最も緩い状態および最も密な状態と相対的にどのような関係であるかを表している．すなわち，相対密度 D_r (%) は次式で定義される．

$$D_\mathrm{r} = \frac{e_\mathrm{max} - e}{e_\mathrm{max} - e_\mathrm{min}} \times 100 = \frac{1/\rho_\mathrm{d\,min} - 1/\rho_\mathrm{d}}{1/\rho_\mathrm{d\,min} - 1/\rho_\mathrm{d\,max}} \times 100 \tag{2.19}$$

ここに，e，ρ_d：試料土の間隙比と乾燥密度，e_max，$\rho_\mathrm{d\,min}$：試料土が最も緩く締められたときの間隙比と乾燥密度，e_min，$\rho_\mathrm{d\,max}$：試料土が最も密に締められたときの間隙比と乾燥密度である．

密度と良く似た概念に単位体積重量 (unit weight) γ $(\mathrm{kN/m}^3)$ がある．これは土の単位体積当たりの重量（すなわち力）であり，密度 ρ $(\mathrm{g/cm}^3,\ \mathrm{t/m}^3)$ とは次の関係がある．

$$\gamma = \rho \cdot g_\mathrm{n} \tag{2.20}$$

ここに，g_n：重力加速度 $(\fallingdotseq 9.81\,\mathrm{m/s}^2)$ である．

例題 2.1 湿った砂の供試体の体積は $464\,\mathrm{cm}^3$ で，質量は $793\,\mathrm{g}$ である．また，この砂の乾燥質量は $735\,\mathrm{g}$，土粒子の密度は $2.65\,\mathrm{g/cm}^3$ である．この砂の間隙率，間隙比，含水比および飽和度を求めよ．ただし，水の密度は $1.00\,\mathrm{g/cm}^3$ である．

解 $V = 464\,\mathrm{cm}^3$，$m = 793\,\mathrm{g}$，$m_\mathrm{s} = 735\,\mathrm{g}$，$\rho_\mathrm{s} = 2.65\,\mathrm{g/cm}^3$

式 (2.9) より，土粒子の体積：$V_\mathrm{s} = \dfrac{m_\mathrm{s}}{\rho_\mathrm{s}} = \dfrac{735}{2.65} = 277.4\,\mathrm{cm}^3$

間隙の体積：$V_\mathrm{v} = V - V_\mathrm{s} = 464 - 277.4 = 186.6\,\mathrm{cm}^3$

水の質量：$m_\mathrm{w} = m - m_\mathrm{s} = 793 - 735 = 58\,\mathrm{g}$

水の体積：$V_\mathrm{w} = \dfrac{m_\mathrm{w}}{\rho_\mathrm{w}} = 58\,\mathrm{cm}^3$

したがって，式 (2.1) より，間隙率：$n = \dfrac{V_\mathrm{v}}{V} \times 100 = \dfrac{186.6}{464} \times 100 = 40.2\%$

式 (2.2) より，間隙比：$e = \dfrac{V_\mathrm{v}}{V_\mathrm{s}} = \dfrac{186.6}{277.4} = 0.673$

式 (2.4) より，含水比：$w = \dfrac{m_\mathrm{w}}{m_\mathrm{s}} \times 100 = \dfrac{58}{735} \times 100 = 7.89\%$

式 (2.6) より，飽和度：$S_\mathrm{r} = \dfrac{V_\mathrm{w}}{V_\mathrm{v}} \times 100 = \dfrac{58}{186.6} \times 100 = 31.1\%$

例題 2.2　含水比 7.60%，土粒子の密度 $2.60\,\mathrm{g/cm}^3$ の砂地盤において，原位置での湿潤密度は $1.73\,\mathrm{g/cm}^3$ であった．この砂の最も緩い状態と最も密な状態の間隙比はそれぞれ 0.670 と 0.464 である．この砂の原位置での間隙比を求め，さらに相対密度を計算せよ．

解　$w = 7.60\%,\ \rho_\mathrm{s} = 2.60\,\mathrm{g/cm}^3,\ \rho_\mathrm{t} = 1.73\,\mathrm{g/cm}^3,\ e_\mathrm{max} = 0.670,\ e_\mathrm{min} = 0.464$

式 (2.16) より，乾燥密度：$\rho_\mathrm{d} = \dfrac{\rho_\mathrm{t}}{1 + w/100} = \dfrac{1.73}{1 + 0.0760} = 1.608\,\mathrm{g/cm}^3$

式 (2.17) より，原位置間隙比：$e = \dfrac{\rho_\mathrm{s}}{\rho_\mathrm{d}} - 1 = \dfrac{2.60}{1.608} - 1 = 0.617$

式 (2.19) より，相対密度：$D_\mathrm{r} = \dfrac{e_\mathrm{max} - e}{e_\mathrm{max} - e_\mathrm{min}} \times 100 = \dfrac{0.670 - 0.617}{0.670 - 0.464} \times 100 = 25.7\%$

2.2　土粒子の大きさと分布

2.2.1　土粒子の大きさ

　地盤を構成している土粒子は，いろいろな大きさを持っている．表 2.1 は地盤材料をその大きさにより区分し，名前をつけたものである [2.1]．各区分に属する土粒子自体を意味するときは粘土粒子とか粗砂粒子というように呼び，ある区分に属する構成分を意味するときはシルト分，中礫分というような呼び方をする．

2.2.2　粒度試験

　土粒子の大きさを調べる試験は JIS A 1204 で規格化されている [2.1]．これによると，75 μm 以上の粗粒分についてはふるい分析を行い，75 μm 未満の細粒分については沈降分析を行う．

表 2.1 地盤材料の粒径区分とその呼び名

粒径区分			粒径
石 分	石	ボルダー	300 mm
		コブル	75 mm
粗粒分	礫	粗 礫	19 mm
		中 礫	4.75 mm
		細 礫	2.00 mm
	砂	粗 砂	850 μm
		中 砂	250 μm
		細 砂	75 μm
細粒分	シルト		5 μm
	粘 土		

(1) ふるい分析　ふるい分析に用いる標準網ふるいは JIS Z 8801 に決められており，75 mm，53 mm，37.5 mm，26.5 mm，19 mm，9.5 mm，4.75 mm，2 mm，850 μm，425 μm，250 μm，106 μm および 75 μm である．粒度試験ではまず 2 mm 以上の試料土をふるい分けし，2 mm 未満については沈降分析後に 2 mm〜75 μm の試料土をふるい分ける．

　ふるい分析は大きなふるいから順にふるい分け，各ふるいに残留する試料土の質量を測定し，全試料質量に対する百分率を求め，これを残留率という．次に，これらの残留率を大きなふるいから順に足し合わせ，加積残留率を計算する．最後に，100% より加積残留率を引いて，通過質量百分率を求める．

(2) 沈降分析　細粒分の大きさを求める沈降分析は，粒径により土粒子が水中を沈降する速さが異なるというストークスの法則 (Stokes' law) を利用している．実際には，容量 1 L のメスシリンダーに入れた 2 mm 未満の試料土の懸濁液中に，図 2.3 のような浮ひょうを挿入し，土粒子の沈降が進むにつれて，懸濁液の比重が減少する過程を所定の時間ごとに測定する．以下に，この方法の原理を説明する．

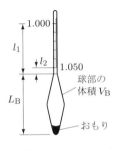

図 2.3　浮ひょう

1 個の球が静水中を等速で沈降するときに受ける抵抗力は水中における球の重量に等しいことから，この球の沈降速度は次のように表される．

$$v = \frac{\rho_{\mathrm{s}} - \rho_{\mathrm{w}}}{30\eta} D^2 \cdot g_{\mathrm{n}} \qquad (2.21)$$

ここに，v：沈降速度 (mm/min)，η：水の粘性係数 (Pa·s)，D：球の直径 (mm)，ρ_{s}：球の密度 (g/cm³)，ρ_{w}：水の密度 (g/cm³)，g_{n}：重力加速度 (cm/s²) である．

すなわち，均一な懸濁液から時間 t (min) 後に L (mm) の深さまで沈降する土粒子の直径 D (mm) は，$v = L/t$ と式 (2.21) より，次のようになる．

$$D = \sqrt{\frac{30 \cdot \eta \cdot L}{g_{\mathrm{n}}(\rho_{\mathrm{s}} - \rho_{\mathrm{w}})t}} \qquad (2.22)$$

ところで，浮ひょうの読み r は，浮ひょうの水中部分の容積中心の深さ L における懸濁液の比重を与える．この L を有効深さ (effective depth) という．実際の測定では，浮ひょうを入れることにより，元の水面が上昇するので，挿入後の浮ひょう球部の中心深さが挿入前の有効深さ L とどのような関係にあるかを求めなければならない．浮ひょうのさおの部分の体積を無視すると，図 2.4 を参照して有効深さ L (mm) は次のように計算できる．

$$L = L_1 + \frac{1}{2}\left(L_{\mathrm{B}} - 10\frac{V_{\mathrm{B}}}{A}\right) \qquad (2.23)$$

ここに，L_1：浮ひょう球部上端より読みまでの長さ (mm)，L_{B}：浮ひょう球部の長さ (mm)，V_{B}：浮ひょう球部の体積 (cm³)，A：メスシリンダーの断面積 (cm²) である．

式 (2.22) の L の値として式 (2.23) の有効深さを用いると，時刻 t において L より

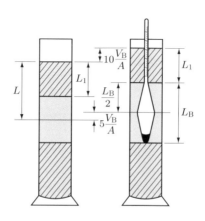

図 2.4　有効深さ

浅い部分には粒径 D より大きい土粒子は存在しないことになる．直径が D より小さい土粒子の質量と試料全質量の比が粒径 D の通過質量百分率 P (%) であることから，この状態における懸濁液の密度 ρ $(\mathrm{g/cm}^3)$ は次式で示される．

$$\rho = \rho_\mathrm{w} + \frac{P}{100} \cdot \frac{m_\mathrm{s}}{V} \cdot \frac{\rho_\mathrm{s} - \rho_\mathrm{w}}{\rho_\mathrm{s}} \tag{2.24}$$

ここに，m_s：懸濁液中の土の乾燥質量 (g)，V：懸濁液の全容積 (cm^3) である．

浮ひょうの読み r は懸濁液の比重 (ρ/ρ_w) であるので，粒径が D の通過質量百分率 P (%) は次のように表される．

$$P = \frac{100V}{m_\mathrm{s}} \cdot \frac{\rho_\mathrm{s}}{\rho_s - \rho_\mathrm{w}} \cdot \rho_\mathrm{w}(r - 1) \tag{2.25}$$

以上の説明においては，いくつかの仮定が設けられているため，これらを正しく認識して沈降分析の限界を理解しておく必要がある．その一つは土粒子を球と仮定していることであり，ここで求められる粒径は厳密なものでなく，等価な径と考えるべきである．また，1 個の粒子が静水中を沈降すると仮定しているが，実験では懸濁液を用いているので，沈降には多くの土粒子が相互に影響しあうこともあるし，個々の土粒子の密度が異なることも結果に影響する．そのほかにも，浮ひょうに関する仮定として，比重の測定値は浮ひょうの球部の中心のものとしていることや，浮ひょうのさおの体積を無視していることなどが測定値の誤差となる．

2.2.3　粒径加積曲線と粒度分布の指標

粒度試験の結果は試料土の粒径分布を粒径加積曲線 (grain size accumulation curve) で表す．これは 2.2.2 項で説明した通過質量百分率 P を縦軸に普通目盛でとり，粒径 D を横軸に対数目盛でとったもので，図 2.5 のようになる．一般的な土に含まれる土粒子の大きさは，数 10 mm のものから 0.0001 mm 以下のものまであるため，これを表現するには対数目盛が必要となる．

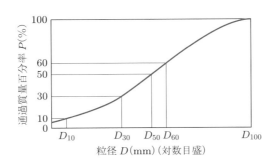

図 2.5　粒径加積曲線

粒径加積曲線により試料土の最大粒径 (maximum grain size) は縦軸の値 $P = 100\%$ に相当する粒径 D_{100}（または $D_{\max}$）である．また，平均粒径 (mean grain size) は $P = 50\%$ の値 D_{50}（または D_{mean}）として容易に求められる．$P = 10\%$ に相当する D_{10} をとくに有効径 (effective grain size) という．さらに，粒度分布の広がりや形状を表すものに，均等係数 (coefficient of uniformity) U_{c} と曲率係数 (coefficient of curvature) $U_{\mathrm{c}}{}'$ がある．

$$U_{\mathrm{c}} = \frac{D_{60}}{D_{10}} \tag{2.26}$$

$$U_{\mathrm{c}}{}' = \frac{(D_{30})^2}{D_{10} \cdot D_{60}} \tag{2.27}$$

ここに，D_{60} は $P = 60\%$ に相当する粒径で 60% 粒径，D_{30} は $P = 30\%$ に相当する粒径で 30% 粒径という．

均等係数と曲率係数により粒度分布の良否が判定できる．ここで，「粒度分布が良い」とは，いろいろな粒径の土粒子が偏りなく存在している状態をいう．具体的には，U_{c} が 10 以上の土は粒度分布が良い土といわれる．逆に，U_{c} が 10 未満の土は分級された土という．また，$U_{\mathrm{c}}{}'$ が 1 より小さい土は階級粒度の土といわれることもある．

例題 2.3　土の炉乾燥試料 112.5 g についてふるい分け試験を行ったところ，表 2.2 のような結果を得た．これを粒径加積曲線として図示せよ．また，有効径，均等係数および曲率係数を求めよ．

表 2.2　ふるい分け試験結果

ふるい目 (μm)	4750	2000	850	425	250	106	75	ふるい底	合計
残留土質量 (g)	0.0	10.7	46.1	24.3	11.2	12.9	2.8	4.5	112.5

解　粒径加積曲線を描くために，残留質量から表 2.3 のように，残留率，加積残留率お

表 2.3　通過質量百分率の計算

粒径 (mm)	残留土質量 (g)	残留率 (%)	加積残留率 (%)	通過質量百分率 (%)
4.75	0.0	0.0	0.0	100.0
2.00	10.7	9.5	9.5	90.5
0.850	46.1	41.0	50.5	49.5
0.425	24.3	21.6	72.1	27.9
0.250	11.2	10.0	82.1	17.9
0.106	12.9	11.5	93.6	6.4
0.075	2.8	2.5	96.1	3.9
0.075 以下	4.5	4.0	100.0	0.0

および通過質量百分率を計算する．粒径加積曲線は図 2.6 のようになる．この図より，有効径 $D_{10} = 0.15\,\text{mm}$ であり，60% 粒径 $D_{60} = 1.00\,\text{mm}$，30% 粒径 $D_{30} = 0.47\,\text{mm}$ である．したがって，式 (2.26)，(2.27) より均等係数 U_{c}，曲率係数 U_{c}' は次のように求められる．

$$U_{\text{c}} = \frac{D_{60}}{D_{10}} = \frac{1.00}{0.15} = 6.7$$

$$U_{\text{c}}' = \frac{(D_{30})^2}{D_{10} \cdot D_{60}} = \frac{0.47^2}{0.15 \times 1.00} = 1.5$$

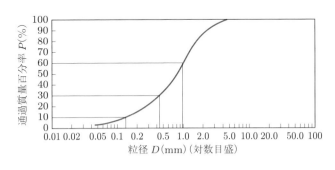

図 2.6 粒径加積曲線

2.3 土のコンシステンシー

土が含水比の多少により性質を変えることは良く知られており，とくに細粒分を多く含む土に顕著である．細粒土は，その含水比が十分大きいと，液体と同様の性質を示す液性状態 (liquid state) となり，含水比が減少していくと塑性状態 (plastic state) に変わる．さらに，含水比が減少すると半固体状態 (semisolid state) を経て，収縮の生じない固体状態 (solid state) になる．図 2.7 はこの様子を数直線上に表したものである．このような液性・塑性・半固体・固体と状態の変わる限界を含水比で規定する方法がアッターベルグ (Atterberg) により提案され，それぞれを液性限界 (liquid limit)，

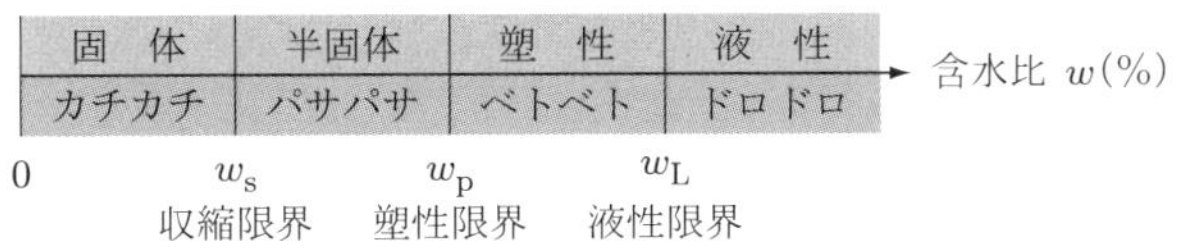

固 体	半固体	塑 性	液 性	→ 含水比 $w(\%)$
カチカチ	バサバサ	ベトベト	ドロドロ	

0　　　　w_{s}　　　　w_{p}　　　　w_{L}
　　　　収縮限界　　塑性限界　　液性限界

図 2.7 土のコンシステンシー

塑性限界 (plastic limit)，収縮限界 (shrinkage limit) と呼ぶ．そして，これらを総称してコンシステンシー限界 (consistency limit) またはアッターベルグ限界 (Atterberg limit) という．

2.3.1 液性限界と塑性限界

　液性限界は土が液性状態から塑性状態に移る境界の含水比であり，その試験方法はJIS A 1205 で決められている[2.1]．図 2.8 のような黄銅製の皿に適当な含水比の良く練り合わせた試料土を約 1 cm の厚さに入れた後，皿を 1 cm の高さから 25 回落下させたときに，試料土の中央につくっていた溝の底部が約 1.5 cm の長さにわたって閉じる場合の含水比を求め，これを液性限界とする．実験では，いろいろな含水比に調節した試料土について，約 1.5 cm にわたって溝を閉じさせる落下回数を測定し，図 2.9のような半対数紙上にプロットする．一般に，4 個以上の測定値から直線を描き，これを流動曲線 (flow curve) という．この流動曲線によって，落下回数 25 回に相当する含水比を求めて液性限界とする．

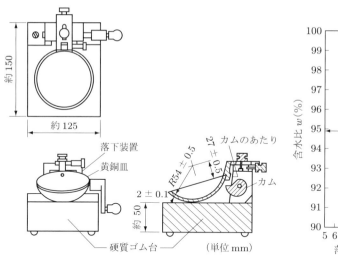

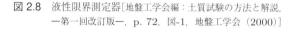

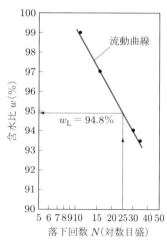

図 2.8　液性限界測定器 [地盤工学会編：土質試験の方法と解説，
　　　　―第一回改訂版―，p. 72，図-1，地盤工学会 (2000)]

図 2.9　流動曲線

　塑性状態と半固体状態の境界である塑性限界を求めるための試験方法も JIS A 1205に規定されている．良く練り合わせた試料土を手のひらとすり板ガラスとの間で転がして直径約 3 mm のひも状にする．この操作を試料土の含水比を調節して繰り返し，直径約 3 mm でひもが切れてばらばらになる状態の含水比を求めてこれを塑性限界と

する.

　上記の操作で液性限界もしくは塑性限界が求められないときは，非塑性または NP (non-plastic) とする．また，土のコンシステンシーを表示する指標として液性限界，塑性限界以外に次のようなものがある.

① **流動指数** (flow index) I_f：液性限界試験において含水比 w と落下回数 N との関係を示す流動曲線の傾きの絶対値であり，流動曲線の式は次のようである.

$$w = -I_f \cdot \log_{10} N + C \tag{2.28}$$

ここに，C：定数である.

② **塑性指数** (plasticity index) I_p：液性限界 w_L と塑性限界 w_p の値の差で，土の力学的性質と密接な関係にある.

$$I_p = w_L - w_p \tag{2.29}$$

③ **タフネス指数** (toughness index) I_t：塑性指数と流動指数の比であり，この値が大きいほど，塑性限界におけるせん断抵抗が大きい.

$$I_t = \frac{I_p}{I_f} \tag{2.30}$$

④ **液性指数** (liquidity index) I_L：自然含水比 w_n と液性限界や塑性限界との関係を表す指標で，土が乱されたときの性質を調べるのに用いる.

$$I_L = \frac{w_n - w_p}{I_p} \tag{2.31}$$

⑤ **コンシステンシー指数** (consistency index) I_c：自然含水比 w_n における相対的な硬さを示す.

$$I_c = \frac{w_L - w_n}{I_p} \tag{2.32}$$

したがって，

$$I_L + I_c = 1 \tag{2.33}$$

⑥ **活性度** (activity)：粘土の種類によっては少量の粘土でも高い塑性指数を示す土もあれば，反対に多量の粘土を含んでいても低い塑性指数しか示さない土もある．そこで，土の粘土分含有量と土の塑性指数の両者の影響を加味した指標として活性度が用いられる.

$$A_c = \frac{I_p}{F_c} \tag{2.34}$$

ここに，A_c：活性度，I_p：塑性指数，F_c：2 μm 以下の粘土分含有率 (%) である.

粘土分含有量が多く，塑性指数が小さいほど，活性度は小さい．代表的な粘土鉱物の活性度は表 2.4 のようである．一般に，カオリナイトとハロイサイトは活性度が小さく，モンモリロナイトは非常に大きな活性度を示す．この活性度は，改良土の改良効果や土の経年的な劣化との関係が注目されている．

表 2.4　代表的な粘土鉱物の活性度[石原研而著：
土質力学，p. 23，表 1.1，丸善（1988）]

粘土鉱物	活性度
カオリナイト	0.4〜0.5
ハロイサイト	0.1〜0.5
イライト	0.5〜1.0
モンモリロナイト	7.0〜8.0

⑦　塑性図 (plasticity chart)：液性限界を横軸に塑性指数を縦軸にとり，両者の関係をプロットして得られる図である．2.4 節で述べる土の分類法のうち，細粒土の分類，とくに粘土とシルトの判別に用いる（図 2.16 参照）．

例題 2.4　関東ロームについて液性限界試験を行ったところ，含水比が 93.5，94.0，97.0 および 99.0% に対して溝を閉じるに要した落下回数が 34，30，16 および 11 回であった．また，塑性限界試験においては，70.5，71.2 および 70.4% の含水比を得た．

(1)　この土の液性限界，塑性限界および塑性指数を求めよ．

(2)　流動曲線の方程式を求め，流動指数，タフネス指数を計算せよ．

解

(1)　この流動曲線が図 2.9 である．これより，液性限界：$w_L = 94.8\%$

一方，塑性限界：$w_p = \dfrac{70.5 + 71.2 + 70.4}{3} = 70.7\%$

ゆえに，塑性指数：$I_p = w_L - w_p = 94.8 - 70.7 = 24.1$

(2)　式 (2.28) にグラフより読み取った 2 点 $(N, w) = (10, 99.3)$ と $(25, 94.8)$ を代入して，$I_f = 11.3$，$C = 110.6$ となる．

流動指数：$I_f = 11.3$

タフネス指数：$I_t = \dfrac{I_p}{I_f} = \dfrac{24.1}{11.3} = 2.13$

2.3.2 収縮定数

　土は水分が蒸発するとともに，体積が収縮する．縦軸に土の体積または体積変化（乾燥体積を基準とした体積の変化率）をとり，横軸に含水比をとって収縮時の挙動を示すと，図 2.10 のようになる．土の収縮に関する定数としては，次のようなものがある．

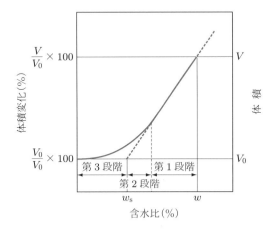

図 2.10　土の収縮曲線

① 収縮限界 (shrinkage limit) w_s (%)：含水比をある値以下に減じてもその土の体積が減少せず，含水比がその値以上に増すと土の体積が増大するときの含水比である．完全乾燥したときの土の体積 V_0 を収縮限界のときの体積と仮定し，このときの間隙を水で飽和させるための含水比で表す．

$$w_s = \frac{(m - m_s) - (V - V_0)\rho_w}{m_s} \times 100$$

$$= w - \frac{(V - V_0)\rho_w}{m_s} \times 100 \tag{2.35}$$

ここに，m：試験開始時の土の質量 (g)，m_s：乾燥後の土の質量 (g)，V：試験開始時の土の体積 (cm^3)，V_0：乾燥後の土の体積 (cm^3)，w：試験開始時の含水比 (%) である．

② 収縮比 (shrinkage ratio) R：収縮限界以上の部分における体積変化とそれに対応する含水比の変化量との比であり，収縮曲線の直線部の勾配でもある．また，収縮限界における見かけの比重とも考えられる．

$$R = \frac{m_s}{V_0 \cdot \rho_w} \tag{2.36}$$

③ **体積変化** (volumetric change) C (%)：ある含水比 w_1 から収縮限界まで含水比を減じたときの体積の変化量を土の乾燥体積の百分率で表したもので，体積ひずみともいう．

$$C = R(w_1 - w_s) \tag{2.37}$$

④ **線収縮** (linear shrinkage) L_s (%)：ある含水比から収縮限界まで含水比を減じたときの線収縮量を元の長さの百分率で表したものである．

$$L_s = \left(1 - \sqrt[3]{\frac{100}{C + 100}}\right) \times 100 \tag{2.38}$$

収縮比と収縮限界から理論的に土粒子の密度 ρ_s が計算できるが，収縮限界において間隙が完全に水で満たされていることと，収縮限界以下の含水比では収縮が生じないという二つの仮定が正しくないため，このようにして求めた土粒子の密度は近似値である．

$$\rho_s = \frac{\rho_w}{1/R - w_s/100} \tag{2.39}$$

例題 2.5　ある土の収縮試験の結果，湿潤土の体積 $V = 22.61\,\mathrm{cm}^3$，乾燥土の体積 $V_0 = 15.42\,\mathrm{cm}^3$，湿潤土の質量 $m = 36.07\,\mathrm{g}$，乾燥土の質量 $m_s = 22.40\,\mathrm{g}$ であった．収縮限界，収縮比，体積変化，線収縮および土粒子の密度の近似値を計算せよ．ただし，水の密度は $\rho_w = 1.00\,\mathrm{g/cm}^3$ とする．

解

$$収縮限界：w_s = \frac{(m - m_s) - (V - V_0) \cdot \rho_w}{m_s} \times 100$$

$$= \frac{(36.07 - 22.40) - (22.61 - 15.42) \times 1.00}{22.40} \times 100$$

$$= 28.9\%$$

$$収縮比：R = \frac{m_s}{V_0 \cdot \rho_w} = \frac{22.40}{15.42 \times 1.00} = 1.45$$

$$体積変化：C = R(w_1 - w_s) = 1.45(61.0 - 28.9)$$

$$= 46.6\% \quad (w_1 \text{ は湿潤土の含水比})$$

$$線収縮：L_s = \left(1 - \sqrt[3]{\frac{100}{C + 100}}\right) \times 100 = 12.0\%$$

$$土粒子の密度：\rho_s = \frac{\rho_w}{1/R - w_s/100} = \frac{1.00}{1/1.45 - 28.9/100} = 2.50\,\mathrm{g/cm}^3$$

2.4 土の分類方法

　多種多様の土に名前をつけることによって，その土の性質を明らかにすることは工学的に重要なことである．このような目的のために土を分類する試みを最初に体系化したのはキャサグランデ (Casagrande) である．彼は 1948 年に飛行場の路床土のために AC 分類法を提案した．アメリカの ASTM (American Society for Testing Material) はこれを「統一分類法」として整理し，その後イギリスの BS，ドイツの DIN にもこの思想が伝わっていった．わが国では，地盤工学会の前身である土質工学会が ASTM の統一分類法を参考にして，1973 年に「日本統一土質分類法」を制定した．1996 年と 2000 年には大幅な見直しの結果「地盤材料の工学的分類方法」として，土だけでなく岩を含めた地盤材料の分類方法をつくりあげた[2.1]．

　土の生成とその利用方法は国によって異なるので，各国の分類方法はその国の土に適した方法で分類されている．わが国の分類方法の特徴は次の点である．

① **土粒子の区分粒径**：礫分と砂分（日・英・独 2 mm，米 4.76 mm），粗粒分と細粒分（日・米 75 μm，英・独 0.06 mm），粘土とシルト（日 5 μm，米・英・独 2 μm）などの境界の粒径

② **塑性図上の区分**：液性限界の大小の境界値（日・米 50%，英・独 35%），A 線付近の粘土とシルトの判別方法

③ **特殊土の表示**：火山灰質粘性土，火山灰まじり粗粒土，黒泥，人工材料など

　2000 年に制定された地盤材料の工学的分類方法では，75 mm 以上の石分の割合に応じて地盤材料を図 2.11 のように分類する．このうち石分を含まない土質材料は図 2.12 のように大分類される．さらに，粗粒土のうち礫質土の分類体系を図 2.13 に示す．砂質土については，図 2.13 の中で礫を砂，砂を礫とし，記号は G を S，S を G に変えると良い．また，細粒土・高有機質土および人工材料の分類体系を図 2.14，2.15 に示す．図 2.16 は細粒土の分類に用いる塑性図である．

　以上の分類を行った後，さらに次のような細分類をすることもある．

① 粗粒土で小分類したもののうち，細粒分が 5% 未満のもの（G）（G–S）（GS）（S）

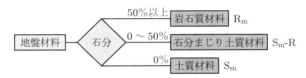

注：含有率は地盤材料に対する質量百分率

図 2.11　地盤材料の工学的分類体系

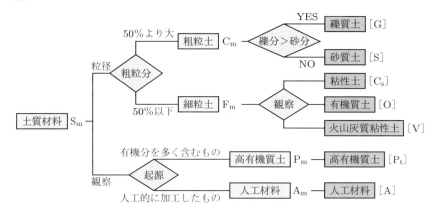

注：含有率は土質材料に対する質量百分率

図 2.12　土質材料の工学的分類体系（大分類）

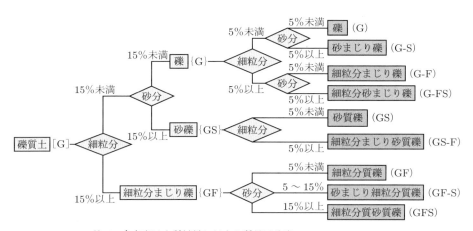

注1：含有率は土質材料に対する質量百分率
注2：砂質土の分類では，礫を砂，砂を礫，G を S，S を G に変える

図 2.13　粗粒土の工学的分類体系

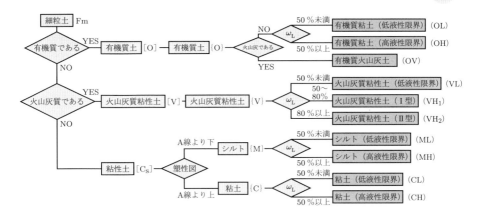

図 2.14 細粒土の工学的分類体系

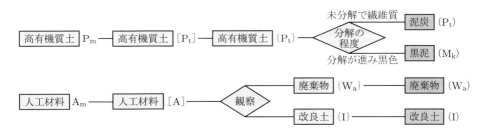

図 2.15 高有機質土と人工材料の工学的分類体系

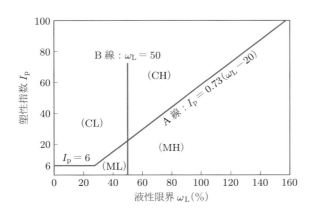

図 2.16 塑性図

（S–G）（SG）は，表 2.5 に従い，均等係数 U_c によって「粒径幅の広い」と「分級された」に細区分することができる．この場合，第 1 構成分記号の次に「W」「P」の記号を付けて，たとえば「粒径幅の広い礫（GW）」「分級された砂（SP）」と表記する．

② 粗粒土で小分類したもののうち，細粒分が 5% 以上 15% 未満の「細粒分まじり○○」と，細粒分が 15% 以上 50% 未満の「細粒分質○○」は，細粒分を観察により判別して，表 2.6 に従って細区分することができる．この場合，細粒分を表す記号「F」を「C_s」「O」「V」に置き換える．

③ 細粒土を小分類したもので粗粒分が 5% 以上混入するものは，表 2.7 に従って細区分することができる．この場合，細粒分を表す記号「F」は図 2.14 で小分類した分類記号に置き換える．

表 2.5　細粒分 5% 未満の粗粒土の細区分

均等係数の範囲	分類表記	記　号
$U_c \geqq 10$	粒径幅の広い	W
$U_c < 10$	分級された	P

表 2.6　細粒分 5% 以上混入粗粒土の細区分

細粒分の判別結果	記　号	分類表記
粘性土	C_s	粘土まじり○○ 粘性土質○○
有機質土	O	有機質土まじり○○ 有機質○○
火山灰質土	V	火山灰質土まじり○○ 火山灰質○○

表 2.7　粗粒分 5% 以上混入細粒土の細区分

砂分混入量	礫分混入量	土質名称	分類記号
砂分 < 5%	礫分 < 5%	細粒土	F
	5% ≦ 礫分 < 15%	礫まじり細粒土	F–G
	15% ≦ 礫分	礫質細粒土	FG
5% ≦ 砂分 < 15%	礫分 < 5%	砂まじり細粒土	F–S
	5% ≦ 礫分 < 15%	砂礫まじり細粒土	F–SG
	15% ≦ 礫分	砂まじり礫質細粒土	FG–S
15% ≦ 砂分	礫分 < 5%	砂質細粒土	FS
	5% ≦ 礫分 < 15%	礫まじり砂質細粒土	FS–G
	15% ≦ 礫分	砂礫質細粒土	FSG

$\sqrt{}$ 2.5 土の締固め

道路, 鉄道, アースダム, 河川堤防, 宅地造成などの盛土築造において, 土の密度を高め, 強度の増大や透水性の低下を図ることを目的に, ローラなどにより土が締め固められる. このように, 土工 (earth work) では土を締め固めることが工事の基本であり, 土の締固め特性と締め固められた土の性質を理解しておかなければならない.

2.5.1 締固め試験

締め固められた土の締固まり具合はその密度により判定でき, 含水比の影響を受ける. すなわち, 土の締固め特性を理解するには, 含水比と密度の関係を明らかにしなければならない. 土の締固め試験は JIS A 1210 で規定されており, 図 2.17 に示すようなモールド内に, ランマーを落下させることにより土を突き固める[2.1]. モールドは 2 種類あり, 内径 10 cm (容積 1000 cm^3) と内径 15 cm (スペーサーディスク挿入時容積 2209 cm^3) である. また, ランマーも 2 種類あり, 質量 2.5 kg (落下高 30 cm)

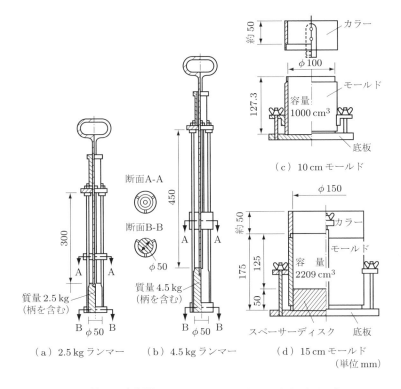

（a）2.5 kg ランマー　　（b）4.5 kg ランマー　　（d）15 cm モールド
（単位 mm）

図 2.17　締固め試験器具［地盤工学会編：土質試験の方法と解説―第一回
改訂版―, p. 202, 図-1, p. 203, 図-2, 地盤工学会（2000）］

と質量 4.5 kg（落下高 45 cm）である．試験に用いるモールドやランマーの種類，突固め層数・回数などにより，表 2.8 のような締固め方法が決められている．土の種類や粒径等に応じて，いずれかの方法を選択する．

表 2.8　締固め方法の種類［地盤工学会編：土質試験の方法と解説
　　　　—第一回改訂版—，p. 201，表-1，地盤工学会（2000）］

呼び名	ランマー質量 (kg)	モールド内径 (cm)	突固め層数	1 層当たりの 突固め回数	許容最大粒径 (mm)
A	2.5	10	3	25	19.0
B	2.5	15	3	55	37.5
C	4.5	10	5	25	19.0
D	4.5	15	5	55	19.0
E	4.5	15	3	92	37.5

　締固め試験の結果，モールドに詰められた土の質量 m (g) とモールドの体積 V (cm^3) から，湿潤密度 ρ_t (g/cm^3) が式 (2.12) により求められる．さらに，土の含水比 w (%) を測定すると，式 (2.16) により乾燥密度 ρ_d (g/cm^3) が計算できる．

　試料の含水比をさまざまに変えて締固め試験を行い，縦軸に乾燥密度，横軸に含水比をとり，その結果を整理すると，図 2.18 のような締固め曲線 (compaction curve) が描ける．土の含水比の違いによって乾燥密度が異なるのは，次のように説明できる．

　含水比が小さく乾燥している土は団粒化していることが多いが，この団粒結合を破

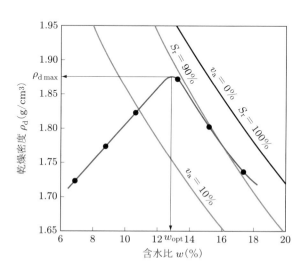

図 2.18　締固め曲線

壊することは難しいため，十分には締め固められない．これに少しずつ水分を加えていくと，土が軟らかくなり団粒構造が壊れていくとともに，土粒子表面に付着した水分が潤滑作用を発揮して，土粒子が相互の位置を変えやすくなり，ランマーの締固め仕事により大きな密度が得られる．さらに多くの水を加えていくと，間隙中の水分が多くなりすぎて土粒子相互の距離が遠ざけられるため，密度が低下する．

したがって，締固め曲線は図 2.18 のように山形を示すことになり，その頂点を表す乾燥密度を最大乾燥密度 (maximum dry density) $\rho_{d\,max}$，含水比を最適含水比 (optimum water cotent) w_{opt} という．

締め固めた土の乾燥密度 ρ_d と飽和度 S_r との関係は，2.1 節の記号を使うと次のようになる．

$$\rho_d = \frac{m_s}{V} = \frac{\rho_s \cdot V_s}{V_s + V_v} = \frac{\rho_s}{(V_s + V_v)/V_s} = \frac{\rho_s}{1 + V_v/V_s} = \frac{\rho_s}{1 + e}$$
$$= \frac{\rho_s}{1 + (\rho_s \cdot w)/(\rho_w \cdot S_r)} = \frac{\rho_w}{\rho_w/\rho_s + w/S_r} = \frac{\rho_w}{1/G_s + w/S_r}$$
$$\tag{2.40}$$

一方，飽和度の代わりに空気間隙率 v_a で表すと，

$$\rho_d = \frac{1 - v_a/100}{\rho_w/\rho_s + w/100}\rho_w = \frac{1 - v_a/100}{1/G_s + w/100} \cdot \rho_w \tag{2.41}$$

となる．式 (2.40) に $S_r = 100\%$ あるいは式 (2.41) に $v_a = 0\%$ を代入すると，

$$\rho_{d0} = \frac{\rho_w}{\rho_w/\rho_s + w/100} = \frac{\rho_w}{1/G_s + w/100} \tag{2.42}$$

となり，これをゼロ空気間隙曲線 (zero air void curve) という．

例題 2.6 砂質土について，JIS A 1210 の呼び名 A の方法による締固め試験を行ったところ，表 2.9 のような結果を得た．土粒子の密度は 2.609 g/cm^3，モールドの体積は 1000 cm^3，質量は 3850 g とする．

表 2.9 締固め試験結果

含水比 (%)	6.81	8.40	10.62	13.08	15.15	17.35
(モールド+土) の質量 (g)	5690	5764	5860	5962	5923	5901

(1) 乾燥密度を計算して締固め曲線とゼロ空気間隙曲線を描き，最適含水比および最大乾燥密度を求めよ．

(2) 飽和度 90% の線と空気間隙率 10% の線を図中に描け．

解　各含水比 w における湿潤密度 ρ_t, 乾燥密度 ρ_d, 飽和度 100% の乾燥密度 ρ_d0, 飽和度 90% の乾燥密度 $\rho_{\mathrm{d}(S_\mathrm{r}=90\%)}$, 空気間隙率 10% の乾燥密度 $\rho_{\mathrm{d}(v_\mathrm{a}=10\%)}$ の値は表 2.10 のようである．これを図示したものが図 2.18 である．

　図 2.18 より，最適含水比 $w_\mathrm{opt} = 12.8\%$, 最大乾燥密度 $\rho_{\mathrm{d}\,\mathrm{max}} = 1.873\,\mathrm{g/cm^3}$ である．

表 2.10　計算結果

w (%)	6.81	8.40	10.62	13.08	15.15	17.35
ρ_t (g/cm³)	1.840	1.914	2.010	2.112	2.073	2.051
ρ_d (g/cm³)	1.723	1.766	1.817	1.868	1.800	1.748
ρ_d0 (g/cm³)	2.215	2.140	2.043	1.945	1.870	1.796
$\rho_{\mathrm{d}(S_\mathrm{r}=90\%)}$ (g/cm³)	2.179	2.098	1.995	1.892	1.813	1.736
$\rho_{\mathrm{d}(v_\mathrm{a}=10\%)}$ (g/cm³)	1.994	1.926	1.839	1.751	1.683	1.616

2.5.2　締め固めた土の性質

(1) 土質による締固め曲線の違い　図 2.19 は，砂質土と粘性土の締固め曲線を示したものである [2.2]．粗粒分を多く含む砂質土では，最適含水比が低く，最大乾燥密度は高い．逆に，細粒分の多い粘性土では，最適含水比が大きく，最大乾燥密度は低い．また，砂質土では締固め曲線にはっきりとしたピークが表れるが，粘性土では平らな曲線でピークの位置がわかりにくい．ただし，締固め曲線の形状は図の縦軸と横軸の目盛間隔により変化するため，砂質土と粘性土の違いは相対的なものである．

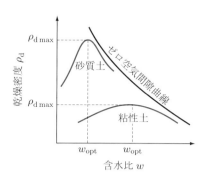

図 2.19　土質による締固め曲線の違い

(2) 締固め仕事量の違いによる締固め曲線の変化　締固め試験において，ランマーにより土の単位体積に加えられる仕事量は次のように表すことができる．

$$E_\mathrm{c} = \frac{m_\mathrm{R} \cdot g_\mathrm{n} \cdot H \cdot N_\mathrm{B} \cdot N_\mathrm{L}}{V} \tag{2.43}$$

ここで，E_c：締固め仕事量 (J/cm^3)，m_R：ランマーの質量 (kg)，g_n：重力加速度 ($\fallingdotseq 9.81$ m/s^2)，H：ランマーの落下高さ (m)，N_B：層当たりの突固め回数，N_L：層の数，V：モールドの容積 (cm^3) である．

JIS による締固め試験では，表 2.8 のように締固め方法を決めており，試料土に一定の締固め仕事量を与えるようにしている．図 2.20 は仕事量の違いによる締固め曲線の違いを表したものである [2.1]．このように，締固め仕事量が変われば，締固め特性が変化するので，JIS の試験は土の締固め特性の一つの目安であり，絶対量を現地にそのまま適用することは誤りの原因になりかねない．したがって，重要な締固め工事では現場転圧試験を併用して，施工方法や施工管理方法を決めることが望ましい．

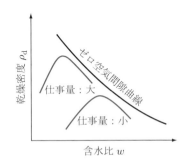

図 2.20　仕事量の違いによる締固め曲線の違い

例題 2.7　内径 10 cm で内容積が 1000 cm^3 のモールドを用いて，ある土を 2.5 kg ランマーで 30 cm の高さから 25 回ずつ 3 層に分けて締め固めるときの締固め仕事量を求めよ．また，落下高さ 45 cm で質量 4.5 kg のランマーを用いて，上記と同じ仕事量になるように締め固めるには，各層何回ずつ突き固めれば良いか．

解　$V = 1000$ cm^3，$m_R = 2.5$ kg，$H = 0.30$ m，$N_B = 25$，$N_L = 3$

$$\text{締固め仕事量}：E_c = \frac{m_R \cdot g_n \cdot H \cdot N_B \cdot N_L}{V} = \frac{2.5 \times 9.81 \times 0.30 \times 25 \times 3}{1000}$$
$$= 0.552 \text{ J/cm}^3$$

$H = 0.45$ m，$m_R = 4.5$ kg，$N_L = 3$，$V = 1000$ cm^3，$E_c = 0.552$ J/cm^3 とすると，

$$0.552 = \frac{4.5 \times 9.81 \times 0.45 \times 3 \times N_B}{1000} \qquad \therefore \ N_B \fallingdotseq 9 \text{ 回}$$

（3）　力学的性質の変化　締固め時の含水比や締固め仕事量によって，締め固めた土の力学的性質や土粒子構造が異なる．図 2.21 は，締固め曲線と締め固めた土の強度，圧縮性および透水係数との関係を表したものである [2.3]．

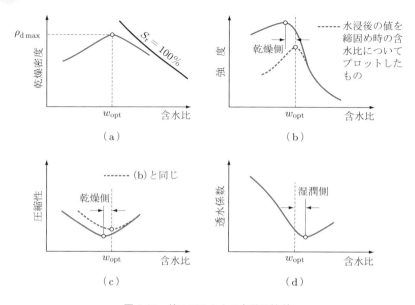

図 2.21 締め固めた土の力学的性質

一般に，締め固めた土の強度は乾燥密度が高いほど大きく，最適含水比 w_{opt} よりわずかに低い含水比で最大の強度を示す．しかし，w_{opt} より低い含水比（乾燥側）で締め固めた土を水浸させると，多量の水分を吸収して著しく強度が低下し，強度の最大値は w_{opt} 付近になる．

締固め土の圧縮性は乾燥密度が高いほど小さく，w_{opt} より少し低い含水比で最小値を示すが，水浸後の圧縮性は w_{opt} 付近で最小となる．また，締固め土の透水係数は乾燥密度が高いほど小さく，w_{opt} よりわずかに高い含水比で最小値を示す．

一般に，多くの土では乾燥側において締固め仕事量が大きくなるほど，乾燥密度は大きくなり，強度も増大する．含水比が高くなり w_{opt} より高い含水比（湿潤側）になると，締固め仕事量の増加に伴い最初は強度が増加するが，ある仕事量に達すると，強度はそれ以上増加しない．さらに仕事量が増えると，逆に強度が低下することもある．これはオーバーコンパクション (over compaction) といい，締固め仕事による土の構造の変化や粒子破砕などが原因で生じる現象である．

2.5.3 締固めに関する施工管理方法

締固め工事において対象土の施工含水比を決定したり，盛土などの品質管理の基準を定めるために，締固め度 (degree of compaction) が利用される．

締固め度は，施工後の乾燥密度を最大乾燥密度に対する百分率で表したものであり，次式で求められる．

$$D_{\rm c} = \frac{\rho_{\rm d}}{\rho_{\rm d\,max}} \times 100 \tag{2.44}$$

ここに，$D_{\rm c}$：締固め度 (%)，$\rho_{\rm d}$：施工後の乾燥密度 $({\rm t/m^3})$，$\rho_{\rm d\,max}$：最大乾燥密度 $({\rm t/m^3})$ である．

　一般に，締固め度は 90% 以上と規定されることが多い．たとえば，図 2.22 において締固め度を 90% と規定すれば，$w_{\rm A} \sim w_{\rm B}$ の範囲で施工含水比が与えられる [2.4]．

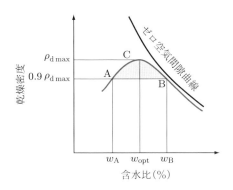

図 2.22　締固めに関する施工管理方法

例題 2.8　【例題 2.6】において仕様書で「締固め度を 95% 以上とする」と規定されている場合，施工含水比の範囲を求めよ．

解　$\rho_{\rm d} = 0.95 \times \rho_{\rm d\,max} = 0.95 \times 1.873 = 1.779\,{\rm g/cm^3}$
　図 2.18 より，$\rho_{\rm d} > 1.779\,{\rm g/cm^3}$ の範囲は，$9.0\% < w < 16.0\%$

演習問題

2.1 完全飽和（飽和度 100%）された粘土試料を容器に入れて質量を測ったところ，68.95 g であった．この粘土試料を乾燥した後の質量は，62.01 g となった．容器の質量は 35.05 g，土粒子の密度は 2.70 g/cm³ である．この粘土の間隙比と含水比を求めよ．

2.2 乾燥土の間隙比 0.650，土粒子の密度 2.65 g/cm³ である．90% の飽和度を得るため，この乾燥土に水が加えられた．間隙比は変化しないものとして，加水後の含水比と湿潤密度を求めよ．

2.3 ある土試料についてコンシステンシー限界試験を行ったところ，液性限界は 71.8%，塑性限界は 25.9% であった．自然含水比は 64.8% である．
 (1) 塑性指数，コンシステンシー指数および液性指数を求めよ．
 (2) 塑性図により，この試料土がどのような土であるかを分類せよ．

2.4 5 種類の土の粒度試験およびコンシステンシー試験を行って表 2.11 の結果を得た．各試料土について粒径加積曲線を描き，日本統一分類法に基づいて分類せよ．

表 2.11 試験結果

試料番号	通過質量百分率 (%)				
	No.1	No.2	No.3	No.4	No.5
26.5 mm	100				
19.0	98				
9.5	86				
4.75	72				
2.00	56	100		100	
850 μm	34	96		99	
425	24	68	100	95	100
250	16	27	98	88	99
106	8	1	59	71	93
75	6	—	36	63	87
50	4	—	22	55	65
5	—	—	4	12	31
液性限界 (%)	19.4	NP	NP	52.0	29.9
塑性限界 (%)	17.1	NP	NP	46.6	17.0

粒径

2.5 現場で土の湿潤密度を測るため，地表面を平らにした後，おわん形の土を掘り出して，その質量を測ると，1230 g であった．その穴の体積を測るために，乾燥砂を静かに注ぎ込んだところ，1037 g でちょうど穴が一杯になった．この乾燥砂の密度は 1.35 g/cm^3 であることがわかっている．このとき，土の湿潤密度はいくらか．

課題 ⅠⅠⅠ

2.1 粒度分析結果の利用方法について調べよ．

2.2 土のコンシステンシーを表す指標をまとめよ．

2.3 土の工学的分類の代表的な方法を調べよ．

2.4 土の締固めの管理方法をまとめよ．

第3章 土中の水理

3.1 土中水

3.1.1 土中水の分類

　地球上には，約 14 億 km^3 の水があるといわれている．そのうち，約 97% が海水であり，淡水は約 3% にすぎない．しかも，この淡水の約 70% は南・北極地方の氷であり，土中水 (soil water) を含めた河川水や湖沼水などのわれわれの周囲にある淡水は，地球上の水のわずか約 0.8% にすぎない．

　このような淡水の中で，土中に存在している水には非常に細かい霧や蒸気のような気体状態の水，重力の作用を受けて自由に流動する液体状態の水あるいは氷のような固体に近い状態の水などがある．これらの各状態の境界は明確なものではなく，気体，液体，固体のいずれに属するか決定できない場合も多い．つまり，土中水とはこれらの水分の状態にかかわらず，一般に土に含まれる水分全体のことをいう．

　図 3.1 は，土中水のうち，主に液体状態のものについて，その形態を模式的に表したものである．一般に，土の間隙には土中水と空気が存在している．間隙を水が満たしている場合を飽和状態といい，間隙中に水と空気が共存する場合を不飽和状態と呼ぶ．土中水が移動する現象を浸透 (seepage) といい，本章では飽和状態における浸透問題を取り扱う．

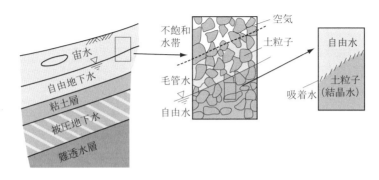

図 3.1　土中水の模式図

　一般に，地表から井戸を掘り進めたときに井戸の中に最初に表れる水面を空間的につなげた面を地下水面という．地下水 (groundwater) とは地下水面から下の土中水をいい，自由地下水 (free groundwater) と被圧地下水 (confined groundwater) に分けられる．自由地下水は土中の間隙を満たし，重力の作用によって流れる重力水 (gravitational water) であり，一般に地中に地下水面を持っているので，水理学の一般法則に従う．一方，被圧地下水は難透水層下の透水層内にあり，静水圧よりも大きい水圧を持つため，このような地下水に井戸を掘ると自噴現象が見られることもある．また，地下水面より上の地層中に存在する局所的な難透水層の上にある土中水を宙水 (perched water) という．

　毛管水 (capillary water) とは，地下水面のすぐ上において土粒子間隙中に生じる毛管現象により，地下水面から上昇する水分をいう．蒸発により土中水分が減少すると，毛管現象により水を吸い上げる毛管力が増大し，毛管水はさらに上方へ吸い上げられる．このように，毛管水はつねに地下水と密接に関係し，重力に逆らって上昇移動している．毛管水で飽和している土層は，比較的地下水面に近いところにあり，これを毛管飽和水帯という．その上にさらに空気を含んだ毛管不飽和水帯が存在している．毛管水が地表面近くで凍結すると，霜柱を生じ，道路などの破壊の原因となる．

　吸着水 (adsorbed water) とは，分子間引力によって土粒子表面に吸着されている水分をいい，すべての土粒子の表面はきわめて薄い水膜で覆われている．土粒子が比較的粗い砂あるいはシルトの場合には，土粒子の表面積が小さいから，吸着する水分の量も少ない．しかし，粘土のように微細な土粒子では，吸着水の量が土粒子質量の 20% 以上にも達するといわれている．吸着水は粘土のコンシステンシーや透水性のような工学的性質に大きく影響を及ぼしていると考えられるが，その正確な構造は現在のところ十分解明されていない．

　結晶水 (crystalline water) とは，造岩鉱物の中に化学的に結合している水分であり，土を $100 \sim 110^\circ\mathrm{C}$ に加熱してもこれを分離することはできない．地盤工学では通常土粒子固相部の一部として取り扱っている．

3.1.2　土中水の地盤工学上の問題

　浸透は地盤工学の諸問題に関連する重要な現象であり，浸透に関する問題を整理すると，図 3.2 のようになる．この問題は地盤内に存在する地下水の処理に関係する問題（地盤および土構造物の安定問題）と，地下水を利用する際に引き起こされる問題（地下水に与える問題）に分けられる．

　前者は斜面内を浸透する水が原因となって起こる地すべりや斜面崩壊現象，貯水のために建設されたロックフィルダムやアースダムなどの堤体からの漏水流量や浸透水

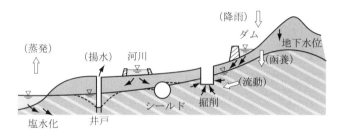

図 3.2　土中水に関する地盤工学上の諸問題

に対する堤体の安定，および地下水面下を掘削する際の掘削面の安定と排水処理などが代表的な問題である．

　一方，後者は自然の恵みである地下水を過剰利用したことにより生じる地盤沈下や地下水の枯渇問題などである．また，量としての地下水の問題だけでなく，質としての地下水にかかわる問題も重要であり，地下水の塩水化や有害物質による地下水汚染などの問題がある．

3.2　ダルシーの法則と透水係数

3.2.1　圧力と水頭

　水理学において知られているように，水の流れのエネルギーは位置・圧力・速度に関するエネルギーの和で表される．土中における水の流れはきわめて遅いために，速度のエネルギーはほかのエネルギーに比較して非常に小さく無視できる．したがって，土中水の動きを論じる場合には，位置エネルギーと圧力エネルギーの和のみを考えれば良い．

　単位体積当たりの水がある点からほかの点へと動くと，位置と圧力の変化による体積変化を起こして仕事をする．この仕事量は挿入したガラス管の水位によって知ることができ，この水位を水頭 (head) という．図 3.3 に示すように，水の入った容器を考

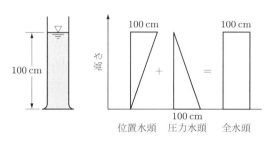

図 3.3　位置水頭，圧力水頭と全水頭の関係

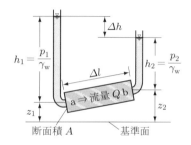

図 3.4　土中水の流れ

えると，このときの位置水頭 (elevation head)，圧力水頭 (pressure head) および全水頭 (total head) は図のとおりとなる．ただし，ここでは位置水頭および全水頭の基準面を容器の底面としている．また，本書では全水頭を単に水頭という．

図 3.4 は土中水の流れに対し，点 a，b にガラス管を立てた状態である．点 a，b の位置を基準面からそれぞれ，z_1，z_2 $(z_1 < z_2)$，管内の水圧を p_1，p_2 $(p_1 > p_2)$，水位を h_1，h_2 $(h_1 > h_2)$ とする．いま，点 a から点 b に向かって水が流れるには図中の水頭差（全水頭の差）Δh が必要となり，水の単位体積重量を γ_w とすると，Δh は次式で示される．

$$\Delta h = \left(z_1 + \frac{p_1}{\gamma_\mathrm{w}}\right) - \left(z_2 + \frac{p_2}{\gamma_\mathrm{w}}\right) = (z_1 + h_1) - (z_2 + h_2) \tag{3.1}$$

水の流れが時間的に変化しない状態（これを定常状態という）とすると，点 a の水圧は点 b よりも $\gamma_\mathrm{w}\Delta h$ だけ大きい．水圧差 $\gamma_\mathrm{w}\Delta h$ を ab 間の距離 Δl で除した量を圧力勾配 i_p といい，次式で示される．

$$i_\mathrm{p} = \gamma_\mathrm{w}\frac{\Delta h}{\Delta l} \tag{3.2}$$

また，水の流れによって損失した水頭の変化率 $\Delta h/\Delta l$ は動水勾配 (hydraulic gradient) i と呼ばれ，式 (3.3) で定義される．

$$i = \frac{i_\mathrm{p}}{\gamma_\mathrm{w}} = \frac{\Delta h}{\Delta l} \tag{3.3}$$

3.2.2　ダルシーの法則

土の間隙は複雑であるが，連続した間隙を形成しているため，地下水は水頭の大きいところから小さいところへ向かって流れる．ダルシー (Darcy) は，ろ過砂のような均一な砂において，流量と水頭の間に重要な関係を実験的に見出した．図 3.4 の試料に単位時間当たりに流れる水量 Q は，断面積 A と水頭差 Δh に比例し距離 Δl に反比例し，式 (3.4) のように表される．

$$Q = kA\frac{\Delta h}{\Delta l} = kiA \tag{3.4}$$

式 (3.4) の比例定数 k は，透水係数 (coefficient of permeability) と呼ばれ，土の複雑な間隙，水の粘性，摩擦損失などの因子に関係する．この式をダルシーの法則 (Darcy's law) といい，地下水の流れを論じる上で最も重要なものである．また，流量を断面積で除したものはこの試料中を流れる水の見かけの流速 v であり，次式で表される．

$$v = \frac{Q}{A} = ki \tag{3.5}$$

　土中の間隙は図 3.5 に示されるようであり，土の間隙率を n，間隙中を流れる水の間隙内流速を v_s とすると，間隙に出入りする流量が一定であるから，$Q = nAv_s = Av$ となり，間隙内流速と見かけの流速（ダルシー流速ともいう）には次の関係が成り立つ．

$$v_s = \frac{1}{n}v \tag{3.6}$$

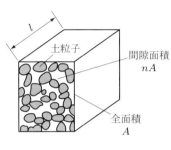

図 3.5　間隙モデル

表 3.1　間隙率と有効間隙率の代表値[土木学会：水理公式集 昭和 46 年改訂版，p. 365，表 1.2，土木学会（1971）より抜粋]

地　層	間隙率 n (%)	有効間隙率 n_e (%)
沖積礫層	35	15
〃　細砂層	35	15
〃　砂丘砂層	30〜35	20
〃　泥粘土質層	45〜50	15〜20
洪積砂礫層	30	15〜20
〃　砂層	35〜40	30
〃　ローム層	50〜70	20
〃　泥質粘土層	50〜70	5〜10

　しかし，間隙率 n には水の流動に関与しない部分（連続性のない間隙，土粒子表面付近の吸着水）が含まれており，近年では，実際の水の流動に有効な間隙として有効間隙率 n_e を用い，式 (3.6) 中の n を n_e に置き換え，間隙内流速と見かけの流速の関係を式 (3.7) で表すことが多い．表 3.1 に示すように，n_e は n に対して数十 % 程度の値となる．

$$v_s = \frac{1}{n_e}v \tag{3.7}$$

　次に，細い円管内を流れる水の流れについて考えると，流速分布は中心が流速最大となる二次放物線形であることがわかっているので，円管内を流れる流量 Q は式 (3.8) で表され，ポアズイユの式と呼ばれている．

$$Q = \frac{\pi}{8\mu}\frac{dp}{dx}r_0{}^4 \tag{3.8}$$

ここに，p：細管に働く水圧，x：水平座標，μ：水の粘性係数，r_0：細管の半径である．

　細管が円形断面を有するときには上式が適用できるが，細管の断面が複雑な場合は困難である．この場合には，半径 r_0 の代わりに動水半径 r_H（断面積／潤辺長）を用いる．ここで，潤辺長とは水流に直交する断面において，水と接している部分の長さをいう．たとえば，円管が満水の状態で流れているときは，

$$r_{\mathrm{H}} = \frac{\pi r_0{}^2}{2\pi r_0} = \frac{r_0}{2} \tag{3.9}$$

であるから，式 (3.8) の代わりに流量は，

$$Q = \frac{\pi}{8\mu}\frac{dp}{dx}r_0{}^4 = \frac{\pi}{8\mu}\gamma_{\mathrm{w}}\left(\frac{dh}{dx}\right)r_0{}^4 = \frac{4\pi}{8\mu}\gamma_{\mathrm{w}} i r_{\mathrm{H}}{}^2\left(\frac{a}{\pi}\right) = \frac{\gamma_{\mathrm{w}}}{2\mu}r_{\mathrm{H}}{}^2 i a \tag{3.10}$$

として表される．ここに，i：動水勾配，h：水頭，a：管の断面積，γ_{w}：水の単位体積重量である．

　しかし，実際の土の間隙の形状は非常に不規則であるから，式 (3.10) を一般形で示すと次のようになる．

$$Q = C_{\mathrm{s}}\frac{\gamma_{\mathrm{w}}}{\mu}r_{\mathrm{H}}{}^2 i a \tag{3.11}$$

ここに，C_{s} は管の断面形によって決められる係数で，形状係数という．

例題 3.1　図 3.6 のような半径 5 cm，長さ 30 cm の円筒形の容器の中に砂が入っている．この容器の両端の水頭は 100 cm と 50 cm であった．砂の透水係数を 1.0×10^{-4} m/s とした場合，毎分当たりの流量を求めよ．

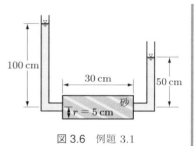

図 3.6　例題 3.1

解　容器の断面積 $A = 5 \times 5 \times 3.14 = 78.5 \text{ cm}^2$
　動水勾配 $i = \Delta h/\Delta L = (100-50)/30 = 1.67$
　流量 $Q = Akit = 78.5 \times 1.0 \times 10^{-4} \times 10^2 \times 1.67 \times 60 = 79 \text{ cm}^3/\text{min}$

3.2.3　透水係数に及ぼす要因

　土の透水係数は，複雑な間隙を通過する水の流れを支配する定数であるため，できる限り土の構造を表す指標によって評価する方が実際の流れの特性に近づくことになる．そこで，管の断面積を A，潤辺長を S とすれば，動水半径 $r_{\mathrm{H}} = A/S$ であるから，これらの分母と分子にそれぞれ管長 L をかけると，分子 AL 上は間隙容積，分母 SL は間隙表面積を表す．これを土の場合に適用すると，

$$r_{\mathrm{H}} = e\frac{V_{\mathrm{s}}}{A_{\mathrm{s}}} \tag{3.12}$$

となる．ここに，e：間隙比，V_{s}：土粒子の体積，A_{s}：土粒子の表面積である．

いま，土粒子を直径 D_s の球と見なすと，

$$\frac{V_s}{A_s} = \frac{(4/3)\pi(D_s/2)^3}{\pi D_s{}^2} = \frac{D_s}{6} \tag{3.13}$$

となる．管内の水の流れと土の間隙を流れる水の流路との相違は，管は真っすぐであるが，土の間隙は曲がりくねっていることである．したがって，土の透水問題には，曲がりくねった流路長を採用すべきであるが，その測定や表示方法が難しいため，管と同じように流れ方向の距離を用いる．

土中の浸透水の流量を求めるには，式 (3.11) を参照して式 (3.12) と式 (3.13) から次式を導くことができる．

$$Q = \left(C_s \frac{\gamma_w}{\mu}\frac{D_s{}^2 e^2}{36}i\right)nA = \left(C_s\frac{\gamma_w}{\mu}\frac{D_s{}^2 e^2}{36}\frac{e}{1+e}\right)iA$$

$$= \left(\frac{C_s}{36}\frac{\gamma_w}{\mu}D_s{}^2\frac{e^3}{1+e}\right)iA = \left(C\frac{\gamma_w}{\mu}D_s{}^2\frac{e^3}{1+e}\right)iA \tag{3.14}$$

ここに，係数 C は形状係数 C_s を含めた土粒子の集合体に関係するものである．そこで，式 (3.14) と式 (3.4) を比較すれば，透水係数 k は次のようになる．

$$k = C\frac{\gamma_w}{\mu}D_s{}^2\frac{e^3}{1+e} \tag{3.15}$$

式 (3.15) から透水係数に影響する主な要因について考えてみる．

① **間隙比の影響**：透水係数は $e^3/(1+e)$ に比例しており，砂についてこの事実の確かさが実験で示されている．しかし，粘性土では図 3.7 に示すように，間隙比が同じでも水の流れの方向により透水係数が異なっている．つまり，これは鉛直方向と水平方向の土構造の違いが透水係数に影響することを示すもので，このよう

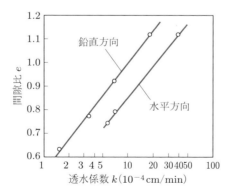

図 3.7 試料の方向と透水係数の関係[D. W. Taylor: Fundamental of soil mechanics, p. 118, Fig. 6–10, John Wiley & Sons (1948). 一部加筆]

な土を異方性地盤という.

② **粒径の影響**:式 (3.15) からほかの条件が一定ならば,透水係数は $D_s{}^2$ に比例することが明らかである.土の粒度は,きわめて広範囲にわたって変化するため,粒径は透水係数を左右する大きな要因となる.ヘーゼン (Hazen) は透水係数に与える粒径の影響を重視し,砂について次式を提案している.

$$k \fallingdotseq D_{10}{}^2 \tag{3.16}$$

ここに,k:透水係数 (m/s),D_{10}:有効径 (cm) である.

③ **水温の影響**:式 (3.15) によると,透水係数は γ_w に比例し,μ に反比例する.水の単位体積重量 γ_w は水温が変わってもあまり変化しないが,水の粘性係数 μ は水温とともに大幅に変化する.表 3.2 は水温と粘性係数の関係である.任意の水温 T (℃) で測定した透水係数 k_T は,次式で水温 15℃ の透水係数 $k_{T=15}$ に換算できる.

$$k_{T=15} = \frac{\mu_T}{\mu_{T=15}} k_T \tag{3.17}$$

ここに,μ_T:水温 T (℃) の水の粘性係数,$\mu_{T=15}$:水温 15℃ の水の粘性係数である.

表 3.2 水の粘性係数 $(\times 10^{-3})$

温度 (℃)	粘性係数 (Pa·s)	温度 (℃)	粘性係数 (Pa·s)	温度 (℃)	粘性係数 (Pa·s)
0	1.7921	10	1.3077	20	1.0050
1	1.7313	11	1.2713	21	0.9810
2	1.6727	12	1.2363	22	0.9579
3	1.6191	13	1.2028	23	0.9358
4	1.5674	14	1.1708	24	0.9143
5	1.5188	15	1.1404	25	0.8937
6	1.4728	16	1.1111	26	0.8737
7	1.4284	17	1.0828	27	0.8545
8	1.3860	18	1.0559	28	0.8360
9	1.3462	19	1.0299	29	0.8180

3.2.4 成層地盤の平均透水係数

　実際の地盤は,透水係数の異なるいくつかの土層から構成されていることが多い.したがって,水の流れる方向によって,土層全体の透水係数は異なる.このような成層地盤の平均透水係数は,次のように求められる.ここでは,各土層の透水係数を

$k_1, k_2, \ldots, k_n$, それぞれの土層厚さを $H_1, H_2, \ldots, H_n$, 全土層厚さを H とする.

(1) 水平方向の平均透水係数　図 3.8 に示すように, 水が土層に対して平行に流れる場合, ある距離 L に対し水頭差 Δh を生じるとすれば, 動水勾配 $\Delta h/L$ は各土層とも同じとなる. 土層全体の流量 Q は各土層の流量 $Q_1, Q_2, \ldots, Q_n$ から $Q = Q_1 + Q_2 + \cdots + Q_n$ として求められる. したがって, 土層全体の水平方向の平均透水係数 k_{h} は, $Q = Hk_{\mathrm{h}}\Delta h/L$, $Q_1 = H_1 k_1 \Delta h/L$, $Q_2 = H_2 k_2 \Delta h/L, \ldots$, $Q_n = H_n k_n \Delta h/L$ の関係から, 次のように求められる.

$$Hk_{\mathrm{h}}\frac{\Delta h}{L} = H_1 k_1 \frac{\Delta h}{L} + H_2 k_2 \frac{\Delta h}{L} + \cdots + H_n k_n \frac{\Delta h}{L}$$

$$\therefore \ k_{\mathrm{h}} = \frac{1}{H}(k_1 H_1 + k_2 H_2 + \cdots + k_n H_n) \tag{3.18}$$

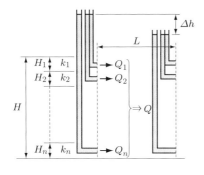

図 3.8　水平方向の流れ

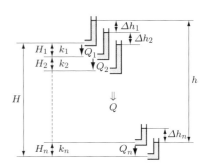

図 3.9　鉛直方向の流れ

(2) 鉛直方向の平均透水係数　図 3.9 のように, 流れが土層に対して鉛直な場合では, 各層を単位時間, 単位面積当たりに流れる水量は $Q_1 = k_1 \Delta h_1/H_1$, $Q_2 = k_2 \Delta h_2/H_2, \ldots$, $Q_n = k_n \Delta h_n/H_n$ となる. 一方, 土層全体の鉛直方向の平均透水係数を k_{v} とすれば, $Q = k_{\mathrm{v}}h/H$ である.

全土層の水頭 h は, 各土層の水頭 Δh_1, $\Delta h_2, \ldots, \Delta h_n$ から $h = \Delta h_1 + \Delta h_2 + \cdots + \Delta h_n$ となり, $Q = Q_1 = Q_2 = \cdots = Q_n$ であるから, 鉛直方向の透水係数 k_{v} は次のように求められる.

$$\frac{QH}{k_{\mathrm{v}}} = \frac{Q_1 H_1}{k_1} + \frac{Q_2 H_2}{k_2} + \cdots + \frac{Q_n H_n}{k_n}$$

$$\therefore \ k_{\mathrm{v}} = \frac{H}{H_1/k_1 + H_2/k_2 + \cdots + H_n/k_n} \tag{3.19}$$

例題 3.2　図 3.10 に示すような成層供試体に，水平方向から水頭差 1 m を与えたときの単位時間当たりの流量を求めよ．また，鉛直方向から水頭差 1 m を与えたときの単位時間当たりの流量を求めよ．ただし，供試体は 1 辺 20 cm の立方体とする．

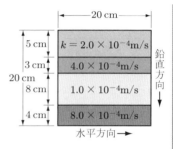

図 3.10　例題 3.2

解

水平方向：$k_{\mathrm{h}} = \dfrac{1}{0.2}(2.0 \times 10^{-4} \times 0.05 + 4.0 \times 10^{-4} \times 0.03 + 1.0 \times 10^{-4} \times 0.08$

$\qquad\qquad + 8.0 \times 10^{-4} \times 0.04)$

$\qquad\quad = 3.1 \times 10^{-4}\ \mathrm{m/s}$

ゆえに，流量 $Q = k_{\mathrm{h}} i A = 3.1 \times 10^{-4} \times (1/0.2) \times 0.2 \times 0.2$

$\qquad\qquad\qquad = 0.62 \times 10^{-4}\ \mathrm{m^3/s} = 62\ \mathrm{cm^3/s}$

鉛直方向：$k_{\mathrm{v}} = \dfrac{0.2}{\dfrac{0.05}{2.0 \times 10^{-4}} + \dfrac{0.03}{4.0 \times 10^{-4}} + \dfrac{0.08}{1.0 \times 10^{-4}} + \dfrac{0.04}{8.0 \times 10^{-4}}}$

$\qquad\quad = 1.7 \times 10^{-4}\ \mathrm{m/s}$

ゆえに，流量 $Q = k_{\mathrm{v}} i A = 1.7 \times 10^{-4} \times (1/0.2) \times 0.2 \times 0.2$

$\qquad\qquad\qquad = 0.34 \times 10^{-4}\ \mathrm{m^3/s} = 34\ \mathrm{cm^3/s}$

3.3　透水係数の測定方法

3.3.1　室内透水試験

　透水係数を求める方法には，実験室内で測定する方法と現場で測定する方法がある．そして，土の種類により試験結果の信頼性も異なってくるから，それぞれの土に適応した方法を選ぶ必要がある．土の種類と透水係数との関係は表 3.3 に示されるように，これまでの経験によって大体わかっている．

　実験室において透水係数を測定する方法は，ダルシーの法則に基づくものであり，砂質土に対しては定水位，粘性土に対しては変水位の各透水試験方法がある．

（1）定水位透水試験　定水位透水試験 (constant head permeability test) は，図 3.11 に示すような装置によるもので，一定の水頭差 H のもとで断面積 A，長さ L の試料中を時間 t の間に流れる水量 Q を測定すると，透水係数は式 (3.4) から次のように求

表 3.3 透水性と試験方法との適用性［地盤工学会編：地盤材料
試験の方法と解説, p. 450, 図 4, 地盤工学会（2009）］

透水係数 k (m/s)											
10^{-11}	10^{-10}	10^{-9}	10^{-8}	10^{-7}	10^{-6}	10^{-5}	10^{-4}	10^{-3}	10^{-2}	10^{-1}	10^{0}
透水性	実質上不透水	非常に低い		低 い		中 位		高 い			
対応する土の種類	粘性土 {C}	微細砂, シルト, 砂 – シルト – 粘土混合土 {SF}{S-F}{M}				砂および礫 (GW)(GP) (SW)(SP) (G-M)		清浄な礫 (GW)(GP)			
透水係数を直接測定する方法	特殊な変水位透水試験	変水位透水試験				定水位透水試験		特殊な変水位透水試験			
透水係数を間接的に測定する方法	圧密試験結果から計算	な し				清浄な砂と礫は粒度と間隙比とから計算					

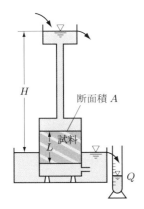

図 3.11 定水位透水試験装置

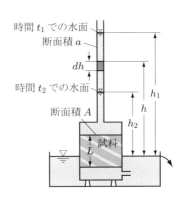

図 3.12 変水位透水試験装置

められる.

$$Q = kiAt = k\frac{H}{L}At$$

$$\therefore \ k = \frac{QL}{HAt} \tag{3.20}$$

(2) 変水位透水試験 変水位透水試験 (falling head permeability test) は, 図 3.12 のようにスタンドパイプ中を降下する水位を時間の経過とともに測定し, 透水係数を求める方法である. いま, スタンドパイプの断面積を a とし, 時間 dt の間の水位変化量を dh とすれば, $-a\,dh$ で表される水量が断面積 A, 長さ L の試料を通過する. したがって, ダルシーの法則より次式が成立する.

$$-a\,dh = k\frac{h}{L}A\,dt \tag{3.21}$$

時間 t_1 のときの水頭を h_1，時間 t_2 のときの水頭を h_2 として式 (3.21) を積分すれば，透水係数は次のように求められる．

$$-\int_{h_1}^{h_2} a\frac{dh}{h} = \int_{t_1}^{t_2} k\frac{A}{L}dt$$

$$\therefore\ k = \frac{aL}{A(t_2-t_1)}\log_e\frac{h_1}{h_2} = \frac{2.3aL}{A(t_2-t_1)}\log_{10}\frac{h_1}{h_2} \tag{3.22}$$

例題 3.3　定水位透水試験を砂の供試体で行った．供試体の長さは 25 cm，断面積は 30 cm^2 である．40 cm の水頭差のもとで，5 分間の流量は 230 cm^3 であった．透水係数を求めよ．

解　$Q = 230\,\mathrm{cm^3}$, $L = 25\,\mathrm{cm}$, $A = 30\,\mathrm{cm^2}$, $H = 40\,\mathrm{cm}$, $t = 300\,\mathrm{s}$ より，

$$k = \frac{QL}{AHt} = \frac{230 \times 25}{30 \times 40 \times 300} = 1.6 \times 10^{-2}\,\mathrm{cm/s} = 1.6 \times 10^{-4}\,\mathrm{m/s}$$

例題 3.4　直径 10 cm，高さ 20 cm の試料土について変水位透水試験を行ったところ，直径 0.8 cm のガラス管中の水頭が 9 分 45 秒間に $h_1 = 30\,\mathrm{cm}$ から $h_2 = 20\,\mathrm{cm}$ まで下がった．透水係数を求めよ．

解　$A = 5\times5\times\pi = 78.5\,\mathrm{cm^2}$, $a = 0.4\times0.4\times\pi = 0.503\,\mathrm{cm^2}$, $L = 20\,\mathrm{cm}$, $t_2 - t_1 = 9\,\mathrm{min}\,45\,\mathrm{s} = 585\,\mathrm{s}$, $h_1 = 30\,\mathrm{cm}$, $h_2 = 20\,\mathrm{cm}$ より，

$$k = \frac{2.3aL}{A(t_2-t_1)}\log_{10}\frac{h_1}{h_2} = \frac{2.3 \times 0.503 \times 20}{78.5 \times 585}\log_{10}\frac{30}{20} = 8.9 \times 10^{-5}\,\mathrm{cm/s}$$

$$= 8.9 \times 10^{-7}\,\mathrm{m/s}$$

3.3.2　現場透水試験

(1) 揚水試験　一般に，地下水には 3.1.1 項で述べたように自由水面を有する自由地下水（不圧地下水ともいう）と，帯水層の上部が粘土のような水を通しにくい難透水層で覆われて自由水面を持たない被圧地下水がある．これらの地下水を揚水する目的で掘られた井戸を，それぞれ重力井戸および掘抜き井戸と呼ぶ．そして，このような井戸から水を汲み上げ，井戸周辺の地下水位の変動を観測することにより，地盤の透水係数を求める試験を揚水試験 (pumping test) という．

①重力井戸：図 3.13 に示すように，半径 r_0 の井戸を地中の難透水層まで到達させ，ポンプで単位時間当たり流量 Q を揚水すると，地下水面はしだいに下降してくる．そして，水面勾配はしだいに大きくなっていくが，通常は揚水をしばらく続けると，ほ

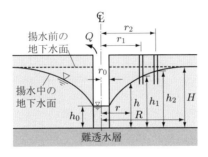

図 3.13 重力井戸による揚水試験

ほぼ一定の水面勾配の定常状態となる．そして，井戸からあまり遠くない範囲では，等水頭線は井戸の中心軸に対する同心円であり，半径 r の円筒面を通り井戸へ流入する水量は半径の大きさにかかわらず一定で，揚水量 Q に等しい．

井戸の中心からの距離 r に対する水頭を h とすれば，動水勾配 i は近似的に $i \fallingdotseq dh/dr$ である．したがって，ダルシーの法則から，

$$Q = kiA = k\frac{dh}{dr}2\pi rh \tag{3.23}$$

となり，これを井戸の半径 r_0 および r に対する水位 h_0 および h のもとで積分すると，次式のように自由水面の形が対数曲線で与えられる．

$$\int_{r_0}^{r} \frac{Q}{2\pi r}dr = \int_{h_0}^{h} kh\,dh$$
$$\therefore\ h^2 - h_0{}^2 = \frac{Q}{\pi k}\log_e \frac{r}{r_0} \tag{3.24}$$

図 3.13 のように，地下水面の低下が半径 R の範囲に限られ，それより遠方では水面の低下が生じないとすると，式 (3.24) において $r = R$，$h = H$ とすれば，

$$R = r_0 \exp\left\{ \left(H^2 - h_0{}^2\right)\frac{\pi k}{Q} \right\} \tag{3.25}$$

となる．このような R を影響圏半径 (radius of influence circle) といい，通常 500〜1000 m の値をとることが多い．

揚水により地下水が定常状態に達したとき，距離 r_1，r_2 の位置に打ち込まれた水位観測用の井戸の水位 h_1，h_2 を測定すれば，式 (3.24) から透水係数 k を求める次の式を導くことができる．

$$k = \frac{2.3Q}{\pi(h_2{}^2 - h_1{}^2)}\log_{10}\frac{r_2}{r_1} \tag{3.26}$$

②掘抜き井戸：図 3.14 のように，厚さ b の帯水層に半径 r_0 の井戸を掘り，流量 Q を揚水して定常状態に達したとすると，半径 r の側面を放射状に通過する流量 Q は，

$$Q = 2\pi rbk\frac{dh}{dr} \tag{3.27}$$

であり，井戸の半径 r_0 および r における水位 h_0 および h に関して積分すると，水面形が次のように表される．

$$h - h_0 = \frac{Q}{2\pi bk}\log_e\frac{r}{r_0} \tag{3.28}$$

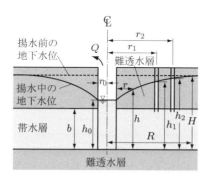

図 3.14 掘抜き井戸による揚水試験

式 (3.24) と同様に，式 (3.28) は $r \to \infty$ では $h \to \infty$ という不合理を生じるため，半径が大きいところでは使用できない．そこで，$r \to \infty$ において $h = H$ という条件を満足させるために，$h = H$ となる半径 R を定め，これを影響圏半径とすれば，この場合は次式で与えられる．

$$R = r_0\exp\left\{(H - h_0)\frac{2\pi bk}{Q}\right\} \tag{3.29}$$

透水係数 k は井戸の中心から距離 r_1，r_2 にある観測井戸の水位を h_1，h_2 とすれば，式 (3.28) を用いて次のように求められる．

$$k = \frac{2.3Q}{2\pi b(h_2 - h_1)}\log_{10}\frac{r_2}{r_1} \tag{3.30}$$

例題 3.5 図 3.13 に示したように，不圧帯水層中に難透水層まで達する重力井戸を掘り，$Q = 6.0\,\mathrm{m^3/min}$ の水を汲み上げると，やがて定常状態となった．重力井戸の中心から 4 m と 8 m 離れた観測井戸の水位は，それぞれ 3.2 m と 4.6 m であった．この不圧帯水層の透水係数 k を求めよ．

解 $Q = 6.0\,\mathrm{m^3/min}$, $r_1 = 4\,\mathrm{m}$, $r_2 = 8\,\mathrm{m}$, $h_1 = 3.2\,\mathrm{m}$, $h_2 = 4.6\,\mathrm{m}$ を式 (3.26) に代入して，$k = \dfrac{2.3 \times 6.0}{\pi \times (4.6^2 - 3.2^2)} \log_{10} \dfrac{8}{4} = 1.2 \times 10^{-1}\,\mathrm{m/min} = 2.0 \times 10^{-3}\,\mathrm{m/s}$

例題 3.6 図 3.14 に示したように，難透水層に挟まれた厚さ $b = 3.0\,\mathrm{m}$ の被圧帯水層を貫通する掘抜き井戸を掘り，$Q = 6.0\,\mathrm{m^3/min}$ の水を汲み上げると，やがて定常状態となった．掘抜き井戸から $4\,\mathrm{m}$ と $8\,\mathrm{m}$ 離れた観測井戸の水位は，それぞれ $3.2\,\mathrm{m}$ と $4.6\,\mathrm{m}$ であった．この被圧帯水層の透水係数 k を求めよ．

解 $Q = 6.0\,\mathrm{m^3/min}$, $r_1 = 4\,\mathrm{m}$, $r_2 = 8\,\mathrm{m}$, $h_1 = 3.2\,\mathrm{m}$, $h_2 = 4.6\,\mathrm{m}$, $b = 3.0\,\mathrm{m}$ を式 (3.30) に代入して，$k = \dfrac{2.3 \times 6.0}{2 \times \pi \times 3 \times (4.6 - 3.2)} \log_{10} \dfrac{8}{4} = 1.6 \times 10^{-1}\,\mathrm{m/min} = 2.7 \times 10^{-3}\,\mathrm{m/s}$

(2) 簡易な現場透水試験 地盤の透水係数を簡便に決定する方法として，地盤に掘った孔から地下水を汲み出したり，逆に孔内へ水を注入することに伴う水位変化を観測して，透水係数を求める方法がある．この方法は，(1) で述べた揚水試験と比較して透水係数の精度は良くないが，簡便な試験法であるため，揚水試験の補助的な手段として広く用いられている．

試験方法として種々の方法が提案されているが，ここでは代表的なオーガー孔法について示す．これは，図 3.15 のようにオーガーにより地下水位以下まで掘削した孔から地下水を汲み出して水位を低下させた後，回復時の水位を観測し透水係数を求める

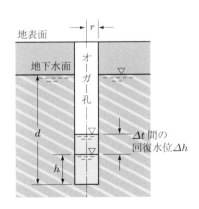

図 3.15 オーガー孔法 [河上房義：土質力学第 7 版，p. 62，図 4.21，森北出版 (2001)]

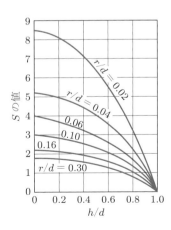

図 3.16 オーガー孔法の S 値 [河上房義：土質力学第 7 版，p. 62，図 4.22，森北出版 (2001)]

方法である．この方法で求められた透水係数は，水平方向の値である．

時間 Δt に孔内水位が Δh だけ回復すると，透水係数は次式から求められる．

$$k = 0.617 \frac{r}{Sd} \frac{\Delta h}{\Delta t} \tag{3.31}$$

ここに，S は孔の半径 r と地下水面の高さ d との比 r/d，および低下水位 h と d の比 h/d を用いて，図 3.16 から求められる．

3.4 浸透流の解析方法

3.4.1 土中水の浸透理論

任意の水頭 h のもとで，土中を流れる浸透現象について考える．図 3.17 に示すように，土中における微小要素 $\delta_x \times \delta_y \times \delta_z$ をとり出し，水の流れが xz 面内に二次元的に生じるものとする．直交する二つの面における流速をそれぞれ v_x，v_z とすれば，それらの面から δ_x，δ_z 離れた面における流速は，図 3.17 のとおりである．

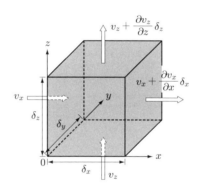

図 3.17　微小要素の流れ

単位時間内にこの要素に流入する水量 q_in，およびそれから流出する水量 q_out は次のようである．

$$q_\text{in} = v_x \delta_y \delta_z + v_z \delta_x \delta_y \tag{3.32}$$

$$q_\text{out} = \left(v_x + \frac{\partial v_x}{\partial x} \delta_x \right) \delta_y \delta_z + \left(v_z + \frac{\partial v_z}{\partial z} \delta_z \right) \delta_x \delta_y \tag{3.33}$$

水は非圧縮性であり，要素中の水の体積が一定とすれば，要素への流入量 q_in と要素からの流出量 q_out とは等しい．したがって，

$$\left(\frac{\partial v_x}{\partial x} + \frac{\partial v_z}{\partial z}\right)\delta_x\delta_y\delta_z = 0 \tag{3.34}$$

となり，$\delta_x\delta_y\delta_z \neq 0$ であるから，

$$\frac{\partial v_x}{\partial x} + \frac{\partial v_z}{\partial z} = 0 \tag{3.35}$$

が得られる．これが連続条件を与える式である．

ダルシーの法則の一般形は，次式で表すことができる．

$$v_x = -k_x\frac{\partial h}{\partial x}, \quad v_z = -k_z\frac{\partial h}{\partial z} \tag{3.36}$$

ここに，k_x，k_z は x，z 軸方向の透水係数，$-\partial h/\partial x$，$-\partial h/\partial z$ は x，z 軸方向の動水勾配である．

式 (3.35) に式 (3.36) を代入すると，

$$\frac{\partial}{\partial x}\left(k_x\frac{\partial h}{\partial x}\right) + \frac{\partial}{\partial z}\left(k_z\frac{\partial h}{\partial z}\right) = 0 \tag{3.37}$$

を得る．これが非圧縮性流体の定常浸透流の全水頭に関する基本方程式である．

もし，k_x，k_z が x，z 軸に関してそれぞれ一定であれば，

$$k_x\frac{\partial^2 h}{\partial x^2} + k_z\frac{\partial^2 h}{\partial z^2} = 0 \tag{3.38}$$

となり，さらに $k_x = k_z$ であれば，

$$\frac{\partial^2 h}{\partial x^2} + \frac{\partial^2 h}{\partial z^2} = \nabla^2 h = 0 \tag{3.39}$$

また，速度ポテンシャル $\Phi = -kh$ を導入すると，

$$v_x = \frac{\partial \Phi}{\partial x}, \ v_z = \frac{\partial \Phi}{\partial z} \tag{3.40}$$

$$\therefore \ \frac{\partial^2 \Phi}{\partial x^2} + \frac{\partial^2 \Phi}{\partial z^2} = 0 \tag{3.41}$$

というラプラスの方程式となる．

式 (3.41) の解は，あらゆる点で直交する二つの曲線群で表される．その一つは流線 (flow line)，もう一つは等ポテンシャル線 (equi-potential line) であり，この 2 組の曲線群から図 3.18 のような流線網 (flow net) が得られる．流線は水分子が移動する軌跡と考えて良い．また，等ポテンシャル線は全水頭が等しい点を結んだ線であり，その線に沿っての浸透はない．この流線網を用いると，厳密な理論解が存在しないような境界条件を持つ地盤や土構造物中の浸透流量や全水頭分布が簡単に求められる．

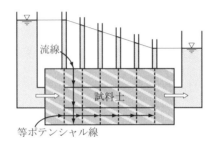

図3.18 流線網

3.4.2 流線網の性質とその描き方

　無数に存在する流線と等ポテンシャル線から構成される流線網を描くには，次のような流線網の特性を知る必要がある．ここでは，図3.19に示すように，地盤の一部を矢板によって遮水し，上，下流側の水位をそれぞれ H，0 に保った場合の流線網を例に述べる．なお，水頭（全水頭）の基準面は下流側水面とする．

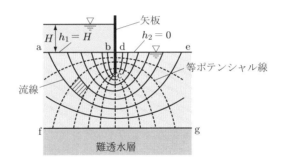

図3.19 矢板による遮水工の流線網

① 上流側の地表面 ab は水頭 $h_1 = H$ の等ポテンシャル線であり，流線はこれに直交する．
② 下流側の地表面 de は水頭 $h_2 = 0$ の等ポテンシャル線である．
③ 難透水面 fg は一番深い流線であり，等ポテンシャル線はこれと直交する．
④ 矢板のまわり bcd は一番浅い流線となる．
⑤ 等ポテンシャル線間の水頭差は等しい．
⑥ 各流線ではさまれた部分，すなわち流管を流れる流量は等しい．

　以上の特性を満足する流線網を描くには，流線と等ポテンシャル線がそれぞれの限界（bcd と fg および ab と de）の中間の形となるように描き，両者が直交してできる網目をほぼ正方形になるようにする．

3.4.3 流線網による浸透解析

流線網を利用すると，アースダムや矢板の下を流れる浸透流量や水頭が容易に求められる．図 3.19 の流線網から取り出した任意の網目を図 3.20 に示す．この網目の 2 本の等ポテンシャル線の水頭を $h + \Delta h$ および h とする．等ポテンシャル線間隔数を N_d とすると，3.4.2 項で説明した流線網の特性⑤より，水頭差 Δh は，

$$\Delta h = \frac{H}{N_\mathrm{d}} \tag{3.42}$$

である．したがって，流線網の任意点での水頭 h は次のようになる．

$$h = n_\mathrm{d} \Delta h = H \frac{n_\mathrm{d}}{N_\mathrm{d}} \tag{3.43}$$

ここに，n_d は下流側の水頭 $h_2 = 0$ のポテンシャル線より数えた任意点までの等ポテンシャル線間隔の数である．

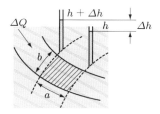

図 3.20 流線網の網目

この網目の流線に沿う長さを a とすれば，動水勾配 i は $i = \Delta h/a$ であるから，ダルシーの法則から流速 v は次のようになる．

$$v = ki = k\frac{\Delta h}{a} = \frac{k}{a}\frac{H}{N_\mathrm{d}} \tag{3.44}$$

この網目の等ポテンシャル線に沿う長さを b とすれば，単位奥行き当たり単位時間内に流れる水量 ΔQ は次のようになる．

$$\Delta Q = bv = k\frac{b}{a}\frac{H}{N_\mathrm{d}} \tag{3.45}$$

ΔQ は一つの流管の流量であるので，この流線網の流管の総数を N_f とすると，単位奥行き当たりの全浸透流量 Q は次のように表される．

$$Q = \Delta Q N_\mathrm{f} = kH\frac{b}{a}\frac{N_\mathrm{f}}{N_\mathrm{d}} \tag{3.46}$$

網目の寸法 a と b は任意に決めることができ，$a = b$ の正方形とすると，式 (3.46) は次のようになる．

$$Q = kH \frac{N_\mathrm{f}}{N_\mathrm{d}} \tag{3.47}$$

例題3.7 池の中を掘削するために,掘削領域の周囲に矢板を立てて,その中を排水し,水位を池の底まで下げたとき,池の底の砂層を通って水が流出してきた.池の水位は5m,矢板の根入れ深さは3mである.池の底の砂層は厚さ6m,透水係数2.0×10^{-4} m/sで,その下は難透水性の地盤とする.

(1) 流線網を描け.

(2) 奥行き1m,1時間当たりの浸透流量を求めよ.

(3) 水頭の基準面を池の底として,矢板の下端点a,および点aより下流側へ水平に1.5m離れた点bの水頭を求めよ.

解 (1) 流線網は,図3.21のようになる.

(2) $k = 2.0 \times 10^{-4}$ m/s,$H = 5$ m,奥行き1m,$N_\mathrm{f} = 5$,$N_\mathrm{d} = 10$,$t = 60 \times 60 = 3600$ s だから,式(3.47)より,

$$Q = 2.0 \times 10^{-4} \times 5 \times 1 \times \frac{5}{10} \times 3600$$
$$= 1.8 \,\mathrm{m^3/h}$$

(3) 点a:$n_\mathrm{d} = 5$ だから,$h_\mathrm{a} = 5 \times 5/10 = 2.5$ m
点b:$n_\mathrm{d} = 2.8$ だから,$h_\mathrm{b} = 5 \times 2.8/10 = 1.4$ m

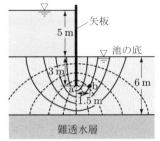

図3.21 例題3.7

3.5 浸透水による地盤の破壊

3.5.1 クイックサンド,ボイリング,パイピング

図3.22のように,地下水の高い地盤を掘削する際に,矢板の掘削側に上向きの浸透流が起こる.この浸透流の力が土の重量よりも大きくなると,土は見かけ上無重量状態となり,とくに砂地盤では粒子が水の中に浮遊して液状化する.この状態をクイックサンド (quicksand) という.クイックサンドが発生すると地盤は支持力を失い,砂は沸騰した水のように地表面に吹き上がり,地盤は破壊する.これをボイリング (boiling) と呼ぶ.

一般に,地盤は均質でないため,クイックサンドやボイリングは最初局部的に発生することが多い.その部分では砂粒子が排除され,透水性が増大するので動水勾配が大きくなり,それによって浸透流の力がさらに増大する.この悪循環が次々と進行して,上流側に向かってボイリングがパイプ状に形成される現象をパイピング (piping)

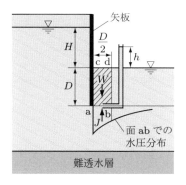

図 3.22　掘削地底面の安定

という．パイピングの発端は，浸透流が流出している部分での種々の侵食作用であることが多いが，モグラやミミズの穴であることもある．また，地盤とコンクリートや鋼構造物の境界面ではパイピングが発生しやすく，これをとくにルーフィング (roofing) と呼んでいる．

3.5.2　浸透水圧と浸透力

図 3.23 に示すように，長さ L の試料土の下（面 ab）から上（面 cd）に定常状態で水が浸透しているとき，面 ab に作用している水圧は $\gamma_{\mathrm{w}} H_1 A$ であり，面 cd に作用する水圧は $\gamma_{\mathrm{w}} H_2 A$ である．ここで，A は試料土の断面積であり，γ_{w} は水の単位体積重量である．このとき，上下の水圧の差 F は容器と土の間に摩擦がなければ，試料土全体に作用する．すなわち，

$$F = \gamma_{\mathrm{w}} H_1 A - \gamma_{\mathrm{w}} H_2 A$$

$$= \gamma_{\mathrm{w}} A (H_1 - H_2) \tag{3.48}$$

ここで，$H_1 = H_2 + L$ ならば浸透流の起こらない静水状態であり，このときの水圧

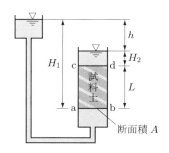

図 3.23　浸透流のモデル

差 F_0 は次のようになる.

$$F_0 = \gamma_{\mathrm{w}} A L \tag{3.49}$$

$H_1 = H_2 + L + h$ のとき, 上向きに浸透流が生じ, 水圧差 F_1 は次式となる.

$$F_1 = \gamma_{\mathrm{w}} A(L + h) \tag{3.50}$$

したがって, 浸透流により発生する力は, 式 (3.50) と式 (3.49) の差であり, これを浸透力 (seepage force) という. この場合, 動水勾配 $i = h/L$ であるので, 浸透力 J は次のように表される.

$$J = F_1 - F_0 = \gamma_{\mathrm{w}} A h = \gamma_{\mathrm{w}} i A L \tag{3.51}$$

式 (3.51) によると, 浸透力 J は浸透する場の体積 AL と動水勾配 i に比例することになる. すなわち, 浸透力は重力と同じように浸透する場において, 物体力として土の骨格に作用する力である. 浸透力を全体積で割った値は単位体積当たりの浸透力で, 透水力 j と呼ぶこともある.

$$j = \frac{J}{AL} = \gamma_{\mathrm{w}} i \tag{3.52}$$

また, 浸透力を浸透方向の断面積で除したものを浸透水圧 (seepage pressure) u という.

$$u = \frac{J}{A} = \gamma_{\mathrm{w}} h = \gamma_{\mathrm{w}} i L \tag{3.53}$$

3.5.3 掘削底面の安定

図 3.22 に示す矢板の掘削側地盤のクイックサンドに対する安定性を考える場合, テルツァギー (Terzaghi) は多くの実験により矢板の根入れ深さ D の半分の幅の土塊 abdc に作用する力のつり合いを検討することを提案している.

この土塊の底面 ab に下向きに作用する力 W は次のようである.

$$W = \gamma' D \frac{D}{2} = (\gamma_{\mathrm{sat}} - \gamma_{\mathrm{w}}) \frac{D^2}{2} = \frac{\rho_{\mathrm{s}}/\rho_{\mathrm{w}} - 1}{1 + e} \gamma_{\mathrm{w}} \frac{D^2}{2} \tag{3.54}$$

ここに, γ' は土の水中単位体積重量, γ_{sat} は土の飽和単位体積重量, γ_{w} は水の単位体積重量, ρ_{s} は土粒子の密度, ρ_{w} は水の密度, e は間隙比である.

一方, 浸透力により上向きに作用する力 J は, 面 ab と面 cd との水頭差を h とすると, 次のようになる.

$$J = \gamma_{\mathrm{w}} i D \frac{D}{2} = \gamma_{\mathrm{w}} \frac{h}{D} \frac{D^2}{2} = \gamma_{\mathrm{w}} h \frac{D}{2} \tag{3.55}$$

したがって，浸透力に対する安全率 F_s は，式 (3.54) と式 (3.55) より次のように求められる．

$$F_s = \frac{W}{J} = \frac{(\gamma_{\mathrm{sat}} - \gamma_{\mathrm{w}})(D^2/2)}{\gamma_{\mathrm{w}}h(D/2)} = \frac{(\gamma_{\mathrm{sat}}/\gamma_{\mathrm{w}}) - 1}{(h/D)} \tag{3.56}$$

式 (3.56) によると，掘削が深くなるに従って D が小さくなり，F_s の値は小さくなる．$F_s = 1$ のとき $J = W$ となり，浸透力によってこの土塊がクイックサンド現象を起こすことになる．そのときの動水勾配を限界動水勾配 (critical hydraulic gradient) i_c といい，次のように表される．

$$i_c = \frac{h}{D} = \frac{\gamma_{\mathrm{sat}}}{\gamma_{\mathrm{w}}} - 1 = \frac{\rho_s/\rho_{\mathrm{w}} - 1}{1 + e} \tag{3.57}$$

式 (3.57) において砂粒子の密度を $\rho_s = 2.65\,\mathrm{g/cm^3}$，水の密度を $\rho_{\mathrm{w}} = 1.00\,\mathrm{g/cm^3}$，砂の間隙比を $e = 0.6 \sim 1.0$ とすると，$i_c = 0.83 \sim 1.03$ となり $i_c \fallingdotseq 1.0$ と考えて良い．

図 3.22 の面 ab の水頭 h は一定ではなく，図中に示したような分布となる．したがって，その平均値 h_{avr} が流線網や数値解析から求められると，その動水勾配 $i = h_{\mathrm{avr}}/D$ と限界動水勾配 i_c とを比較することにより，クイックサンドに対する安定性が検討できる．

例題3.8 【例題 3.7】の矢板裏側地盤はクイックサンドに対して安定か．地盤を構成している土の間隙比は 0.70 で，土粒子の密度が $2.65\,\mathrm{g/cm^3}$，水の密度が $1.00\,\mathrm{g/cm^3}$ であるとき，安全率を求めよ．

解 【例題 3.7】によると ab 間は 1.5 m で，矢板の根入れ深さの半分である．
 面 ab の平均水頭：$h_{\mathrm{avr}} = (h_a + h_b)/2 = (2.5 + 1.4)/2 = 1.95\,\mathrm{m}$
 動水勾配：$i = h_{\mathrm{avr}}/D = 1.95/3 = 0.650$
 限界動水勾配：$i_c = (\rho_s/\rho_{\mathrm{w}} - 1)/(1 + e) = (2.65/1.00 - 1)/(1 + 0.7) = 0.971$
 安全率：$F_s = i_c/i = 0.971/0.650 = 1.5$

演習問題

3.1 図 3.24 に示すように砂を入れた容器の両端をパイプで水槽につなぎ，水頭差を与えたところ，水が流れた．砂の透水係数を $2.0 \times 10^{-4}\,\mathrm{m/s}$ とするとき，以下の問いに答えよ．ただし，両方の水槽とも水位は一定に保たれているものとする．

(1) 試料中の動水勾配はいくらか．
(2) 見かけの流速はいくらか．
(3) 水槽 1 のみを，さらに 0.5 m 高くすると，見かけの流速はいくらになるか．

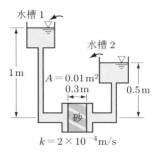

図 3.24

3.2 高さ 15 cm, 直径 5.5 cm の粗い砂の供試体について, 定水位透水試験を行った. 水頭差 40 cm で, 60 秒間に土中を浸透した水を集めたところ, 400 cm^3 であった. 透水係数はいくらか.

3.3 直径 10 cm, 高さ 4.0 cm で透水係数が 1.0×10^{-6} m/s 程度の試料がある. 変水位透水試験で, 10 分間に水頭を 30 cm より 20 cm まで下げるには, そのガラス管の直径をいくらにすれば良いか.

3.4 水位 4 m のダムの基礎に生じる浸透流量を求めるために, 図 3.25 の流線網を描いた. このダムの奥行き 1 m 当たりの流量 Q を求めよ. また, ダム底の点 A における水頭 h_A を求めよ. ただし, 地盤の透水係数を 7.0×10^{-5} m/s とする.

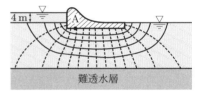

図 3.25

3.5 図 3.26 は 20 cm^2 の断面積を持つシリンダーに厚さ 10 cm の砂を詰め, 水で飽和させたものである. この砂の飽和単位体積重量は 18.0 kN/m^3, 透水係数は 2.0×10^{-5} m/s である. 以下の問に答えよ.
(1) この砂の限界動水勾配を求めよ.
(2) 上向きに 0.024 cm^3/s の流れがある場合, 動水勾配を求め, この砂のクイックサンドに対する安全率を求めよ.
(3) 限界動水勾配を与える上向きの流量はいくらか.

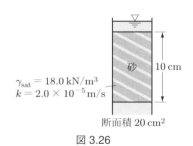

$\gamma_{\text{sat}} = 18.0$ kN/m^3
$k = 2.0 \times 10^{-5}$ m/s

断面積 20 cm^2

図 3.26

課題

3.1 土中水をその存在状態により分類せよ.

3.2 透水試験の種類を調べよ.

3.3 土中水による地盤の破壊現象を調べよ.

土の圧縮と圧密

第4章

4.1 土の圧縮機構

　一般に，外力により応力が生じた材料は，その応力に応じてひずみを発生させる．この関係の最も単純なものは弾性材料であり，ひずみは応力に比例し，時間には依存しない．したがって，荷重が既知であれば弾性理論に基づいて応力とひずみを計算することができる．鋼やコンクリートのような間隙のない連続体では，一般的な応力下でのひずみはきわめて小さく，実用上はあまり問題にならない．これに反して，土の場合は間隙量が多いため，一般的な大きさの荷重でも著しく体積が減少して，地盤や構造物は大きく沈下し，損傷を受けることが少なくない．土は固相，液相，気相がほぼ同体積を占めており，その体積減少の要因としては次の4点が考えられる．

① 土粒子実質部分の圧縮

② 間隙内の水の圧縮

③ 間隙内の空気の圧縮

④ 間隙からの水と空気の排出

　岩石や土全体の圧縮性をそれらを構成する実質部分の圧縮性と比較して示すと，表4.1

表 4.1　圧力 $1\,\mathrm{kN/m^2}$ に対する各種物質の圧縮性[土質工学会編：土質工学ハンドブック，p. 135，表-6.1，技報堂（1965），一部加筆]

物　質	圧縮性 $(\mathrm{m^2/kN})$	
	全　体	実質部
石英質砂岩	5.9×10^{-8}	2.8×10^{-8}
花崗岩	7.6	1.9
大理石	17.8	1.4
コンクリート	20.4	2.5
密な砂	1830.0	2.8
緩い砂	9170.0	2.8
洪積粘土	7650.0	2.0
沖積粘土	61200.0	2.0
水	49.0	49.0

のようになる．この表では，単位応力に対する体積ひずみの割合を圧縮性としており，後述する体積圧縮係数と同じものである．この表から明らかなように，実質部と間隙水は事実上非圧縮性と考えて良い．したがって，土の圧縮 (compression) とは，土の構造骨格の圧縮に伴う空気の圧縮および水・空気の排出過程と見ることができる．土が不飽和状態にある場合は空気の圧縮と空気・水の排出が，飽和状態にある場合は水の排水が，圧縮に伴って起こる．砂質土は透水係数が大きいので，たとえ飽和状態にあっても排水に時間的遅れを生じないが，粘性土は透水係数が小さいので，排水に長い時間を要し，圧縮は時間的に遅れて発生する．このように，排水の遅れによって圧縮がゆっくり進行する場合を，とくに圧密 (consolidation) と呼んでいる．つまり，圧密は圧縮の特殊な場合と見なすことができる．

いま，一定の荷重のもとでの砂，シルト，粘土の圧縮の時間的変化を示すと，図 4.1 のようになる．砂では瞬時にして最終沈下量の 80% が生じ，残りの 20% は徐々に圧縮が進行する．一方，粘土は沈下の時間的遅れが極端であって，粘土地盤が 10 年にもわたって沈下を続ける例が見られる．

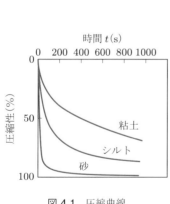

図 4.1 圧縮曲線

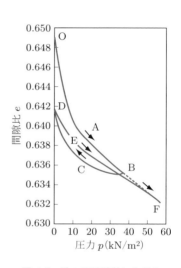

図 4.2 砂の圧縮試験における
圧力－間隙比の関係

砂に一定の圧力をかけて沈下（間隙比の減少）が落ち着くのを待って，さらに圧力を増大していくと，図 4.2 のような関係が得られる．この図において，OABF の曲線は試料が緩い状態からはじめて荷重を受けたときの曲線を示しており，これを処女圧縮曲線 (virgin compression curve) と呼んでいる．次に，点 B で圧力を減少すると，膨張曲線 (expansion curve) BCD が得られるが，圧力をゼロにしても間隙比は元の状

態 O には戻らず，大きな残留変形を示す．また，点 D から再度圧力をかけると DEB の曲線となり，これを再圧縮曲線 (re-compression curve) という．この曲線は点 B 付近から処女圧縮曲線 BF をたどる．

粘土について同様の試験をした結果が，図 4.3 である．図 4.3（a）は図 4.2 と同様に普通目盛のグラフであるが，図 4.3（b）は横軸の圧力を対数目盛で表している．前者を e–p 曲線，後者を e–$\log p$ 曲線という．e–$\log p$ 曲線では処女圧縮曲線が直線として表される．粘土に加わっている圧力 p_0 が Δp だけ増加して p_1 になったとき，間隙比 e_0 が Δe だけ減少して e_1 に変化したとすると，図 4.3（a）の e–p 曲線の勾配は次式で表される．

$$a_{\mathrm v} = \frac{\Delta e}{\Delta p} = \frac{e_0 - e_1}{p_1 - p_0} \tag{4.1}$$

ここで，$a_{\mathrm v}$ は圧縮係数 (coefficient of compressibility) といい，圧力の逆数の単位 $(\mathrm m^2/\mathrm{kN})$ である．また，間隙率 n を用いて表したものが体積圧縮係数 (coefficient of volume compressibility) $m_{\mathrm v}$ $(\mathrm m^2/\mathrm{kN})$ であり，圧密における圧力増加に対する体積減少の割合を表す．

$$m_{\mathrm v} = \frac{\Delta n}{\Delta p} = \frac{a_{\mathrm v}}{1 + e_0} \tag{4.2}$$

一方，図 4.3（b）の e–$\log p$ 曲線の直線部（処女圧縮曲線）の勾配は次式で与えられる．

$$C_{\mathrm c} = \frac{e_0 - e_1}{\log(p_1/p_0)} \tag{4.3}$$

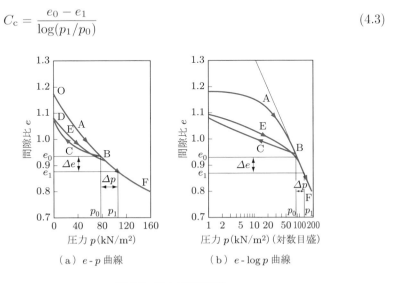

（a）e-p 曲線　　（b）e-$\log p$ 曲線

図 4.3　粘土の圧密曲線

この C_c を圧縮指数 (compression index) という．鋭敏比の小さい粘度に対して圧縮指数 C_c は液性限界 w_L と次のような関係にあることが，1944 年にスケンプトン (Skempton) により発表された．

$$\text{練り返した粘土試料：} \quad C_c = 0.007(w_L - 10) \tag{4.4}$$

$$\text{乱さない粘度試料：} \quad C_c = 0.009(w_L - 10) \tag{4.5}$$

それ以降今日まで，w_L と C_c の関係式が各種の粘度を対象に提案されている．

図 4.3 (b) において，再圧縮曲線 EB は点 B 付近で急に曲がるようになる．つまり，圧力の増加により弾性域から塑性域に移ると考え，この急に折れ曲がる部分に相当する圧力は圧密降伏応力 (consolidation yield stress) p_c という．これはその粘土が過去に受けた最大の荷重を示すことが多く，先行圧密荷重 (pre-consolidation load) とも呼ばれている．このように見ると，図 4.3 (b) の AB も再圧縮曲線である．

実務的には，再圧縮曲線と膨張曲線の勾配を同一と見なして，両曲線の平均的な勾配として膨張指数 (expansion index) C_s で表すことが多い．C_s は高塑性の粘土ほど大きく，C_c と相関性があり，一般にその関係として C_s は C_c の 1/2〜1/5 であるといわれている．

$e - \log p$ 曲線から圧密降伏応力 p_c を求める方法は，カサグランデ (Casagrande) が最初に提案した．図 4.4 (a) はその方法を示している．まず，$e - \log p$ 曲線の最大曲率の点 A より水平線 AB と $e - \log p$ 曲線の接線 AC を引く．次に，$\angle$BAC の二等分線 AD と処女圧縮曲線 EF との交点 G を求めると，この横座標が p_c である．この方法は縦軸 e のスケールのとり方により p_c の値が異なることがあるため，地盤工学会では図 4.4 (b) の方法を推奨している．図 4.4 (b) では，まず，処女圧縮曲線の傾き

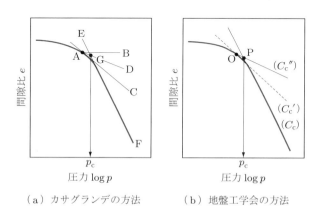

（a）カサグランデの方法　　　（b）地盤工学会の方法

図 4.4　圧密降伏応力の求め方

（圧密指数）C_c より $C_c' = 0.1 + 0.25C_c$ を求め，この傾きで $e - \log p$ 曲線の接線を引き，接点を O とする．次に，点 O を通り $C_c'' = 0.5C_c'$ の傾きの直線を引き，処女圧縮曲線との交点 P を求めると，その横座標が p_c である．

粘土層が現在受けている荷重 p_0 と先行圧密荷重 p_c との大小関係により，粘土を正規圧密粘土 (normal consolidated clay) と過圧密粘土 (over consolidated clay) に区別できる．正規圧密粘土とは現在受けている荷重以上の荷重を過去に受けたことのない粘土であり，現在受けている荷重がいままでの最大荷重の粘土である．すなわち，$p_c = p_0$ である．一方，過圧密粘土とは過去に現在以上の荷重を受けたことのある粘土であり，$p_c > p_0$ である．自然界においては，侵食作用や切取り工事により上載荷重が減少した地盤や地下水位が一時的に低下して有効応力が増加したことのある地盤は過圧密状態となっている．ここで，p_c/p_0 は過圧密比 (over consolidation ratio) と呼ばれ，過圧密の程度を表している．

4.2 圧密の機構

4.2.1 有効応力の原理

テルツァギーは，全応力 (total stress) σ が有効応力 (effective stress) σ' と間隙水圧 (pore water pressure) u の和であることを明らかにし，圧密現象には有効応力が重要であることを示した．すなわち，

$$\sigma = \sigma' + u \tag{4.6}$$

であり，これは有効応力の原理と呼ばれ，土質力学では最も重要な概念の一つである．間隙水圧は，土粒子間の摩擦や土粒子骨格の圧縮に直接影響を及ぼさない応力であることから，中立応力 (neutral stress) とも呼ばれる．

図 4.5 (a) に示す地盤中に深さ z の水平面 AB を考えると，この面に作用する応力はその面より上の土の自重と水圧である．いま，面 AB 内の点 C の鉛直応力は次のように表現できる．

$$全応力：\sigma = \gamma_t z_d + \gamma_{sat}(z - z_d) \tag{4.7}$$

$$間隙水圧：u = \gamma_w z_w = \gamma_w(z - z_d) \tag{4.8}$$

したがって，式 (4.6) より有効応力は次のようになる．

$$\sigma' = \sigma - u = \gamma_t z_d + (\gamma_{sat} - \gamma_w)(z - z_d) = \gamma_t z_d + \gamma' z_w \tag{4.9}$$

ここに，γ_t：土の湿潤単位体積重量，γ_{sat}：土の飽和単位体積重量，γ_w：水の単位体積

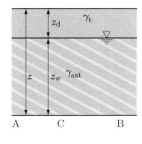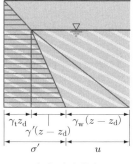

（a）地盤の構成 （b）応力分布

図 4.5 地盤内に作用する自重による応力

重量，γ'：土の水中単位重量である．そして，式 (4.9) の有効応力の分布は図 4.5（b）のようである．

第 7 章で述べる地盤内応力のうち，自重によるものは式 (4.9) から求められ，土被り圧 (overburden pressure) とも呼ばれる．

例題 4.1 図 4.6 のように地下水面を境界に単位体積重量が異なる地盤がある．深さ 15 m における全応力 σ，有効応力 σ' を求めよ．ただし，水の単位体積重量は $9.81\,\mathrm{kN/m^3}$ である．

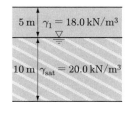

図 4.6 地盤断面

解 $\sigma = 18.0 \times 5 + 20.0 \times 10 = 290.0\,\mathrm{kN/m^2}$
$\sigma' = \sigma - u = 290.0 - 9.81 \times 10 = 191.9\,\mathrm{kN/m^2}$

4.2.2 圧密モデル

テルツァギーは，図 4.7 のようなモデルを用いて圧密現象を説明している．水を満たした容器内にピストンがばねで支えられている装置で，粘土層をモデル化している．このピストンとばねが粘土層の構造骨格を表しており，水は間隙水である．ピストンには小穴が開けられ，その大きさにより透水性の違いを表している．この穴が小さく，透水性が悪いと，モデルに荷重が急激に載荷されたときに，水は急に排水されないため，水が全荷重を支えることになり水圧が増加する．その後，増加した水圧のため，ピストンの小穴から内部の水が徐々に排水されると，荷重の一部がばね（有効応力）に伝達され，水が負担していた圧力（過剰間隙水圧）はその分だけ減少する．ばねに伝

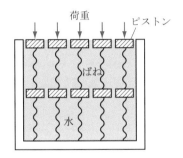

図 4.7 テルツァギーの圧密モデル

えられた圧力によってばねは縮む．これが圧密現象である．最終的に，加えられた荷重とばねの弾性が平衡して落ち着いたときに，過剰間隙水圧はゼロとなり，ピストンの沈下は終了し，圧密が完了する．

例題 4.2 図 4.8 に示すように，ばね定数 k (kN/m) のばねでピストンを支えた半径 a (m) の円筒容器中に水を満たす．ピストンの自重を W (kN) とし，ピストンには 1 箇所小穴が開いていて，水はここからのみ排水される．排水された水は容器外に出るものとする．このとき，以下の問いに答えよ．

(1) ピストンを載せたことによるばねの変形量 x_1 (m) はいくらか．

(2) 次に，ピストンの小穴を栓でふさぎ，水の出入りを止めた後，図 4.8 (b) のようにピストンの上に重量 P (kN) のおもりを載せた．ばねの変形量 x_2 (m) はいくらか．また，容器内の水圧の増分 Δu (kN/m^2) はいくらか．

(3) (2) の状態でピストンの栓を開けると，水が噴き出し，図 4.8 (c) のようにその分ピストンとおもりは下がった．このとき，ばねの最終の変形量 x_3 (m) はいくらか．

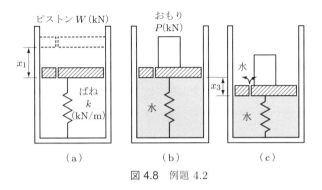

図 4.8 例題 4.2

解
(1)　$x_1 = W/k$
(2)　$x_2 = 0,\ \Delta u = P/\pi a^2$
(3)　$x_3 = P/k$

4.2.3　圧密の基礎方程式

　1925 年，テルツァギーは，熱伝導現象と同様の方法で，圧密過程を数学的に解析できることを見出した．圧密中の地盤内の水の流れは熱の流れに，土中の間隙水圧は温度に，土の透水係数は熱伝導率にそれぞれ相当する．また，熱伝導問題における拡散係数は後述する土の圧密係数に当たる．

　一般に，実際の粘土層の圧密現象は三次元問題として考えるべきであるが，一次元問題として解析できる場合も多い．たとえば，粘土層の厚さに比べて載荷される面積が大きい場合などでは，水の流れは主に鉛直方向のみに起こるからである．ここではテルツァギーの圧密理論を一次元モデルにより説明する．この理論では，次のような仮定を設けている．

① 粘土の間隙は完全に水で満たされている．
② 土粒子と間隙水は非圧縮性である．
③ 排水と圧縮は鉛直方向のみに起こる．
④ 間隙水の流れはダルシーの法則に従い，圧密中の粘土層の透水係数は一定である．
⑤ 地盤の圧縮性と透水性は方向による差がない．
⑥ 有効応力の増加に対する間隙比の減少の割合は一定である．

　図 4.9 に示すように，土中の一点 (x, y, z) で平面方向（xy 方向）に単位長さを持ち，深さ方向に dz の微小六面体要素を考える．この六面体への水の流れは，z 方向のみとする．要素下面の z 方向の流速を v_z とすると，単位時間当たりのこの要素への水の流入量 q_{in} および流出量 q_{out} は次のように表される．

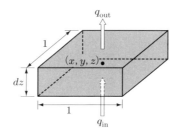

図 4.9　六面体要素の水の流入出

$$q_{\text{in}} = v_z \times 1 \tag{4.10}$$

$$q_{\text{out}} = \left(v_z + \frac{\partial v_z}{\partial z} dz \right) \times 1 \tag{4.11}$$

$q_{\text{out}} - q_{\text{in}}$ は単位時間当たりの六面体の体積変化に等しいので，

$$\frac{\partial V}{\partial t} = \frac{\partial v_z}{\partial z} dz \tag{4.12}$$

となる．土粒子の体積を V_{s}，間隙比を e とすると，土の体積 V は，

$$V = V_{\text{s}}(1 + e) = dz \times 1 \times 1$$

$$\frac{\partial V}{\partial t} = V_{\text{s}}\frac{\partial e}{\partial t}, \ V_{\text{s}} = \frac{dz}{1 + e}$$

$$\therefore \ \frac{\partial V}{\partial t} = \frac{dz}{1 + e}\frac{\partial e}{\partial t} \tag{4.13}$$

であり，式 (4.12) と式 (4.13) より次式が得られる．

$$\frac{\partial e}{\partial t} = (1 + e)\frac{\partial v_z}{\partial z} \tag{4.14}$$

一方，全水頭 h の変化は，圧力増分に基づく過剰間隙水圧 u の変化により起こるので，水の単位体積重量を γ_{w} とすると，動水勾配 i は次のようである．

$$i = \frac{\partial h}{\partial z} = \frac{1}{\gamma_{\text{w}}}\frac{\partial u}{\partial z} \tag{4.15}$$

したがって，ダルシーの法則より，

$$v_z = ki = \frac{k}{\gamma_{\text{w}}}\frac{\partial u}{\partial z} \tag{4.16}$$

となり，式 (4.16) を式 (4.14) に代入すると，次のように表される．

$$\frac{\partial e}{\partial t} = \frac{1 + e}{\gamma_{\text{w}}}k\frac{\partial^2 u}{\partial z^2} \tag{4.17}$$

いま，$p_0{}'$：初期有効応力，u_0：圧力増分 Δp による初期間隙水圧，p'：任意の時間の有効応力，u：任意の時間の間隙水圧と置くと，$p_0{}' + u_0 = p' + u$ であるから，

$$p' = p_0{}' + u_0 - u \tag{4.18}$$

となる．圧力増分が即時にかかると，$p_0{}' + u_0$ は時間と無関係であるので，式 (4.18) を時間に関して偏微分すると，次のようになる．

$$\frac{\partial p'}{\partial t} = -\frac{\partial u}{\partial t} \tag{4.19}$$

一方，式 (4.1) から $\Delta p' = (1/a_{\text{v}})\Delta e$ であり，$\Delta p'$ は増加量，Δe は減少量だから，

$$\frac{\partial p'}{\partial t} = -\frac{1}{a_{\mathrm{v}}}\frac{\partial e}{\partial t} \tag{4.20}$$

となる．したがって，式 (4.19) と式 (4.20) より，次式が得られる．

$$\frac{\partial e}{\partial t} = a_{\mathrm{v}}\frac{\partial u}{\partial t} \tag{4.21}$$

式 (4.17) と式 (4.21) より，

$$\frac{\partial u}{\partial t} = \frac{1+e}{a_{\mathrm{v}}\gamma_{\mathrm{w}}}k\frac{\partial^2 u}{\partial z^2} \tag{4.22}$$

となる．ここで，

$$c_{\mathrm{v}} = \frac{1+e}{a_{\mathrm{v}}\gamma_{\mathrm{w}}}k = \frac{k}{m_{\mathrm{v}}\gamma_{\mathrm{w}}} \tag{4.23}$$

と置くと，式 (4.22) は，

$$\frac{\partial u}{\partial t} = c_{\mathrm{v}}\frac{\partial^2 u}{\partial z^2} \tag{4.24}$$

となり，これが一次元圧密の基礎方程式である．c_{v} は圧密係数 (coefficient of consolidation) と呼ばれるもので，cm^2/s の単位を持つ．式 (4.23) からわかるように，c_{v} は k と m_{v} の比であって，k と m_{v} はともに圧密中に減少する量であり，γ_{w} は一定であるため，c_{v} は圧密中ほぼ一定の値を示す．

4.2.4　基礎方程式の解

　式 (4.24) の基礎方程式は，種々の初期条件，境界条件のもとで数学的に解くことができる．いま，図 4.10 のように砂層に挟まれた厚さ $2H$ の粘土層を考え，初期条件，境界条件として，

① $t = 0$ で $u = u_0(z)$

② $t \neq 0$ のすべての場合に対して，$z = 0$ および $z = 2H$ で $u = 0$

と仮定すると，式 (4.24) の解は次のようになる．

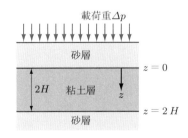

図 4.10　粘土層の条件

$$u = \sum_{n=1}^{\infty} \left(\frac{1}{H} \int_0^{2H} u_0(z) \sin \frac{n\pi z}{2H} dz \right) \left(\sin \frac{n\pi z}{2H} \right) \cdot \exp \left(\frac{-n^2\pi^2 c_{\mathrm{v}}}{4H^2} t \right)$$

$$(4.25)$$

ここで，H は最大排水長であり，図 4.10 のように両面排水の場合は粘土層厚さの半分である．圧密を起こす粘土層の下層が硬質粘土などの難透水層である場合は片面排水となるため，最大排水長 H は粘土層厚さに等しくなる．

式 (4.25) 内の指数関数の真数は無次元量であり，時間係数 (time factor) として，

$$T_{\mathrm{v}} = \frac{c_{\mathrm{v}} t}{H^2} \tag{4.26}$$

と置くと，式 (4.25) は次のように表される．

$$u = \sum_{n=1}^{\infty} \left(\frac{1}{H} \int_0^{2H} u_0(z) \sin \frac{n\pi z}{2H} dz \right) \left(\sin \frac{n\pi z}{2H} \right) \cdot \exp \left(\frac{-n^2\pi^2}{4} T_{\mathrm{v}} \right)$$

$$(4.27)$$

とくに，初期の過剰間隙水圧 $u_0(z)$ が z に関係なく一定値 u_0 のときは，次式となる．

$$u = \sum_{n=1}^{\infty} \frac{2u_0}{n\pi} (1 - \cos n\pi) \left(\sin \frac{n\pi z}{2H} \right) \cdot \exp \left(\frac{-n^2\pi^2}{4} T_{\mathrm{v}} \right) \tag{4.28}$$

$(1 - \cos n\pi)$ は n が偶数のとき 0，n が奇数のとき 2 となるので，$n = 2m + 1$ と置き，$M = -\pi(2m + 1)/2$ と置くと，式 (4.28) は次のようになる．

$$u = \sum_{m=0}^{\infty} \frac{2u_0}{M} \left(\sin \frac{Mz}{H} \right) \cdot \exp(-M^2 T_{\mathrm{v}}) \tag{4.29}$$

これが，圧密基礎方程式の最も簡単な場合の解である．

4.2.5 圧密度

粘土層に一定の荷重が載荷された場合，その荷重のもとで生じる全圧密量に対して任意時間までの圧密量の比を圧密度 (degree of consolidation) といい，図 4.11 により定義できる．すなわち，圧密によって起こるべき間隙比の変化量（圧密が終了する時点の間隙比 e_1 と初期状態の間隙比 e_0 との差）のうち，任意時間経過後の間隙比 e がどのくらい変化しているかを表現する方法である．したがって，ある深さの圧密度 U_z は次式で表される．

$$U_z = \frac{e_0 - e}{e_0 - e_1} \tag{4.30}$$

図 4.11 で明らかなように，間隙比の変化は過剰間隙水圧または有効応力の変化とも

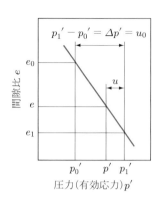

図 4.11　圧力 – 間隙比曲線

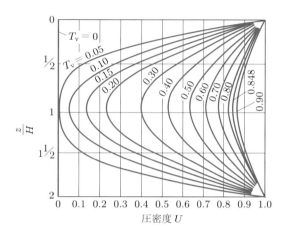

図 4.12　深さ方向の圧密度の分布［土質工学会編：
土と基礎実用公式・図表の解説, p. 81, 図-5.8,
土質工学会（1971）］

対応している. すなわち, 次式が成り立つ.

$$p_1{}' = p_0{}' + u_0 = p' + u \tag{4.31}$$

ここに, $p_0{}'$, $p_1{}'$ は圧密前後の有効応力, u_0 は初期の過剰間隙水圧, p', u は任意時間での有効応力と過剰間隙水圧である. 式 (4.30) と式 (4.31) から,

$$U_z = \frac{e_0 - e}{e_0 - e_1} = \frac{p' - p_0{}'}{p_1{}' - p_0{}'} = 1 - \frac{u}{u_0} \tag{4.32}$$

となり, 式 (4.29) を用いて書き直すと, 次のようになる.

$$U_z = 1 - \sum_{m=0}^{\infty} \frac{2}{M} \left(\sin \frac{Mz}{H} \right) \cdot \exp(-M^2 T_{\mathrm{v}}) \tag{4.33}$$

　深さ方向の圧密度 U_z の分布は図 4.12 のようである. この図では, 深さを z/H で示し, 時間係数 T_{v} をパラメータとして表している. U_z は, 粘土層のある深さの圧密度を表しているから, 実際の沈下量を計算する場合, 粘土層全体の平均圧密度を求める必要がある. 初期の過剰間隙水圧 $u_0(z)$ および任意の時間における過剰間隙水圧 $u(z)$ の層厚 $2H$ 間の平均値 $\overline{u}_0$, $\overline{u}$ は, 次のように表される.

$$\overline{u}_0 = \frac{1}{2H} \int_0^{2H} u_0(z) \, dz \tag{4.34}$$

$$\overline{u} = \frac{1}{2H} \int_0^{2H} u(z) \, dz \tag{4.35}$$

したがって，平均圧密度 U は式 (4.32) より，

$$U = 1 - \frac{\overline{u}}{\overline{u_0}} = 1 - \frac{\displaystyle\int_0^{2H} u(z)\,dz}{\displaystyle\int_0^{2H} u_0(z)\,dz} \tag{4.36}$$

となる．また，式 (4.27) より，

$$U = 1 - \frac{\displaystyle\int_0^{2H} \sum_{n=1}^{\infty} \left\{ \frac{1}{H}\int_0^{2H} u_0(z)\sin\frac{n\pi z}{2H}\,dz \right\}\cdot\sin\frac{n\pi z}{2H}\cdot\exp\left(\frac{-n^2\pi^2}{4}T_{\mathrm v}\right)dz}{\displaystyle\int_0^{2H} u_0(z)\,dz}$$

$$\tag{4.37}$$

となり，とくに $u_0(z) = u_0$（一定）の場合は，式 (4.29) より次のように表される．

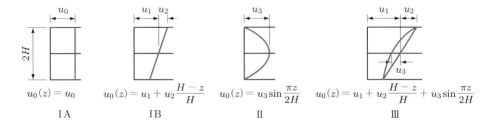

$$u_0(z) = u_0$$
I A

$$u_0(z) = u_1 + u_2\frac{H-z}{H}$$
I B

$$u_0(z) = u_3\sin\frac{\pi z}{2H}$$
II

$$u_0(z) = u_1 + u_2\frac{H-z}{H} + u_3\sin\frac{\pi z}{2H}$$
III

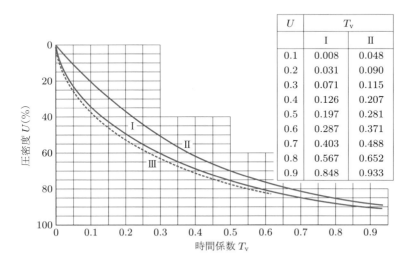

U	$T_{\mathrm v}$	
	I	II
0.1	0.008	0.048
0.2	0.031	0.090
0.3	0.071	0.115
0.4	0.126	0.207
0.5	0.197	0.281
0.6	0.287	0.371
0.7	0.403	0.488
0.8	0.567	0.652
0.9	0.848	0.933

図 4.13 圧密度と時間係数の関係[土質工学会編：土と基礎実用公式・図表の解説，p. 82，図-5.9，土質工学会（1971）]

$$U = 1 - \sum_{m=0}^{\infty} \frac{2}{M^2} \exp(-M^2 T_{\mathrm{v}}) \tag{4.38}$$

式 (4.37) や式 (4.38) を解くと，平均圧密度 U と時間係数 T_{v} の関係が得られ，それ は図 4.13 に示される．U と T_{v} の関係は初期条件，境界条件によって異なるので，こ の図では上部に示したいくつかの初期間隙水圧分布の異なる場合について表している． なお，一般に I の関係を使うことが多い．

4.3　圧密試験

4.3.1　圧密試験方法

粘土層の圧密による沈下量や沈下速度を求めるためには，圧密係数 c_{v}，体積圧縮係 数 m_{v}，圧縮指数 C_{c}，透水係数 k などのパラメータが必要となる．これらのパラメー タを求めるための試験が圧密試験である．

試験機は載荷装置と図 4.14 のような圧密箱によって構成されている．載荷装置はレ バー方式によるものや油圧サーボ方式によるものがある．圧密箱は円盤形の供試体を 入れるための圧密リングと透水性のある加圧板および水をためる水浸箱によって構成 されている．圧密リングは内径 6 cm，高さ 2 cm が標準で，中に詰められる試料は上 下をポーラスストーンではさまれ，両面排水条件で圧密される．加圧板には圧密沈下 量を読みとるために，ダイヤルゲージが取り付けられる．

荷重は 0.1，0.2，0.4，0.8，1.6，3.2，6.4，12.8（$\times 98.1\,\mathrm{kN/m^2}$）のように，前段 階の 2 倍をかけていく．一荷重段階ごとに，6，9，15，30 秒，1，1.5，2，3，5，7， 10，15，20，30，40 分，1，1.5，2，3，6，24 時間における圧密沈下量を測定する．

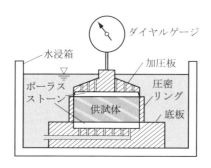

図 4.14　圧密箱

4.3.2　圧密試験結果の整理

(1)　時間−沈下量の関係　　各荷重段階における時間 t と圧密沈下量 d の関係を，$\sqrt{t}$ $- d$ および $\log t - d$ のいずれかの方法で整理する．

① **$\sqrt{t}$ 法**：圧密沈下量 d を縦軸に，時間 t の平方根 ($t > 1$ 時間では t の対数) を横軸にとって測定値をプロットすると，図 4.15 のようになる．これらの点を結ぶ線（沈下曲線）は圧密の初期の部分で直線となるので，この直線を延長し縦軸との交点を d_0 とする．次に，d_0 を通り，この初期直線の勾配の 1.15 倍の傾きを持つ直線を引き，沈下曲線との交点を求める．この交点は圧密度 90% の点であり，その縦座標および横座標をそれぞれ d_{90}, t_{90} とする．したがって，一次圧密量 $\Delta d'$ は，次のように表される．

$$\Delta d' = \frac{10}{9} \times |d_{90} - d_0| \tag{4.39}$$

また，t_{90} を用いて次式より圧密係数 c_v が求められる．

$$c_v = \frac{T_{v90} H^2}{t_{90}} = \frac{0.848(\overline{h}_n/2)^2}{t_{90}} = \frac{0.212 \cdot \overline{h}_n^{\,2}}{t_{90}} \tag{4.40}$$

ここに，$\overline{h}_n$ は n 番目の荷重段階における供試体の平均高さであり，後述の式 (4.46) より求めることができる．

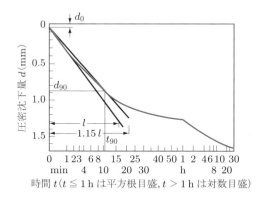

図 4.15　$\sqrt{t}$ 法による時間−沈下量の整理

② **曲線定規法**：圧密沈下量 d を縦軸に，時間 t の対数を横軸にとり，測定値を図 4.16 のようにプロットする．

　一方，同じ大きさの片対数グラフ用紙上に図 4.17 のような曲線定規をつくる．曲線定規とは，圧密度 U と時間係数 T_v の関係をトレーシングペーパーに描いたもので，U のスケールがいろいろ変えてある．

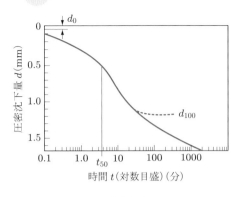

図 4.16 曲線定規法による
時間 – 沈下量の整理

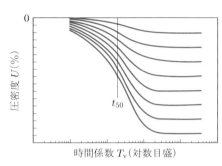

図 4.17 曲線定規

　この曲線定規を図 4.16 に重ね合わせ，沈下曲線と最も長い範囲が一致する曲線定規を選び，$U = 0$ に相当する d の値を初期補正点 d_0 とする．また，$U = 100\%$ に相当する d の値を d_{100} とし，一次圧密量 $\Delta d'$ を次式により求める．

$$\Delta d' = |d_{100} - d_0| \tag{4.41}$$

　さらに，曲線定規に示される t_{50} の線から $U = 50\%$ の時間 t_{50} を求めると，圧密係数 c_v は次のように求められる．

$$c_\mathrm{v} = \frac{T_\mathrm{v50}H^2}{t_{50}} = \frac{0.197(\bar{h}_n/2)^2}{t_{50}} = \frac{0.0493\bar{h}_n^{\,2}}{t_{50}} \tag{4.42}$$

(2) 荷重 – 沈下量の関係　　荷重と 24 時間後の圧密沈下量の関係を e – $\log p$ 曲線として整理すると，圧縮指数 C_c を式 (4.3) より，先行圧密荷重 p_c を図 4.4 より求めることができる．

　e – $\log p$ 曲線を描くためには，間隙比を計算しなければならない．初期間隙比 e_0 は次のように求められる．

$$\begin{aligned}
e_0 &= \frac{V_\mathrm{v}}{V_\mathrm{s}} = \frac{V - V_\mathrm{s}}{V_\mathrm{s}} = \frac{V}{V_\mathrm{s}} - 1 = \frac{Ah_0}{m_\mathrm{s}/\rho_\mathrm{s}} - 1 = \frac{h_0}{m_\mathrm{s}/(\rho_\mathrm{s}A)} - 1 \\
&= \frac{h_0}{h_\mathrm{s}} - 1 \tag{4.43}
\end{aligned}$$

ここに，V_v：間隙の体積，V_s：土粒子の体積，V：土の体積，A：供試体の断面積，h_0：圧密前の供試体の高さ，m_s：供試体の乾燥質量，ρ_s：土粒子の密度，h_s：供試体の実質部の高さである．

　同様にして，n 番目の荷重段階の圧密試験終了時における間隙比 e_n は，

$$e_n = \frac{h_n}{h_s} - 1 \tag{4.44}$$

となる.ここに,h_n は n 番目の荷重による圧密終了時の供試体高さであり,次式によって求める.

$$h_n = h_{n-1} - \Delta d_n \tag{4.45}$$

ここで,h_{n-1}:$(n-1)$ 番目の荷重による圧密終了時の供試体高さ,Δd_n:n 番目の荷重による圧密量,ただし最初の荷重段階における Δd_1 は 24 時間圧密量測定値と初期補正値の差とする.

したがって,式 (4.40) や式 (4.42) で必要な n 番目の荷重段階における供試体の平均高さ $\overline{h}_n$ は次式により求められる.

$$\overline{h}_n = \frac{1}{2}(h_n + h_{n-1}) \tag{4.46}$$

このようにして間隙比が計算できると,各荷重段階で,圧縮係数 a_{v},体積圧縮係数 m_{v} および透水係数 k が,次のように求められる.

$$a_{\mathrm{v}} = \frac{e_{n-1} - e_n}{p_n - p_{n-1}} \tag{4.47}$$

$$m_{\mathrm{v}} = \frac{a_{\mathrm{v}}}{1 + e_{n-1}} \tag{4.48}$$

$$k = c_{\mathrm{v}} m_{\mathrm{v}} \gamma_{\mathrm{w}} \tag{4.49}$$

4.4 圧密による最終沈下量の算定

(1) $e\,\text{-}\log p$ 曲線を用いる方法　　圧密前の粘土層（層厚 h）の中央に働いている有効応力を $p_0{}'$ とし,新たに加わる荷重によって生じる有効応力の増加分を $\Delta p'$ とする.つまり,圧密沈下により最終的に粘土層中央部に働く有効応力は $p_1{}' = p_0{}' + \Delta p'$ となる.$e\,\text{-}\log p$ 曲線から $p_0{}'$,$p_1{}'$ に対応する e_0,e_1 が求められると,荷重増加による最終沈下量 S_{c} は,図 4.18 を参考にして次のように計算できる.

$$S_{\mathrm{c}} = h\frac{\Delta e}{1 + e_0} = h\frac{e_0 - e_1}{1 + e_0} \tag{4.50}$$

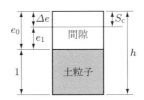

図 4.18　沈下と土のモデル

（2）体積圧縮係数 m_v を用いる方法　式 (4.1) と式 (4.2) を式 (4.50) へ代入すると，最終沈下量 S_c は次のように表される．

$$S_\mathrm{c} = m_\mathrm{v} \Delta p' h \tag{4.51}$$

ただし，m_v は載荷前後の平均圧力に対する体積圧縮係数である．

（3）圧縮指数 C_c を用いる方法　式 (4.3) を式 (4.50) に代入すると，最終沈下量 S_c は次のようになる．

$$S_\mathrm{c} = \frac{C_\mathrm{c}}{1 + e_0} h \log \frac{p_1'}{p_0'} \tag{4.52}$$

（4）実測値に基づく方法　地盤の不均質性や，載荷・排水過程が一様でないことなどにより，沈下と時間の関係は，理論によって求めた値と実測値が合致しない場合が多い．このため，実測値の傾向から最終沈下量に達するまでの時間 – 沈下の関係を推定するのが実用的である．この方法としては，以下の双曲線法が最も簡単である．時間 – 沈下曲線の傾向が統計的に双曲線の形をとることが多く，次式で表されるものとする．

$$S = S_0 + \frac{t}{a + bt} \tag{4.53}$$

ここで，S：時間 t における沈下量，S_0：計算を開始する時刻 $(t = 0)$ における沈下量，a, b：双曲線の形を決める係数である．なお，計算を開始する時刻は載荷される荷重が一定になった（盛土工事などが完了した）以降としなければならない．

　式 (4.53) の a と b を決定するためには，この式を変形して，

$$a + bt = \frac{t}{S - S_0} \tag{4.54}$$

とし，横軸に t，縦軸に $t/(S - S_0)$ をとったグラフに，測定値をプロットすると，図 4.19 のように，直線関係が得られる．この直線の切片と勾配から a と b が求められる．

　このようにして求めた a, b を式 (4.53) に用いると，任意時間における沈下量や，ある沈下量に達する時間を求めることができる．さらに，$t \to \infty$ とすると，最終沈下量は次のようになる．

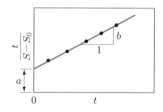

図 4.19　双曲線法における a と b の決定方法

$$S_c = \lim_{t \to \infty} S = \lim_{t \to \infty} \left(S_0 + \frac{1}{a/t + b} \right) = S_0 + \frac{1}{b} \tag{4.55}$$

例題 4.3 図 4.20 に示した地盤上に厚さ 2 m の盛土をする. 盛土の単位体積重量は 18.0 kN/m³ である. 粘土層が, (1) 正規圧密粘土の場合と, (2) 過圧密粘土の場合について, この盛土による粘土層の最終沈下量を求めよ. ただし, 土質条件は図のとおりである.

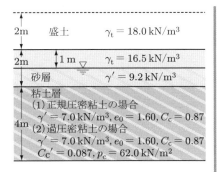

図 4.20 例題 4.3

解 盛土による荷重は, $\Delta p' = 18.0 \times 2 = 36.0 \,\mathrm{kN/m^2}$ である. 粘土層の中心深さにおける盛土載荷前の有効応力 p_0' は,

$$p_0' = 16.5 \times 1 + 9.2 \times 1 + 7.0 \times 2 = 39.7 \,\mathrm{kN/m^2}$$

(1) 正規圧密粘土の場合, 最終沈下量は式 (4.52) より,

$$S_c = \frac{C_c}{1 + e_0} h \log \frac{p_1'}{p_0'} = \frac{0.87}{1 + 1.60} \times 400 \times \log \frac{39.7 + 36.0}{39.7} = 37.5 \,\mathrm{cm}$$

(2) 過圧密粘土の場合, 圧密による間隙比の変化量 Δe は, 次のようになる.

$$\Delta e = 0.087 \times \log \frac{62.0}{39.7} + 0.87 \times \log \frac{39.7 + 36.0}{62.0} = 0.0923$$

最終沈下量は, 式 (4.50) より, 次のようになる.

$$S_c = h \frac{\Delta e}{1 + e_0} = 400 \times \frac{0.0923}{1 + 1.60} = 14.2 \,\mathrm{cm}$$

例題 4.4 図 4.21 に示した地盤の地下水位を, 地表面下 1 m から 3 m まで低下させる. この地下水位低下による正規圧密粘土層の最終沈下量を求めよ. ただし, 土質条件は図のとおりである.

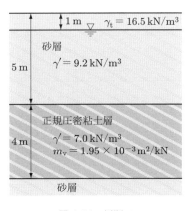

図 4.21 例題 4.5

> **解**　正規圧密粘土層の中心深さにおける地下水位低下前の有効応力 p_0' は,
>
> $$p_0' = 16.5 \times 1 + 9.2 \times 4 + 7.0 \times 2.0 = 67.3\,\text{kN/m}^2$$
>
> となる. 地下水位低下後の有効応力 p_1' は, 次のようになる.
>
> $$p_1' = 16.5 \times 3 + 9.2 \times 2 + 7.0 \times 2.0 = 81.9\,\text{kN/m}^2$$
>
> 有効応力の増加分は $\Delta p' = 81.9 - 67.3 = 14.6\,\text{kN/m}^2$ なので, 最終沈下量は式 (4.51) より,
>
> $$S_\text{c} = m_\text{v} \Delta p' h = 1.95 \times 10^{-3} \times 14.6 \times 400 = 11.4\,\text{cm}$$

4.5　圧密時間の算定と圧密沈下曲線

　粘土の圧密現象は長い年月のかかる場合が多いので, 粘土地盤上に構造物を建設する場合などには, 粘土地盤の圧密沈下量だけでなく, その圧密が終息するまでの時間を算定する必要がある. 圧密による沈下が時間とともにどのように進むかは, 時間係数 T_v, 圧密度 U および最終沈下量 S_c から推定できる. 沈下量が圧密度に比例すると考えると, 載荷後任意の時間における沈下量 S_t は次のように表される.

$$S_t = S_\text{c} U \tag{4.56}$$

ここで, U は任意の時間 t における圧密度であり, 式 (4.26) により T_v を求めると, 図 4.13 を用いて決定できる.

　逆に, ある沈下量 S_t に達するまでの時間 t は, 最終沈下量との関係から式 (4.56) より圧密度を求め, 図 4.13 を用いて得られる T_v を式 (4.26) に代入することにより決めることができる.

　このようにして求められた時間と沈下量の関係は横軸に時間, 縦軸下向きに沈下量をとり, 沈下曲線として表される.

　以上の方法で求めた沈下曲線は時間 $t = 0$ において瞬間的に荷重が載荷されたと仮定しているもので, その一例を図 4.22 の破線で示す. しかし, 建設工事における荷重はこのような瞬時載荷ではなく, 建設工事期間中には荷重が時間とともに増加していく. このような漸増荷重に対しては, 次のような仮定のもとに瞬時載荷の沈下曲線を補正する.

① 荷重の増分は時間に比例する.

② 荷重の増加中の沈下量は, その時間 t において載荷されている荷重が瞬時載荷され, $t/2$ 時間経過したときの沈下量と同じである.

③ 荷重が一定になった後の沈下量は，瞬時載荷の場合と同じ割合で進む.

図 4.22 は，盛土工事を例にして，このような漸増荷重の沈下曲線を求める方法を説明したものである. まず，最終盛土荷重が時間 $t = 0$ に瞬時に載荷されたとして，沈下曲線 OAF を描く. 盛土終了時を t_0 とし，$t_0/2$ に対する瞬時載荷の沈下量点 A から引いた水平線と t_0 の垂線との交点を点 B とすると，これが t_0 における漸増荷重による沈下量を表す.

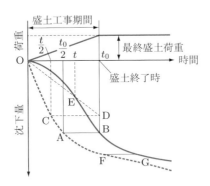

図 4.22　漸増荷重による沈下曲線の求め方

任意の時間 t については，$t/2$ に対する瞬時載荷の沈下点 C を水平移動し t_0 の垂線との交点 D を求め，OD と t の垂線との交点 E が時間 t における漸増荷重による沈下点である. 盛土終了後の沈下曲線は瞬時載荷の AF を $t_0/2$ だけ平行移動することにより求められる.

例題 4.5　【例題 4.4】に示した正規圧密粘土層より不撹乱試料を採取して圧密試験を行ったところ，厚さ 2 cm の供試体の圧密が 90% 進行するのに 30 分を要した. 地下水位低下によりこの粘土層の圧密が 90% 進行するのに要する日数を求めよ.

解　圧密試験結果 c_v ($H = 1$ cm) より，

$$c_v = \frac{T_{v90} \times H^2}{t} = \frac{0.848 \times 1^2}{30} = 0.0283\,\text{cm}^2/\text{min} = 40.7\,\text{cm}^2/\text{日}$$

となる. 両面排水より，$H = 2$ m $= 200$ cm である. したがって，求めたい日数は次のようになる.

$$t_{90} = \frac{T_{v90} \times H^2}{c_v} = \frac{0.848 \times 200^2}{40.7} = 834\,（日）$$

例題 4.6　　厚さ 10 m の粘土層がある．この粘土層の上下部に砂層がある場合（両面排水）と下部が難透水層の場合（片面排水）について，最終沈下量の半分の沈下が生じる日数をそれぞれ求めよ．ただし，粘土の圧密係数 $c_v = 4.0 \times 10^{-4} \, \text{cm}^2/\text{s}$ とする．

解　　$c_v = 4.0 \times 10^{-4} \times 60 \times 60 \times 24 = 34.6 \, \text{cm}^2/\text{日}$，$T_{v50} = 0.197$

(1)　両面排水の場合：$H = 5 \, \text{m} = 500 \, \text{cm}$

$$t_{50} = \frac{T_{v50}H^2}{c_v} = \frac{0.197 \times 500^2}{34.6} = 1420 \, (\text{日})$$

(2)　片面排水の場合：$H = 10 \, \text{m} = 1000 \, \text{cm}$

$$t_{50} = \frac{T_{v50}H^2}{c_v} = \frac{0.197 \times 1000^2}{34.6} = 5690 \, (\text{日})$$

例題 4.7　　軟弱地盤上に高さ 6 m の盛土荷重を加えた場合，最終沈下が 120 cm 生じると推定されている．この盛土を 300 日で仕上げるとすると，盛土終了後，まだどれだけの沈下量が残っているか．ただし，軟弱層の厚さは 8 m で，圧密係数 $c_v = 6.0 \times 10^{-3} \, \text{cm}^2/\text{s}$ であり，粘土層下部には透水性の良い砂が堆積している．

解　　盛土を 300 日で仕上げた場合，盛土終了時の沈下量は盛土最終荷重を $t = 0$ 日で瞬時載荷したときの $t = 150$ 日の沈下量に等しい．

$t = 150$ 日の時間係数は，$c_v = 6.0 \times 10^{-3} \, \text{cm}^2/\text{s}$，$H = 400 \, \text{cm}$ より，

$$T_{v(t=150)} = \frac{c_v t}{H^2} = \frac{6.0 \times 10^{-3} \times 150 \times 24 \times 60 \times 60}{400^2} = 0.486$$

このときの圧密度は図 4.13 より，$U_{(t=150)} = 0.75$．

ゆえに，残留沈下量 $S_R = S_c(1 - U) = 120(1 - 0.75) = 30 \, \text{cm}$．

4.6　圧密の促進方法

　軟弱な粘土地盤の上に構造物を建設するには，できるだけ早く土中の間隙水を脱水させ圧密を促進させることにより，地盤を安定化する必要がある．このための工法としてサンドドレーン (sand drain) 工法が良く施工される．この工法は，粘土層中に打ち込んだ砂杭に間隙水を集めることにより，排水長を短くして圧密に要する時間を短縮するものである．

　サンドドレーン工法における圧密現象は，基本的にこれまで述べてきたものと変わらないが，これまで上下方向の一次元流れとして扱ってきたものが，サンドドレーン工法では水平方向に近い三次元の流れになる．サンドドレーン工法の圧密の基本方程

式は次式で表される.

$$\frac{\partial u}{\partial t} = c_{vh} \left(\frac{\partial^2 u}{\partial r^2} + \frac{1}{r} \frac{\partial u}{\partial r} \right) \tag{4.57}$$

ここに, c_{vh} は水平方向の圧密係数, r はドレーンの中心からの距離である.

式 (4.57) の解は, サンドドレーンのない場合と同様に時間係数の関数となるが, 異なるところは時間係数がドレーンの直径と打設間隔との比によって違った値をとることである. 図 4.23 に示す記号を用いると, サンドドレーンのある場合の時間係数 T_h は次のようになる.

$$T_h = \frac{c_{vh} t}{d_e{}^2} \tag{4.58}$$

ここに, d_e は砂杭 1 本当たりの有効集水直径であり, 砂杭の間隔 S とは, サンドドレーンの配置が図 4.23 のように正三角形のときは $d_e = 1.05S$, 正方形のときは $d_e = 1.13S$ となる.

d_e と砂杭の径 d_w との比を $n = d_e/d_w$ とすると, 圧密度と時間係数の関係は図 4.24 のようである. ただし, この図では c_{vh} の単位を $(\mathrm{cm}^2/\mathrm{min})$, d_e は (m), t は(日)としていることに注意しなければならない.

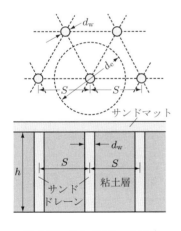

図 4.23　サンドドレーン工法

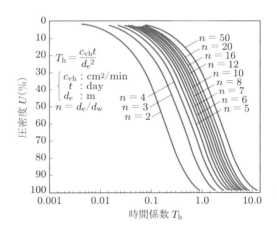

図 4.24　サンドドレーン工法の場合の圧密度–時間係数の関係[土質工学会編：土と基礎実用公式・図表の解説, p. 90, 図-5.17, 土質工学会（1971）]

例題 4.8　【例題 4.6】において, 直径 45 cm のサンドドレーンを中心距離 2.4 m ごとに打ち込んだ場合に, 沈下はどれだけ早められるか. 粘土の圧密係数は水平方向も鉛直方向も同じとし, 砂杭は正方形配置とする.

解 $d_{\mathrm{w}} = 45\,\mathrm{cm}$, $S = 2.4\,\mathrm{m}$（正方形配置）より, $d_{\mathrm{e}} = 1.13S = 2.71\,\mathrm{m}$,

$$n = \frac{d_{\mathrm{e}}}{d_{\mathrm{w}}} = \frac{271}{45} = 6.02 \text{ より, 図 4.24 によると, } T_{\mathrm{h}(50)} = 0.70 \text{ である.}$$

$$c_{\mathrm{vh}} = 4.0 \times 10^{-4} \times 60 = 0.024\,\mathrm{cm^2/min}$$

式 (4.58) より, $t_{50} = \dfrac{T_{\mathrm{h}(50)}{d_{\mathrm{e}}}^2}{c_{\mathrm{vh}}} = \dfrac{0.70 \times 2.71^2}{0.024} = 210$（日）

したがって, 最終沈下の半分の沈下が生じる時間を【例題 4.6】と比べると, 両面排水で約 1/7, 片面排水では約 1/27 になっている.

演習問題

4.1 3 層で構成される成層地盤がある. 各層の地盤定数は以下のようである. このとき, 最下層中央部での全応力, 間隙水圧, 有効応力を求めよ. なお, 地下水面は第 1 層と第 2 層の境界面にあり, 地下水より上の第 1 層の飽和度は 42.0%, 水の密度は $1.00\,\mathrm{g/cm^3}$, 重力加速度は $9.81\,\mathrm{m/s^2}$ とする.

第 1 層：$\rho_{\mathrm{s}} = 2.70\,\mathrm{g/cm^3}$, $e = 0.90$, 層厚 6 m
第 2 層：$\rho_{\mathrm{s}} = 2.65\,\mathrm{g/cm^3}$, $e = 0.70$, 層厚 8 m
第 3 層：$\rho_{\mathrm{s}} = 2.70\,\mathrm{g/cm^3}$, $e = 1.90$, 層厚 10 m

4.2 厚さ 6 m の砂層（飽和単位体積重量 $20.0\,\mathrm{kN/m^3}$）の下に厚さ 8 m の粘土層（飽和単位体積重量 $16.0\,\mathrm{kN/m^3}$, 間隙比 1.83）がある. この地盤上に上載荷重 $p = 500\,\mathrm{kN/m^2}$ の構造物を構築する場合, 4.4 節の (1)〜(3) で示した 3 通りの方法で最終沈下量を算定せよ. ただし, 地下水面は地表面に一致しており, 圧密による間隙比の変化量は 0.37, $C_{\mathrm{c}} = 0.48$, $m_{\mathrm{v}} = 2.6 \times 10^{-4}\,\mathrm{m^2/kN}$ とする.

4.3 厚さ 5 m の粘土層の上下面が砂層に接している. $c_{\mathrm{v}} = 1.5 \times 10^{-3}\,\mathrm{cm^2/s}$ として, $U = 0.5$（50% 圧密）となる日数を求めよ. また, 1 年後の圧密度はいくらか.

4.4 層厚 7.0 m の軟弱地盤がある. この層の圧密特性は $c_{\mathrm{v}} = 2.0 \times 10^{-3}\,\mathrm{cm^2/s}$, $m_{\mathrm{v}} = 9.4 \times 10^{-4}\,\mathrm{m^2/kN}$ である. この地盤に高さ 6.0 m（荷重 $108\,\mathrm{kN/m^2}$ に相当）の盛土を 300 日で施工する. 盛土終了後 200 日目における残留沈下量はいくらか. ただし, 軟弱層の下は良好な透水性地盤とする.

4.5 軟弱粘土層上に 120 日間で盛土を施工し, 沈下を実測したところ, 表 4.2 のような時間−沈下量の関係が得られた. 双曲線法を用いて 500 日目の沈下量を推定せよ. また, 最終沈下量はいくらになるか.

表 4.2　時間 – 沈下量の実測データ

日　数	沈下量 (cm)	日　数	沈下量 (cm)
0	0	160	40.4
20	4.2	180	44.4
40	8.6	200	47.9
60	13.4	220	51.2
80	18.8	240	54.0
100	24.6	260	56.8
120	30.6	280	58.9
140	35.8	300	61.2

課題

4.1　テルツァギーの圧密モデルにより圧密現象を説明せよ.

4.2　圧密の基礎方程式を解き，式 (4.29) を誘導せよ.

4.3　圧密試験の結果，$\sqrt{t}$ 法および曲線定規法によるデータ整理方法を説明せよ.

4.4　圧密沈下曲線の求め方を整理せよ.

第5章 土のせん断強さ

5.1 せん断強さの概念

　土構造物や地盤は，力を受けることによって破壊することがある．これは，土の自重や外力により土の内部にせん断応力 (shear stress) が生じ，その大きさがある限界を超えると土中にすべり面が形成されることによって引き起こされる．土の内部にせん断応力が生じると，その大きさに対応して土塊に変形が起こり，同時にせん断応力に抵抗しようとする力が生じる．この力が，せん断抵抗 (shear resistance) である．つまり，土構造物や地盤が安定を保っているときには，土の内部でせん断応力とせん断抵抗とが平衡を保っている．何らかの作用を受けてせん断応力が大きくなると，それに伴ってせん断抵抗も大きくなるが，土のせん断抵抗の大きさには限界があり，この限界を超えるとその部分に大きな変形が生じて土塊は破壊にいたる．ここで，土が発揮しうる最大のせん断抵抗をせん断強さ (shear strength) といい，その大きさはそれぞれの土で異なる．

　自然の山腹や人工的につくられた切取り斜面や盛土斜面が長期にわたって安定を保つことができたり，地盤が構造物を支えることができるのは，土が所要のせん断強さを持っているからであり，せん断強さは土の工学的性質の中で最も重要な性質の一つである．

5.2 地盤内応力の表示方法

5.2.1 一点の応力状態

　物体が任意の大きさと方向の外力を受けているとき，この物体内部の任意の点に生じる応力の状態を考える．ここでは，この点を中心とする微小要素に作用している応力成分を調べる．

　図 5.1 は微小要素に作用する応力状態を示している．各面上には，面に垂直に作用する垂直応力 (normal stress) σ が一つと，面に平行に作用するせん断応力 τ が二つ働いており，微小要素の各面にはそれぞれ三つの応力が作用している．応力成分としては $\sigma_x,\ \sigma_y,\ \sigma_z,\ \tau_{xy},\ \tau_{yx},\ \tau_{yz},\ \tau_{zy},\ \tau_{zx},\ \tau_{xz}$ の 9 個である．ここで，応力成分

の添え字は次のような意味を持っている。せん断応力 τ には二つの添え字がついており，第1番目の添え字は応力の働く面を，第2番目の添え字は応力の働く方向をそれぞれ示している。たとえば，τ_{xy} は x 軸に垂直な面（第1番目の添え字：x）に作用する y 軸方向（第2番目の添え字：y）のせん断応力を表している。一方，垂直応力 σ は応力の働く面と方向とが一致しているので，通常，添え字は一つだけである。たとえば，σ_x は x 軸に垂直な面に作用する x 軸方向の垂直応力を表している。

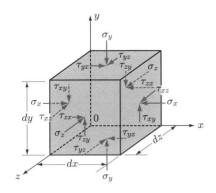

図 5.1 微小要素の各面に作用する応力

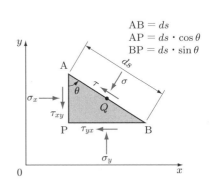

図 5.2 微小三角形要素の各面に作用する応力

　地盤工学では，この微小要素を xy 平面に投影した平面問題として取り扱うことが多い。したがって，z 軸方向の辺長を単位長さとし，z 軸方向に働く応力やひずみを考慮しないで，二次元的に解析する。

　そこで，物体内の任意の一点 P において，図 5.2 に示すような面 AB，面 AP，面 BP に囲まれた微小三角形要素 ABP を考える。面 AP，面 BP はそれぞれ x 軸，y 軸に垂直な面であるので，これらの面上に働いている応力は σ_x，σ_y，τ_{xy}，τ_{yx} の四つである。この四つの応力が既知である場合，面 AP から半時計回りに角 θ をなす任意の面 AB に作用している垂直応力 σ とせん断応力 τ の大きさを調べる。

　まず，モーメントのつり合いについて考えると，次のように表される。回転モーメントについては，面 AB 上の中点 Q を軸点と考えると，

$$\tau_{xy} \cdot \mathrm{AP} \cdot \frac{\mathrm{BP}}{2} - \tau_{yx} \cdot \mathrm{BP} \cdot \frac{\mathrm{AP}}{2}$$
$$= \tau_{xy} \cdot ds\cos\theta \cdot \frac{ds\sin\theta}{2} - \tau_{yx} \cdot ds\sin\theta \cdot \frac{ds\cos\theta}{2} = 0 \tag{5.1}$$

となる。ここに，ds は AB の長さである。これより，

$$\tau_{xy} = \tau_{yx} \tag{5.2}$$

が得られる.

次に,x 軸方向と y 軸方向に対して,それぞれ力のつり合い条件を考えると,次のように表される.

$$-\sigma \cos\theta \cdot ds - \tau \sin\theta \cdot ds + \sigma_x \cdot ds \cos\theta - \tau_{yx} \cdot ds \sin\theta = 0 \quad (5.3)$$

$$-\sigma \sin\theta \cdot ds + \tau \cos\theta \cdot ds + \sigma_y \cdot ds \sin\theta - \tau_{xy} \cdot ds \cos\theta = 0 \quad (5.4)$$

ここで,式 (5.2) より,τ_{yx} を τ_{xy} に置き換え,式 (5.3), (5.4) を解くと,面 AB 上の垂直応力 σ とせん断応力 τ を次のように求めることができる.

$$\sigma = \frac{\sigma_x + \sigma_y}{2} + \frac{\sigma_x - \sigma_y}{2}\cos 2\theta - \tau_{xy}\sin 2\theta \quad (5.5)$$

$$\tau = \frac{\sigma_x - \sigma_y}{2}\sin 2\theta + \tau_{xy}\cos 2\theta \quad (5.6)$$

5.2.2 主応力

式 (5.5) から明らかなように,任意の面上に働く垂直応力 σ は,その面の方向(角 θ)の関数となっており,面の方向が変化すると σ の大きさは変化し,その結果垂直応力 σ が最大あるいは最小となる面の方向が存在する.とくに,工学において材料や構造物の安定問題を検討するため,最大応力を知ることが重要である.

垂直応力 σ が最大値や最小値をとる方向を知るために,式 (5.5) を θ について微分してゼロと置くと,

$$\tan 2\theta = -\frac{2\tau_{xy}}{\sigma_x - \sigma_y} \quad (5.7)$$

が得られる.式 (5.7) を満足する 2θ を主値 $2\theta_0$($90° \geqq 2\theta_0 \geqq -90°$)に選べば,$\theta_1 = \theta_0$ および $\theta_2 = \theta_0 + 90°$ の互いに直交する 2 面で垂直応力 σ が極値をとる.次に,式 (5.5) を θ について 2 回微分し,式 (5.7) を用いて整理すると,

$$\frac{d^2\sigma}{d\theta^2} = -2\left(\sigma_x - \sigma_y\right)\cos 2\theta\left(1 + \tan^2 2\theta\right) \quad (5.8)$$

となる.ここで,$\sigma_x > \sigma_y$ と仮定すると,$1 + \tan^2 2\theta > 0$ であるので,$45° \geqq \theta \geqq -45°$ において式 (5.8) は負となり,σ の極値は最大値である.また,$135° \geqq \theta \geqq 45°$ では式 (5.8) が正となり,σ の極値は最小値である.

すなわち,垂直応力 σ がある一つの面で最大値を示せば,これに直角な面の垂直応力は最小値となる.このような最大垂直応力 $\sigma_{\max}$ と最小垂直応力 $\sigma_{\min}$ が働く面を主応力面といい,その応力が作用する方向を主軸という.また,最大垂直応力 $\sigma_{\max}$ を最大主応力 (major principal stress) σ_1,最小垂直応力 $\sigma_{\min}$ を最小主応力 (minor principal stress) σ_3 と呼ぶ.

主応力面を表す式は式 (5.7) より,

$$\sin 2\theta = -\frac{2\tau_{xy}}{\sigma_x - \sigma_y} \cos 2\theta \tag{5.9}$$

と書き換えられるので, これを式 (5.6) に代入すると $\tau = 0$ となり, 主応力面ではせん断応力がゼロであることがわかる.

最大主応力 σ_1 と最小主応力 σ_3 があらかじめわかっている場合, 最大主応力面から反時計回りに角 θ だけ回転した面に働く応力は, 次のようにして求められる. x 軸と y 軸が主軸に一致していると考え, 式 (5.5), (5.6) において $\sigma_x = \sigma_1$, $\sigma_y = \sigma_3$, $\tau_{xy} = 0$ (主応力面ではせん断応力は働いていない) と置くと, 次のようになる.

$$\sigma = \frac{\sigma_1 + \sigma_3}{2} + \frac{\sigma_1 - \sigma_3}{2} \cos 2\theta \tag{5.10}$$

$$\tau = \frac{\sigma_1 - \sigma_3}{2} \sin 2\theta \tag{5.11}$$

例題 5.1 最大主応力 $\sigma_1 = 400\,\mathrm{kN/m^2}$, 最小主応力 $\sigma_3 = 100\,\mathrm{kN/m^2}$ を受ける地盤において, 最大主応力面と $30°$ および $45°$ で交わる面に作用する垂直応力とせん断応力はそれぞれいくらか.

解 式 (5.10), (5.11) より, 最大主応力面と $30°$ で交わる面に作用する垂直応力 σ とせん断応力 τ は, 次のようになる.

$$\sigma = \frac{\sigma_1 + \sigma_3}{2} + \frac{\sigma_1 - \sigma_3}{2} \cos 2\theta = \frac{400 + 100}{2} + \frac{400 - 100}{2} \cos\left(2 \times 30°\right)$$
$$= 325\,\mathrm{kN/m^2}$$
$$\tau = \frac{\sigma_1 - \sigma_3}{2} \sin 2\theta = \frac{400 - 100}{2} \sin\left(2 \times 30°\right) = 130\,\mathrm{kN/m^2}$$

同様にして, $\theta = 45°$ について計算すると, $\sigma = 250\,\mathrm{kN/m^2}$, $\tau = 150\,\mathrm{kN/m^2}$ となる.

5.2.3 モールの応力円

式 (5.10), (5.11) の両辺を 2 乗して加えると,

$$\left(\sigma - \frac{\sigma_1 + \sigma_3}{2}\right)^2 + \tau^2 = \left(\frac{\sigma_1 - \sigma_3}{2}\right)^2 \tag{5.12}$$

となり, 式 (5.12) は, σ–τ 座標系において点 $((\sigma_1+\sigma_3)/2, 0)$ を中心とし, $(\sigma_1-\sigma_3)/2$ を半径とする円の方程式を表している. すなわち, この円の中心は σ 軸上の二つの主応力の中央にあり, 半径は主応力差の半分に等しい. このような円をモールの応力円 (Mohr's stress circle) という.

　主応力 σ_1 と σ_3 が既知な場合を例として，モールの応力円の作図方法を図 5.3 に示す．

① σ–τ 直交座標の σ 軸上に σ_1 と σ_3 をとり，それぞれ点 B，C とする．

② BC 間の長さ ($\sigma_1 - \sigma_3$) を直径とする円を描く．これが求めるモールの応力円である．

③ 最大主応力面と角 θ で交わる面に作用する垂直応力 σ とせん断応力 τ の大きさは，点 C において σ 軸と反時計回りに θ をなす線とモールの応力円との交点 A の座標 (σ, τ) によって与えられる．この場合，円の中心点 M と点 A を結ぶ半径 MA は σ 軸と 2θ の角をなしている．

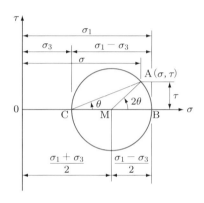

図 5.3　モールの応力円

例題 5.2　　最大主応力 $\sigma_1 = 400\,\text{kN/m}^2$，最小主応力 $\sigma_3 = 100\,\text{kN/m}^2$ を受ける地盤において，モールの応力円を作図せよ．また，最大主応力面から反時計回りに $30°$ および $45°$ で交わる面に作用する垂直応力とせん断応力を求めよ．

解　σ_1 と σ_3 を直径とするモールの応力円を描くと，図 5.4 のようになる．図より，$\theta = 30°$ および $45°$ の面上の応力を読みとると，$\theta = 30°$ の場合は，

$$\sigma = 325\,\text{kN/m}^2, \quad \tau = 130\,\text{kN/m}^2$$

となり，$\theta = 45°$ の場合は，

$$\sigma = 250\,\text{kN/m}^2, \quad \tau = 150\,\text{kN/m}^2$$

となる．なお，この結果は【例題 5.1】の図式解法である．

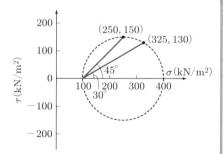

図 5.4　例題 5.2

5.2.4 用極法

　任意の面上に作用する垂直応力やせん断応力を求めるもう一つの図式解法として，モールの応力円の極 (pole) を利用する方法がある．この方法は，用極法 (pole method) と呼ばれ，極を求めることによりすべての面上の応力の大きさや作用面，作用方向を同時に知ることができるものである．

　まず，図 5.5 (a) に示すようにモールの応力円を描き，図 5.5 (b) に既知の応力が働く面 aa を描く．次に，既知の応力の大きさを示す点 $A(\sigma_A, \tau_A)$ をモールの応力円上にプロットする．この点 A を通って線 aa に平行な線を引き，応力円上で再び交わる点を求めると，これが極 P となる．いま，面 bb，面 cc に働く応力を求める場合，極 P を通って面 bb，面 cc に平行な線を引き，円周上との交点を B，C とすると，この点の応力 (σ_b, τ_b)，(σ_c, τ_c) が面 bb，面 cc 上に働く応力を表すことになる．

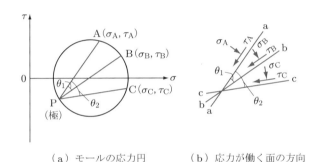

（a）モールの応力円　　　（b）応力が働く面の方向

図 5.5　用極法

例題 5.3　【例題 5.1】を用極法により解答せよ．

解　図 5.6 に示すようなモールの応力円が与えられるとき，点 $A(400\,\mathrm{kN/m^2}, 0)$ を通って線 aa に平行な線を引く．このとき，点 A は極 P になる．次に，面 aa と 30° および 45° の角をなす面 bb，面 cc に作用する応力を求めるためには，極 P から面 bb，面 cc に平行な線を引き，モールの応力円との交点を B，C とすると，この点の応力が面 bb，面 cc に作用する応力を表している．

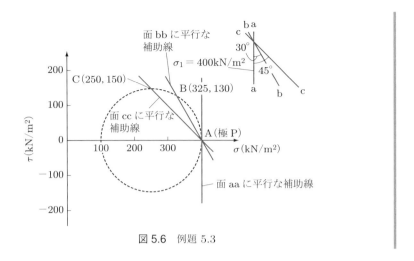

図 5.6　例題 5.3

5.3　モール・クーロンの破壊規準

　材料が破壊するときの条件式を破壊規準 (failure criterion) といい, 土の破壊規準としては一般にクーロン (Coulomb) の破壊規準が用いられている. クーロンは土のせん断強さが, 土の内部摩擦力 (internal friction) と粘着力 (cohesion) とから構成されていると考えて, 次式を提案した.

$$s = c + \sigma \tan \phi \tag{5.13}$$

ここに, s：せん断強さ $(\mathrm{kN/m^2})$, c：粘着力 $(\mathrm{kN/m^2})$, σ：垂直応力 $(\mathrm{kN/m^2})$, ϕ：内部摩擦角 (angle of internal friction) $(°)$ である.

　クーロンの式は元々, 全応力に対して表されたものであるが, 式 (5.13) を有効応力表示に書き直すと, 次式のようになる.

$$s = c' + \sigma' \tan \phi' = c' + (\sigma - u) \tan \phi' \tag{5.14}$$

ここに, c'：有効応力表示による粘着力 $(\mathrm{kN/m^2})$, σ'：有効垂直応力 $(\mathrm{kN/m^2})$, ϕ'：有効応力表示による内部摩擦角 $(°)$, u：間隙水圧 $(\mathrm{kN/m^2})$ である.

　式 (5.13), (5.14) から明らかなように, せん断強さ s のうち粘着力 c（あるいは c'）は破壊面に作用する垂直応力 σ の大きさに関係しないが, 内部摩擦力 $\sigma \tan \phi$（あるいは $\sigma' \tan \phi'$）は破壊面に作用する垂直応力に比例して変化する.

　地盤内の任意の要素に働く主応力 σ_1 と σ_3 とがわかると, 5.2.3 項で述べた方法でモールの応力円を描くことができる. ある地盤のモールの応力円とクーロンの破壊規

準との関係を図 5.7 に示す．応力円 I はクーロンの破壊規準の下に位置しており，せん断応力はせん断強さに達していない．σ_1 が増大すると，モールの応力円の直径はしだいに大きくなり，ついに点 D においてクーロンの破壊規準に接する（応力円 II）．このような応力状態では，せん断応力はせん断強さに等しくなっており，地盤はせん断破壊を起こす．応力円 III は σ_1 がさらに増大して，クーロンの破壊規準と点 A，B で交わる応力状態を示す．しかし，弧 AB 部分では土の持つせん断強さを超えるせん断応力が地盤の内部に生じていることを示しており，このような応力状態は実際に起こりえない．応力円 II をとくに破壊応力円といい，この破壊応力円に接するクーロンの規準を示す線を破壊包絡線という．このような破壊規準を，モール・クーロンの破壊規準 (Mohr–Coulomb's failure criterion) という．

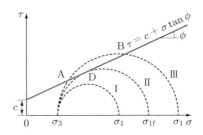

図 5.7 モールの応力円とクーロンの破壊規準

5.4 せん断試験

5.4.1 排水条件

式 (5.13) に示した土のせん断強さ s を支配するのは，粘着力 c と内部摩擦角 ϕ であり，これらを強度定数という．強度定数を求めるには実験室内で行う試験（室内試験）と現地で行う調査や試験（原位置試験）とがある．室内試験には，直接せん断試験 (direct shear test)，三軸圧縮試験 (triaxial compression test)，一軸圧縮試験 (unconfined compression test) があり，原位置試験としてはボーリング孔を利用して行うベーンせん断試験 (vane shear test) などがある．

土の強度定数を正確に決定することは容易ではない．これは，強度定数が土の種類によって異なることに加えて，間隙比，飽和度，応力履歴などの土の状態によって変化し，また，試験時の排水条件やせん断速度などによっても大きく変化するからである．したがって，構造物の設計や安定性の検討に用いる土の強度定数を正確に求めるためには，現場で土が受けると予想される状態・条件を十分に考慮に入れたうえで試

験を行うことが必要となる.

　土が受ける状態・条件の中で,土の強度定数に大きな影響を及ぼす要因の一つに排水条件がある.これは,せん断試験における供試体中の間隙水の出入りを制御するための条件であり,この条件に基づき,非圧密非排水せん断試験 (UU-test, uncosolidated undrained shear test),圧密非排水せん断試験 (CU-test, cosolidated undrained shear test) および圧密排水せん断試験 (CD-test, cosolidated drained shear test) の三つの試験方法がある.これらの条件は,(1) 加えられた圧力のもとで供試体を圧密または膨張させるかどうかと,(2) せん断過程において排水または吸水を許すかどうかの組み合わせによって区分される.それぞれの排水条件の具体的な内容は以下のようである.

① **非圧密非排水せん断試験（UU 試験）**：せん断する前もせん断中も供試体から全く排水させない試験方法であり,これによって得られた試験結果は施工中の粘土地盤の安定性や支持力を推定するような短期的な状態を検討する際に用いられる.この試験によって求められる強度定数は c_u,ϕ_u で表される.

② **圧密非排水せん断試験（CU 試験）**：せん断する前に供試体に圧密圧力を加えて供試体から間隙水を排除し,せん断中は供試体からの排水を許さない.この試験結果は,地盤を十分に圧密させた後に急速に盛土したときの地盤の安定性の検討や,地盤が圧密されたときに期待される土の強さを推定するときなどに用いられる.この試験によって求められる強度定数は c_{cu},ϕ_{cu} で表される.また,この試験において,せん断中に過剰間隙水圧を測定する試験を $\overline{\text{CU}}$ 試験と称し,得られる強度定数は有効応力で整理されるため,c',ϕ' で表される.

③ **圧密排水せん断試験（CD 試験）**：せん断の前に CU 試験と同様に十分圧密させ,せん断中にも供試体内に間隙水圧を生じさせないように排水を許しながら試験を行う方法である.この試験の結果は,砂地盤の静的な安定や支持力,あるいは粘土地盤の長期的な安定性を検討するときに用いられる.この試験によって求められる強度定数は,c_d,ϕ_d で表される.

　このように,同じ土でも排水条件が異なると全く違った強度定数 c,ϕ を与えることを十分に認識しておくことが必要である.

5.4.2　直接せん断試験（一面せん断試験）

　図 5.8 は一面せん断試験機（在来型）のせん断箱部分を示したものである.この試験は別名をせん断箱試験 (shear box test) ともいわれている.上下 2 段から構成された箱の中に詰め込まれた供試体に垂直荷重を加え,その状態で上箱または下箱のいずれか一方を固定し,もう一方の箱を水平に移動させ,特定のせん断面（上下の箱の接合面）に沿ってせん断し,そのせん断力を測定するものである.

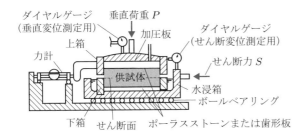

図 5.8 せん断箱の断面

[地盤工学会編：土質試験基本とてびき，
p. 125, 図 13-2, 地盤工学会 (2002)]

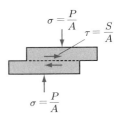

図 5.9 供試体の応力状態

　供試体の寸法は，通常直径 6 cm，高さ 2 cm である．この円盤状の供試体をせん断箱の中に入れ，上部加圧板を通して供試体に垂直荷重 P を加える．次に，垂直荷重 P を一定に保った状態で上箱の水平方向の動きを固定して下箱にせん断力を加えて，上下両せん断箱の接合面に沿って水平にせん断する．このときの供試体の応力状態を模式的に示すと，図 5.9 のようになる．せん断中は適当な時間間隔（たとえば，15 秒）ごとに供試体の水平方向の変位量（せん断変位）と土のせん断力，供試体の鉛直方向の変位量（垂直変位）を測定する．

　垂直応力 σ とせん断応力 τ は，次式によって算出できる．

$$\sigma = \frac{P}{A} \tag{5.15}$$

$$\tau = \frac{S}{A} \tag{5.16}$$

ここに，P：垂直荷重，A：供試体の断面積，S：せん断力である．

　せん断応力とせん断変位との関係からせん断応力の最大値を求め，その値をせん断強さとする．

　式 (5.13) のクーロン式からも明らかなように，土のせん断強さはせん断面に働く垂直応力によって変化するから，強度定数 c，ϕ を求めるためには一つの試料について 3 個以上の供試体を準備し，これらの供試体にそれぞれ大きさの異なる垂直荷重を載荷して試験を行うことが必要となる．図 5.10 に示すように横軸に垂直応力 σ，縦軸にせん断強さ s をとって，これらのデータをプロットした点を直線で結んで，破壊包絡線を決定する．この破壊包絡線の切片と勾配から粘着力 c と内部摩擦角 ϕ とを求める．

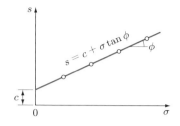

図 5.10　垂直応力とせん断強さの関係

例題 5.4　ある土に対して一面せん断試験を行ったところ、表 5.1 のような値を得た。これより内部摩擦角と粘着力を求めよ。

解　試験結果より、垂直応力とせん断強さとの関係をプロットすると、図 5.11 のようになり、この図から内部摩擦角 $\phi = 19.1°$、粘着力 $c = 0$ が得られる。

表 5.1　例題 5.4

垂直応力 σ (kN/m²)	100	200	300	400
せん断強さ τ_f (kN/m²)	35	67	98	144

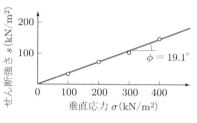

図 5.11　例題 5.4

5.4.3　三軸圧縮試験

　直接せん断試験では、試験中における排水条件の調節や間隙水圧の測定が困難であるが、三軸圧縮試験ではこれらの問題点をほとんど取り除くことができる。これが、三軸圧縮試験が多く用いられている理由である。

　図 5.12 のように、三軸圧縮試験機は、供試体を納める三軸圧力室と、それにつながる空気・水系の経路によって構成されている。三軸圧縮試験は土が地盤中で受けている応力状態を再現するために、供試体の側方から液圧をかける方法を用いている。このため、円柱形の供試体の周面を薄いゴム膜で覆って、三軸圧力室の中に入れる。供試体の寸法は直径が 3.5、5、7.5、10 cm の円柱形を標準としているが、粘土では 3.5 cm ないし 5 cm を用いる。高さは加圧板と供試体との間に生じる摩擦に対する配慮から直径の 2.0〜2.5 倍としている。

　上下の加圧板にはそれぞれ多孔板（ポーラスストーン）が取り付けられており、供試体内の間隙水の出入りはこれを通じて行われる。非排水、排水の操作は三軸圧力室

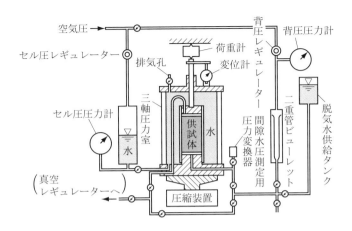

図 5.12 三軸圧縮試験機の構成例［地盤工学会編：土質試験基本とてびき，p. 136，図-14.2，地盤工学会（2000）］

の外に設けられている弁の開閉によって行われる．

通常の試験方法としては，まず三軸圧力室内にある供試体に水圧により側方拘束圧力（側圧）σ_3 を加える．次に，供試体に毎分 1% の軸ひずみを起こさせる速度で載荷ピストンを貫入して軸方向に圧縮力を加え，供試体を破壊させる．この間，供試体に加えられる軸圧縮力は載荷ピストンの上に取り付けられた荷重計によって測定され，また軸ひずみは載荷ピストンに取り付けられた変位計によって測定される．供試体の体積変化は排水量をビュレットで測定し，また非排水時の間隙水圧は下部加圧板に埋め込まれた間隙水圧測定用圧力変換器によって測定する．

主応力差 $(\sigma_1 - \sigma_3)$ は，載荷ピストンに加えられた軸圧縮力 P と供試体の断面積 A から次式によって求める．

$$\sigma_1 - \sigma_3 = \frac{P}{A} \tag{5.17}$$

式 (5.17) によって求められた主応力差 $(\sigma_1 - \sigma_3)$ を縦軸に，軸ひずみ ε_a を横軸にプロットし，主応力差の最大値 $(\sigma_1 - \sigma_3)_{\mathrm{max}}$ を求める．異なる大きさの側圧 σ_3 を加えたいくつかの供試体をせん断破壊するまで圧縮し，それぞれの供試体について破壊時の σ_1 と σ_3 とを求めて破壊応力円を描き，その包絡線からその土の強度定数 c，ϕ を求めることができる．

例題 5.5　ある正規圧密粘土について，圧密非排水状態で三軸圧縮試験を行ったところ，表 5.2 の結果を得た．内部摩擦角

表 5.2 例題 5.5

σ_3 (kN/m²)	50	100	150	200
σ_1 (kN/m²)	84	168	252	336

と粘着力を求めよ．

解 試験結果から σ_1 と σ_3 を最大，最小主応力とする四つのモールの破壊応力円を描くと，図 5.13 のようになる．この破壊応力円に対して包絡線を引くことにより，内部摩擦角 $\phi_{cu} = 14.5°$，粘着力 $c_{cu} = 0$ が得られる．

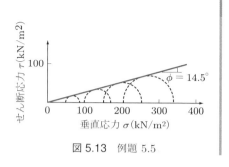

図 5.13 例題 5.5

5.4.4 一軸圧縮試験

一軸圧縮試験機は，図 5.14 のように，円柱状の供試体に側方拘束のない状態で軸方向力だけを与えて圧縮する試験である．供試体の寸法は，直径 3.5 cm または 5 cm を標準とし，高さは直径の 1.8〜2.5 倍である．ひずみ速度は，毎分 1 % の圧縮ひずみが生じる割合を標準としている．

一軸圧縮試験は，三軸圧縮試験において $\sigma_3 = 0$ の場合と考えれば良いので，破壊時の最大主応力 σ_1 を一軸圧縮強さ (unconfined compression strength) q_u といい，破壊応力円は図 5.15 のようになる．このとき，最大主応力面と破壊面との角度 θ がわかれば点 O を通り，σ 軸と角 θ をなす直線を引き，この直線と破壊応力円との交点 D を通る接線を引けば，この接線が破壊包絡線となる．

$$\theta = 45° + \frac{\phi}{2} \tag{5.18}$$

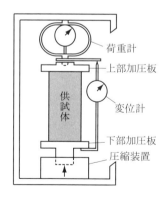

図 5.14 一軸圧縮試験の状態 [地盤工学会編：土質試験基本とてびき，p. 143，図-15.3，地盤工学会 (2000)]

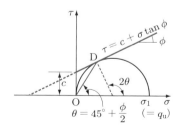

図 5.15 一軸圧縮試験における破壊応力円

より,

$$\phi = 2\left(\theta - 45°\right) \tag{5.19}$$

であるので，実際の試験時に供試体の破壊面の角度 θ を読み取ることができれば，式 (5.19) より内部摩擦角 ϕ を求めることができる．

また，図 5.15 より次式が導かれる．

$$c = \frac{q_u}{2} \frac{(1 - \sin\phi)}{\cos\phi} \tag{5.20}$$

式 (5.19) から求められる内部摩擦角 ϕ と一軸圧縮強さ q_u から，式 (5.20) を用いて粘着力 c を求めることができる．しかし，通常，供試体の端部拘束条件の影響などのために，破壊面の角度は式 (5.19) を満足することが難しいので，一軸圧縮試験の結果から内部摩擦角を正確に求めることは困難である．

飽和した粘土について非圧密非排水せん断試験を行うと，全応力に関する破壊応力円の包絡線は水平となり，$\phi_u = 0$ となる．したがって，非圧密非排水せん断試験でのせん断強さは側圧の大きさにかかわらず一定になり，一つのパラメータ c_u で表される．このことを一軸圧縮試験の破壊応力円に適用すると，c_u は一軸圧縮強さ q_u の半分である．

$$c_u = \frac{q_u}{2} \tag{5.21}$$

すなわち，非圧密非排水条件で設計できる問題，たとえば短期安定問題に対して $q_u/2$ を原地盤の非排水せん断強さ c_u として利用することができる．

一軸圧縮試験により得られた応力 – ひずみ曲線より，次式を用いて変形係数 E_{50} (modulus of deformation) を算定することがある．

$$E_{50} = \frac{q_u/2}{\varepsilon_{50}} \times 100 \tag{5.22}$$

ここに，E_{50}：変形係数 $(\mathrm{kN/m^2})$，ε_{50}：圧縮応力が $q_u/2$ のときの軸ひずみ (%) である．図 5.16 は，試料の乱れによる応力 – ひずみ曲線の形状の変化を示している．試料が乱されると，応力 – ひずみ曲線の初期勾配は小さくなり，一軸圧縮強さも小さくなることがわかる．このため，試料の乱れの判断に変形係数が利用されている．また，地盤を弾性体として変形解析を行う際に，変形係数を弾性係数 (modulus of elasticity) として利用することもある．

一方，粘土の練返しによる強度低下の度合いを表す指標として，鋭敏比 (sensitivity ratio) がある．これは，建設工事において工事車輌などの走行性を表す地盤の性質であるトラフィカビリティー (trafficability) を判断するための重要な情報を提供する．図 5.17 に示す乱さない試料と練り返した試料の一軸圧縮試験の結果から，鋭敏比 S_t

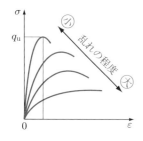

図 5.16　乱れによる応力 – ひずみ
曲線の変化

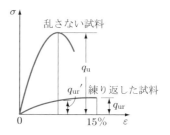

図 5.17　乱さない試料と練り返した試料の
応力 – ひずみ曲線の比較

は次式で表される.

$$S_{\mathrm{t}} = \frac{q_{\mathrm{u}}}{q_{\mathrm{ur}}} \tag{5.23}$$

ここに，q_{u}：乱さない試料の一軸圧縮強さ，q_{ur}：練り返した試料の一軸圧縮強さである．練り返した試料の一軸圧縮試験では，応力 – ひずみ曲線に極大値を示さない場合や，極大値が明確でない場合が多く見られる．このような場合には，図 5.17 のように，ひずみが 15% に対応する圧縮応力を一軸圧縮強さ q_{ur} とする．また，乱さない試料の一軸圧縮強さ q_{u} に相当するひずみと同じ大きさのひずみでの圧縮応力を一軸圧縮強さ q_{ur}' として，次式により鋭敏比 S_{t}' を求めることもある.

$$S_{\mathrm{t}}' = \frac{q_{\mathrm{u}}}{q_{\mathrm{ur}}'} \tag{5.24}$$

　粘土は練り返すと強度が減少することを先に述べたが，この試料を含水比が不変のままでしばらくの間静置すると，静置時間の経過とともに強度の一部が回復する現象が見られる．このように，強度低下には一時的なものと恒久的なものとがあり，時間とともに強度が回復する現象をチキソトロピー (thixotropy) と呼んでいる.

例題 5.6　ある土の供試体について一軸圧縮試験を行ったところ，一軸圧縮強さ $q_{\mathrm{u}} = 300 \ (\mathrm{kN/m^2})$，供試体の破壊面の水平に対する傾き θ は 55° であった．この土の内部摩擦角と粘着力はいくらか.

解　内部摩擦角 ϕ は式 (5.19) より，次のようになる.

$$\phi = 2 \left(\theta - 45° \right) = 2 \times \left(55° - 45 \right) = 20°$$

また，粘着力 c は，式 (5.20) より，次式で求められる.

$$c = \frac{q_{\mathrm{u}}}{2} \frac{(1 - \sin \phi)}{\cos \phi} = \frac{300}{2} \times \frac{1 - \sin 20°}{\cos 20°} = 105 \,\mathrm{kN/m^2}$$

5.4.5 ベーンせん断試験

　ベーンせん断試験は，比較的軟弱な粘土質の土から構成されている自然地盤のせん断強さを原位置で測定するために開発されたものである．また，仮に乱さない粘土試料を採取することができたとしても，対象となる土が軟弱なためにその試料を成形して三軸圧縮試験や一軸圧縮試験を行うことができないような場合には，室内においてベーンせん断試験を行うこともある．

　この試験は，図 5.18 に示すような 4 枚の鋼製の十字羽根（ベーン）を取り付けたロッドを地盤の中に押し込み，ロッドの頂部にトルクを与えてベーンに外接する円筒すべり面上でせん断を起こさせ，そのときの抵抗力を測定するものである．いま，せん断強さを求めようとする地盤までボーリング孔を掘削した後，ボーリング孔底にベーンを押し込み，ロッドが毎分 1° の割合で回転するようにロッドの頂部にトルクを与える．このとき，ロッドに加えられた最大トルクは，円柱形の上下端面の抵抗モーメントと円柱周囲の抵抗モーメントとの和に等しいので，次式で表される．

$$M_{\max} = \pi s D^2 \left(\frac{H}{2} + \frac{D}{6} \right) \tag{5.25}$$

ここに，$M_{\max}$：ロッドに加えられた最大トルク (kN·m)，s：せん断強さ (kN/m²)，D：ベーンの全幅 (m)，H：ベーンの高さ (m) である．

　したがって，せん断強さは次式により求められる．

$$s = \frac{M_{\max}}{\pi D^2 (H/2 + D/6)} \tag{5.26}$$

　ベーンせん断試験は，非排水せん断強さを原位置で求めるものであり，$\phi_u \fallingdotseq 0$，

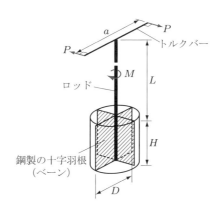

図 5.18　ベーンせん断試験機[河上房義：土質工学演習—基礎編—
第 3 版，p. 106，図 6.12，森北出版（2002），一部加筆修正]

$s \fallingdotseq c_u$ となる．なお，ベーンせん断試験で求めた c_u は，一軸圧縮試験で求めたものよりやや大きな値を与える．

5.5　砂のせん断特性

　砂は透水性が大きいから，特別な場合を除いて非排水状態でせん断破壊を起こすことはない．砂のせん断試験を行うと，試料に破壊が起こるときの破壊面に生じるせん断強さ s と垂直応力 σ との間には，

$$s = \sigma \tan \phi \tag{5.27}$$

の関係が見られる．これは，5.3 節で述べたクーロンの式 (5.13) において，粘着力 $c = 0$ と置いたものに等しい．この場合，せん断試験中の間隙水圧は $u = 0$ であるから，垂直応力 σ は有効垂直応力 σ' である．しかし，式 (5.27) の関係から求められる内部摩擦角 ϕ は同一種類の砂において必ずしも一定の値を示さず，せん断箱への試料の詰め方，すなわち密度によって変化する．砂が密であれば ϕ の値は大きく，緩い場合には小さくなる．また，乾燥した砂の内部摩擦角は砂粒子の形状，粒度，表面の粗さなどによっても変化するが，その概略の値を表 5.3 に示す．

　初期状態の間隙比が最大間隙比 $e_{\max}$ と最小間隙比 $e_{\min}$ のように極端に異なる二つの試料に対して行った一面せん断試験におけるせん断変位と間隙比との関係を，図 5.19 に示す．初期状態が密実な試料 ($e_{\min}$) では，せん断が進行すると間隙比（体積）が増加し，そのため体積が増加する．一方，緩く詰めた砂 ($e_{\max}$) では，逆に間隙比が減少する．そして，最終的には，両試料ともある一定の間隙比 e_{crit} に達している．このようなせん断変形に伴う体積の増減をダイレイタンシー (dilatancy) といい，体積が増加（膨張）する場合をダイレイタンシーが正，減少（収縮）する場合をダイレイタンシーが負という．初期状態の間隙比が e_{crit} の砂をせん断する場合には体積の増減が全

表 5.3　砂の内部摩擦角（テルツァギーとペックによる）

砂の締り具合い　　粒形と粒度	丸味のある粒子 均等な粒度組成	角張った粒子 良い粒度組成
緩い状態	28° 30′	34°
密な状態	35°	46°

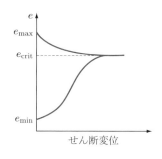

図 5.19　せん断に伴う間隙比の変化

く起こらないため，この間隙比を限界間隙比 (critical void ratio) と呼び，砂の重要な特性値の一つである．

このように砂がせん断されるときにダイレイタンシーを起こすのは，次のように説明できる．緩い砂は間隙が大きいので，試料が変形を起こすときに砂粒子は容易にその位置を変えることができ，砂粒子が間隙の凹部に落ち込んで密度が高まり，体積は減少する．一方，密な砂では間隙が砂粒子で十分に埋めつくされており，せん断面に沿って砂粒子が移動するためにはほかの砂粒子の上に乗り上げなければならない．このため間隙が大きくなり，結果として体積は増加する．

5.6 粘土のせん断特性

5.6.1 非圧密非排水せん断特性

図 5.20 は，三軸圧縮試験によって行われた飽和粘土の非圧密非排水せん断試験の結果である．飽和粘土の非圧密非排水せん断試験を行うと，側圧 σ_3 を変化させて求めた破壊応力円 (I, II) は，図に示すように等しい大きさの円となり，破壊包絡線がほぼ水平になる．したがって，非圧密非排水せん断試験により得られた強度定数 c_u, ϕ_u は次式で与えられる．

$$c_\mathrm{u} = \frac{1}{2}\left(\sigma_1 - \sigma_3\right)_\mathrm{f} \tag{5.28}$$

$$\phi_\mathrm{u} = 0 \tag{5.29}$$

ここに，$(\sigma_1 - \sigma_3)_\mathrm{f}$：破壊応力円の $(\sigma_1 - \sigma_3)$ である．

側圧 $\sigma_3 = 0$ のときは，試験条件が一軸圧縮試験と同じとなり，次式が成り立つ．

$$c_\mathrm{u} = \frac{1}{2}\left(\sigma_1 - \sigma_3\right)_\mathrm{f} = \frac{q_\mathrm{u}}{2} \tag{5.30}$$

このことより，飽和粘土の非排水せん断強さ c_u を求めたいときは，非圧密非排水せ

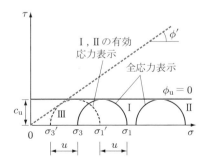

図 5.20　飽和粘土の非圧密非排水せん断試験結果

ん断試験の代わりに，試験が比較的簡便な一軸圧縮試験を行うと良いことがわかる．このようにして求めた c_u は，飽和粘土地盤の短期安定問題に対するせん断強さとして用いられる．

完全に飽和した試料では非排水状態において側圧を増加してもそれだけ間隙水圧 u が増加し，有効応力 σ' は変化しない．したがって，側圧をいくつか変化させて求めた破壊応力円を，測定された間隙水圧を用いて有効応力に基づく破壊応力円に書き換えると，ただ1個の応力円（III）に帰することになる．なお，この応力円は有効応力表示の破壊包絡線 (式 (5.32)) に接している．

5.6.2　圧密非排水せん断特性

図 5.21（a）は，三軸圧縮試験による圧密非排水せん断試験を正規圧密粘土に対して行った場合の圧密圧力 p と間隙比 e との関係を表したもので，非排水せん断試験時における各供試体の間隙比を示している．図 5.21（b）は，この試験により得られた破壊応力円および破壊包絡線を示している．全応力表示の圧密非排水せん断強さは，原点を通る直線（実線）で表され，水平と ϕ_{cu} の傾きを持つ次式となる．

$$s = \sigma \tan \phi_{cu} \tag{5.31}$$

また，破壊時の間隙水圧 u が測定されている場合（$\overline{CU}$ 試験）には，破壊時の全応力円（実線）を対応する間隙水圧分だけ左側に移動させて，破壊時の有効応力円（破線）を求めることができる．これによって，有効応力表示のせん断強さは次のように表される．

$$s = \sigma' \tan \phi' \tag{5.32}$$

図 5.21（c）は，圧密圧力 p と非排水せん断強さ c_u との関係を表している．この試験で得られた粘土の非排水せん断強さについては，c_u と圧密圧力 p との関係が図に示すように原点を通る直線となることが実験的に知られている．非排水せん断強さ c_u と圧密圧力 p との比を c_u/p で表すと，この値は圧密による地盤の強度増加率 (rate of

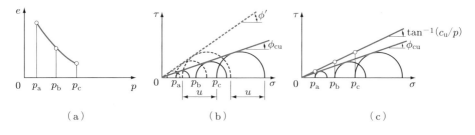

図 5.21　圧密非排水せん断試験結果

strength increase) を表している．c_u/p は，主に地盤改良の設計に用いられている．この値については，それぞれの粘土でだいたい一定の値をとることがわかっており，わが国の沖積粘土では 0.3 程度であるといわれている．

全応力円の側圧 σ_3 は圧密圧力 p に等しく，かつ，全応力円の半径が非排水せん断強さに等しいから，次の関係式を導くことができる．

$$\frac{c_u}{p} = \frac{\sin\phi_{cu}}{1 - \sin\phi_{cu}} \tag{5.33}$$

過圧密粘土について圧密非排水せん断試験を行うと，一般に次に示すような関係が得られる．

$$s = c_{cu} + \sigma\tan\phi_{cu} \quad （全応力表示） \tag{5.34}$$

$$s = c' + \sigma'\tan\phi' \quad （有効応力表示） \tag{5.35}$$

5.6.3　圧密排水せん断特性

粘土の圧密排水せん断試験は，試料の透水性が小さいために，試験に非常に長時間を要する．図 5.22 は，正規圧密粘土の圧密排水せん断試験の結果である．この試験では，試料を圧密圧力で十分に圧密させた後，試料中に過剰間隙水圧を生じないように軸圧縮を行い，長時間をかけてせん断する．この試験により得られた強度 c_d，ϕ_d は有効応力により表されるため，$c_d = c'$，$\phi_d = \phi'$ となる．したがって，試験に長時間を要する排水試験を行わずに，圧密非排水せん断試験によって得られた c'，ϕ' を c_d，ϕ_d の代替として，長期安定解析に用いることがある．

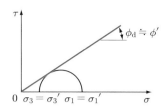

図 5.22　圧密排水せん断試験結果

演習問題

5.1【例題 5.1】において，最大主応力面と $\theta = 60°$ で交わる面に作用する垂直応力 σ とせん断応力 τ を求めよ．

5.2【例題 5.2】において，最大主応力面と $\theta = 60°$ で交わる面に作用する垂直応力 σ とせん

断応力 τ をモールの応力円を用いて求めよ.

5.3 砂の直接せん断試験を行ったところ, 垂直応力 $\sigma = 300\,\mathrm{kN/m^2}$ のときに, せん断応力 $\tau = 200\,\mathrm{kN/m^2}$ で破壊した. この砂の内部摩擦角を求めよ.

5.4 ある粘土質地盤において原位置ベーンせん断試験を行ったところ, 最大ねじりモーメントが $20\,\mathrm{N\cdot m}$ となった. 十字羽根の長さ $10\,\mathrm{cm}$, 幅 $5\,\mathrm{cm}$ として粘着力を求めよ.

5.5 ある粘土試料の乱さない試料と練り返した試料に対して一軸圧縮試験を行ったところ, $q_\mathrm{u} = 1.63\,\mathrm{kN/m^2}$, $q_\mathrm{ur} = 0.33\,\mathrm{kN/m^2}$ という結果を得た. この土の鋭敏比を求めよ.

課題

5.1 垂直応力 σ, せん断応力 τ を求める式 (5.5), (5.6) を誘導せよ.

5.2 モールの応力円の幾何学的性質を述べよ.

5.3 室内せん断試験の代表的な方法を列挙し, 簡単に説明せよ.

5.4 排水条件を三つあげ, その違いを説明せよ.

5.5 砂と粘土のせん断特性を比較せよ.

第6章 土 圧

6.1 土圧の種類

擁壁や埋設管など土に接する構造物と土との境界面，あるいは土中のある面に及ぼす土の圧力を土圧 (earth pressure) という．

図 6.1 は，コンクリート壁のような剛な壁体の変位の方向と土圧の大きさとの関係を示す．壁体に作用する土圧の大きさは壁体の変位によって大きく変化する．ここで，壁体が裏込め土の圧力によって前傾（土が緩む方向に変位）し，一定の応力状態に達したものを主働状態 (active state) と呼び，このとき壁体に作用する土圧を主働土圧 (active earth pressure) という．また，何らかの外力を受けて壁体が裏込め土を押す方向へ変位し，一定の状態に達したものを受働状態 (passive state) と呼び，このときの土圧を受働土圧 (passive earth pressure) という．実際の土圧は静止土圧 (earth pressure at rest) を中心として主働土圧と受働土圧の間にあり，設計に際しては極限値としての主働土圧や受働土圧あるいは静止土圧を用いる．

このような壁体に作用する土圧を求める方法としては，クーロン (Coulomb) の限界つり合い条件によるもの，ランキン (Rankine) の塑性理論によるもの，ブーシネスク (Boussinesq) の弾性理論によるものなどがあるが，クーロンの方法とランキンの方法が代表的である．

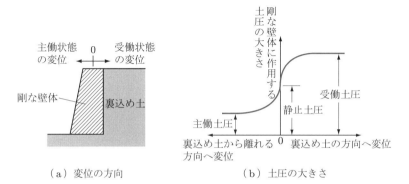

（a）変位の方向 　　　　　（b）土圧の大きさ

図 6.1 　剛な壁体の変位の方向と土圧の大きさとの関係

6.2 クーロンの土圧論

クーロンは，図 6.2 に示す剛な壁体の下端 B から背面の土中に生じたすべり面 BC と壁体との間にはさまれるくさび形の土の部分 ABC が下方または上方へ押し込まれるときに，壁体に作用する圧力を求めた．下方に押し込まれる場合の圧力が主働土圧であり，上方に抜け上がろうとするときの圧力が受働土圧である．

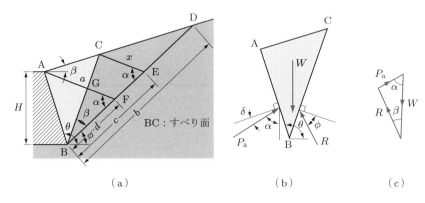

図 6.2　クーロンの主働土圧［河上房義：土質力学（第 7 版），
p. 146，図 8.9，森北出版（2001），一部加筆修正］

図 6.2（a）に示した壁体を取り去ったと仮定すると，くさび形の土塊 ABC が下方にすべり落ちてしまうので，壁体に働く土圧とはくさび形の土がその位置に留まるために壁体が土に及ぼさなければならない力に等しいと考えることができる．このような根拠に基づいて壁体に作用する土圧を求める場合，すべり面 BC の位置と形状とが問題となる．実際のすべり面の形状が曲面であることはクーロンも認めていたが，便宜上これを平面と仮定する．主働土圧のすべり面の位置は，その面によって仕切られるくさび形の土塊に作用する圧力が最も大きくなるように選ぶ．一方，受働土圧の場合のすべり面の位置は，計算した土圧が最小値を示すように選定する．

6.2.1　主働土圧

主働土圧の場合，くさび形の土塊 ABC に作用している力は，図 6.2（b）に示すように，土の自重 W，壁体が土に及ぼす力 P_a，土の滑動に対して抵抗する力 R の三つである．P_a および R はすべり土塊 ABC の下向きの移動に抵抗するため，それぞれの作用面に対して上向きに働いている．R の傾角は内部摩擦角 ϕ に等しく，P_a の傾角 δ は壁面と土との摩擦角で壁体の種類によって異なるが，ϕ より小さな値をとる．主働土圧を求めるためには，くさび形の土塊 ABC に働く P_a が最大値をとるように，すべ

り面の位置を決定すれば良いことになる.

図 6.2 (b) において，P_a の鉛直方向との傾角 α は，次のようになる.

$$\alpha = 180° - \theta - \delta \tag{6.1}$$

図 6.2 (a) の壁体下端 B において水平と ϕ の角をなす直線を引き，地表面との交点を D とする．この直線 BD と α の角をなして交わる直線 AF を描く．さらに，仮定したすべり面 BC の上端点 C から直線 AF に平行な線 CE を引く．土の湿潤単位体積重量を γ_t とすると，土塊 ABC の重量 W は壁体の単位幅について，次のようになる.

$$W = \gamma_t \times \triangle\text{ABC の面積}$$
$$= \gamma_t \times (\triangle\text{ABD の面積} - \triangle\text{BCD の面積}) \tag{6.2}$$

ここで，AF $= a$ など図 6.2 (a) に示した記号を用いると，

$$\triangle\text{ABD の面積} = b \times a \sin\alpha \times \frac{1}{2} \tag{6.3}$$

$$\triangle\text{BCD の面積} = b \times x \sin\alpha \times \frac{1}{2} \tag{6.4}$$

となり，式 (6.2) に式 (6.3)，(6.4) を代入すると，

$$W = \gamma_t \left(\frac{1}{2} ab \sin\alpha - \frac{1}{2} bx \sin\alpha\right) = \gamma_t \frac{b}{2}(a - x)\sin\alpha \tag{6.5}$$

が得られる．図 6.2 (c) の力の三角形と $\triangle$BCE は相似であるから，

$$P_a = W\frac{x}{c} = \gamma_t \frac{b}{2}(a - x)\frac{x}{c}\sin\alpha \tag{6.6}$$

となる．ここで，$j = \text{DE/CE}$ とおくと，次のようになる.

$$\text{DE} = j \cdot \text{CE} = jx \tag{6.7}$$

図 6.2 (a) より BE $=$ BD $-$ DE であるので，

$$c = b - jx \tag{6.8}$$

である．よって，式 (6.6) に式 (6.8) を代入すると，

$$P_a = \frac{\gamma_t bx(a - x)}{2(b - jx)}\sin\alpha \tag{6.9}$$

が得られる．ここで，P_a を最大にするようなすべり面の位置は，

$$\frac{dP_a}{dx} = 0 \tag{6.10}$$

を満足すれば良いことになる．式 (6.10) を解くと，剛な壁体に作用する主働土圧が次のように求められる.

$$P_\mathrm{a} = \frac{1}{2}\gamma_\mathrm{t} H^2 \frac{\sin^2(\theta - \phi)}{\sin^2\theta\sin(\theta + \delta)\left\{1 + \sqrt{\dfrac{\sin(\phi + \delta)\sin(\phi - \beta)}{\sin(\theta + \delta)\sin(\theta - \beta)}}\right\}^2} \quad (6.11)$$

ここに，P_a：主働土圧 (kN/m)，γ_t：裏込め土の湿潤単位体積重量 (kN/m^3)，H：壁体の高さ (m)，θ：壁体背面の傾斜角 (°)，ϕ：土の内部摩擦角 (°)，δ：土の壁面との摩擦角 (°)，β：地表面の傾斜角 (°) である．

式 (6.11) において，

$$K_\mathrm{a} = \frac{\sin^2(\theta - \phi)}{\sin^2\theta\sin(\theta + \delta)\left\{1 + \sqrt{\dfrac{\sin(\phi + \delta)\sin(\phi - \beta)}{\sin(\theta + \delta)\sin(\theta - \beta)}}\right\}^2} \quad (6.12)$$

と置くと，

$$P_\mathrm{a} = \frac{1}{2}\gamma_\mathrm{t} H^2 K_\mathrm{a} \quad (6.13)$$

となり，K_a を主働土圧係数 (coefficient of active earth pressure) という．

6.2.2 受働土圧

受働土圧は主働土圧の場合と同様に，図 6.3 に示すくさび形の土塊の重量 W，反力 R および受働土圧 P_p の三つの力のつり合いによって求められる．この場合，壁体の背面にあるくさび形の土塊 ABC が上方に押し上げられるので，土圧の合力 P_p と R の傾きは図 6.3 のようになる．このときすべり面の位置としては，P_p が最小になるような位置を求めれば良い．つまり，受働土圧 P_p を求める式は，主働土圧 P_a を求める式 (6.11) において，

$$\phi = -\phi, \quad \delta = -\delta \quad (6.14)$$

と置き換え，かつ分母の根号の符号を変えることによって，次のように求められる．

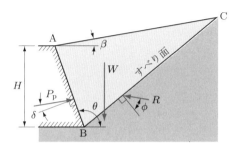

図 6.3　クーロンの受働土圧 [河上房義：土質力学 (第 7 版)，p. 148，
図 8.10，森北出版 (2001)，一部加筆修正]

$$P_{\mathrm{p}} = \frac{1}{2}\gamma_{\mathrm{t}} H^2 K_{\mathrm{p}} \tag{6.15}$$

$$K_{\mathrm{p}} = \frac{\sin^2(\theta + \phi)}{\sin^2\theta \sin(\theta - \delta)\left\{1 - \sqrt{\dfrac{\sin(\phi + \delta)\sin(\phi + \beta)}{\sin(\theta - \delta)\sin(\theta - \beta)}}\right\}^2} \tag{6.16}$$

ここに，K_{p} は受働土圧係数 (coefficient of passive earth pressure) である．

主働土圧，受働土圧ともに分布形状は三角形分布であり，土圧の合力 P_{a}，P_{p} は壁体の下端から上方 $H/3$ の位置に作用する．

6.3 節で述べるランキンの土圧論は壁面摩擦の影響を無視するのに対して，クーロンは壁面と土との間に生じる摩擦係数 $f\,(=\tan\delta)$ を考慮に入れて主働土圧，受働土圧を導いている．この壁面摩擦角 δ の大きさについては明確な値を定めることはできないが，通常以下のような目安が参考とされている．

① $\delta = \phi/2 \sim 2\phi/3$ とする．

② 重要構造物ほど δ を小さくする．

③ 土中のある面における土圧を考えるときには $\delta = \phi$ とする．

④ 地震時土圧を求めるときには $\delta \leqq \phi/2$ で $15°$ 以下とする．

⑤ 湿った砂となめらかなコンクリート面との間では $\tan\delta < 0.4$ である．

⑥ 砂と鋼との間では $\tan\delta = 0.3 \sim 0.6$ である．

⑦ 湿った砂では小さな値を，乾燥した砂では大きな値とする．

⑧ たわみ性の壁体に作用する土圧を求めるときには $\delta = 0$ とする．

例題 6.1　図 6.4 のように，壁面が鉛直 $(\theta = 90°)$ の擁壁に作用する主働土圧をクーロンの土圧公式を用いて求めよ．ただし，$\gamma_{\mathrm{t}} = 18.0\,\mathrm{kN/m^3}$，$\phi = 30°$，$\delta = 20°$ とする．

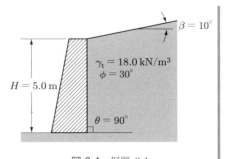

図 6.4　例題 6.1

解　K_{a} は式 (6.12) より，次のようになる．

$$K_{\mathrm{a}} = \frac{\sin^2(\theta - \phi)}{\sin^2\theta \sin(\theta + \delta)\left\{1 + \sqrt{\dfrac{\sin(\phi + \delta)\sin(\phi - \beta)}{\sin(\theta + \delta)\sin(\theta - \beta)}}\right\}^2}$$

$$= \frac{\sin^2(90° - 30°)}{\sin^2 90° \times \sin(90° + 20°) \times \left\{ 1 + \sqrt{\dfrac{\sin(30° + 20°) \times \sin(30° - 10°)}{\sin(90° + 20°) \times \sin(90° - 10°)}} \right\}^2}$$

$$= 0.340$$

主働土圧 P_a および壁底からのその作用位置 h_0 は，次のようになる．

$$P_a = \frac{1}{2} \gamma_t H^2 K_a = \frac{1}{2} \times 18.0 \times 5.0^2 \times 0.340 = 76.5\,\mathrm{kN/m}$$

$$h_0 = \frac{5.0}{3} = 1.67\,\mathrm{m}$$

6.3 ランキンの土圧論

　クーロンは壁体によって支えられる土塊全体について壁体が変位した場合の力のつり合いを考えたのに対して，ランキンは地盤を均質な粉体から構成されていると考え，重力だけが働く半無限に広がった地盤が塑性平衡状態になるときの地盤内応力を求めた．ここで，塑性平衡状態とは地盤がまさに破壊しようとする状態で，モールの応力円が破壊線に接している状態である．モールの応力円が破壊線に接する状態には2通りあり，地盤が側方に広がって破壊しようとする状態（主働状態）と地盤が側方から圧縮されて破壊しようとする状態（受働状態）とである．このときの地盤内応力を利用して壁体に作用する土圧を求めるには，半無限地盤内に鉛直の薄い摩擦のない $(\delta = 0)$ 壁を考えれば良い．壁体に作用する地表面に平行な方向の主働状態および受働状態の地盤内応力を壁の上端から下端まで積分して壁に作用する主働土圧，受働土圧を求める．

　図 6.5 に示すように，地表面が水平な地盤内の任意の一点に働く応力状態を考えると，地表面から深さ z の鉛直応力 σ_v は次式で表される．

$$\sigma_v = \gamma_t z \tag{6.17}$$

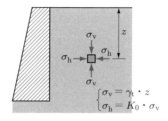

$$\begin{cases} \sigma_v = \gamma_t \cdot z \\ \sigma_h = K_0 \cdot \sigma_v \end{cases}$$

図 6.5　土中の応力状態

破壊状態にいたるまでの地盤は，側方が拘束されていて変形できず，静止状態にあるので，水平方向の応力 σ_h は次式で表される.

$$\sigma_h = K_0\sigma_v = K_0\gamma_t z \tag{6.18}$$

ここに，K_0：静止土圧係数 (coefficient of earth pressure at rest) である.

壁体が裏込め土の圧力によって前傾（土が緩む方向に変位）する場合，水平応力 σ_h は静止状態の土圧の値 $K_0\sigma_v$ より減少し，図 6.6 (a) の破線で示すように応力円はしだいに大きくなり，最終的に点 D_1 で破壊線に接する．このときの状態を主働状態 $(\sigma_v > \sigma_h)$ という．一方，何らかの外力を受けて壁体が裏込め土を押す方向へ変位し，一定の状態に達するとき，水平応力 σ_h は静止土圧 $K_0\sigma_v$ より大きくなり，図 6.6 (b) の応力円は破線で示すように大きくなり，最終的に点 D_2 で破壊線に接する．このときの状態を受働状態 $(\sigma_v < \sigma_h)$ という．

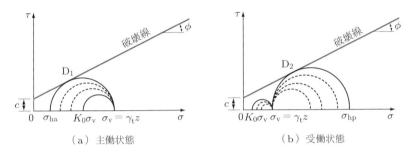

（a）主働状態　　　　　　　　　　（b）受働状態

図 6.6　土圧状態

6.3.1　主働土圧

図 6.7 に示すように，主働土圧は地盤内の応力状態が $\sigma_v > \sigma_{ha}$ の場合であり，その応力円は破壊線に接している．

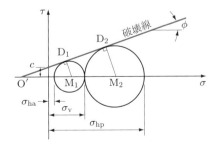

図 6.7　ランキンの主働土圧，受働土圧

粘着性のある土 $(c \neq 0)$ の場合，図 6.7 より，

$$\sin\phi = \frac{\mathrm{M_1 D_1}}{\mathrm{O' M_1}} = \frac{(\sigma_{\mathrm{v}} - \sigma_{\mathrm{ha}})/2}{(\sigma_{\mathrm{v}} + \sigma_{\mathrm{ha}})/2 + c \cot\phi} \tag{6.19}$$

の関係があり，この式を σ_{ha} について示せば，

$$\sigma_{\mathrm{ha}} = \sigma_{\mathrm{v}} \frac{1 - \sin\phi}{1 + \sin\phi} - 2c \frac{\cos\phi}{1 + \sin\phi} \tag{6.20}$$

となり，式 (6.17) を代入して整理すると，次式が得られる．

$$\sigma_{\mathrm{ha}} = \gamma_{\mathrm{t}} z \tan^2\left(45° - \frac{\phi}{2}\right) - 2c \tan\left(45° - \frac{\phi}{2}\right) \tag{6.21}$$

壁面に作用する水平応力 σ_{ha} がゼロとなる深さ z_0 を考えてみると，$\sigma_{\mathrm{ha}} = 0$ より，

$$z_0 = \frac{2c}{\gamma_{\mathrm{t}}} \tan\left(45° + \frac{\phi}{2}\right) \tag{6.22}$$

が得られる．この z_0 を粘着高さ (cohesion height) という．$z < z_0$ では $\sigma_{\mathrm{ha}} < 0$ となり，計算上はマイナスの土圧，すなわち引張力が働くことになる．しかし，一般に土は引張力に抵抗できないので，壁面と土の間にクラックが生じ，土圧が作用しなくなる．いま，$z < z_0$ の部分で土圧がゼロと考えると，z_0 より深い部分にのみ土圧が作用することになる．式 (6.21) の水平応力 σ_{ha} は，深さに比例して増加し，三角形分布となる．壁体に作用する主働土圧 P_{a} は，$z = z_0$ から $z = H$（壁体の高さ）に対して σ_{ha} を積分すれば，次のようになる．

$$\begin{aligned} P_{\mathrm{a}} &= \int_{z_0}^{H} \sigma_{\mathrm{ha}}\, dz \\ &= \frac{\gamma_{\mathrm{t}} H^2}{2} \tan^2\left(45° - \frac{\phi}{2}\right) - 2cH \tan\left(45° - \frac{\phi}{2}\right) + \frac{2c^2}{\gamma_{\mathrm{t}}} \end{aligned} \tag{6.23}$$

主働土圧 P_{a} は圧力分布の重心を通るので，その作用点は壁底より上方 $(H - z_0)/3$ の位置となる．

　壁面と土の間の引張力が有効に働くと考えると，$z < z_0$ の部分はマイナスの土圧となる．この場合，主働土圧 P_{a} は式 (6.21) を壁体の高さに対して積分し，次のように表される．

$$P_{\mathrm{a}} = \int_{0}^{H} \sigma_{\mathrm{ha}}\, dz = \frac{\gamma_{\mathrm{t}} H^2}{2} \tan^2\left(45° - \frac{\phi}{2}\right) - 2cH \tan\left(45° - \frac{\phi}{2}\right) \tag{6.24}$$

このとき，主働土圧 P_{a} の作用位置の壁底からの高さ h_0 は次のようになる．

$$h_0 = \frac{H}{3} \frac{\gamma_{\mathrm{t}} H \tan(45° - \phi/2) - 6c}{\gamma_{\mathrm{t}} H \tan(45° - \phi/2) - 4c} \tag{6.25}$$

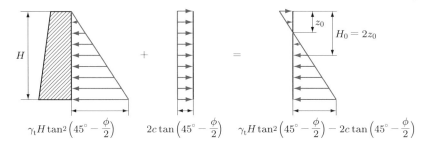

図 6.8　土に粘着力があるときのランキンの主働土圧分布

式 (6.21) の第 1 項および第 2 項をそれぞれ図示すると，図 6.8 のようになる．
なお，式 (6.24) において，$P_a = 0$ と置くと，

$$H_0 = \frac{4c}{\gamma_t} \tan\left(45° + \frac{\phi}{2}\right) \tag{6.26}$$

となる．これは主働土圧 P_a がゼロとなる深さであり，式 (6.22) で求めた粘着高さ z_0
の 2 倍である．地盤を鉛直に掘削する場合，掘削深さが H_0 より小さければ，この掘
削壁面は横方向の支持がなくても安定を保っているが，掘削深さが H_0 より深くなる
と，掘削壁面の勾配は 90° より緩やかでなければ安定を保つことができない．

粘着力がない土 $(c = 0)$ の場合，式 (6.21) で $c = 0$ と置くと，右辺第 2 項はゼロと
なる．この場合，σ_{ha} および P_a は次のように表される．

$$\sigma_{ha} = \gamma_t z \tan^2\left(45° - \frac{\phi}{2}\right) \tag{6.27}$$

$$P_a = \frac{\gamma_t H^2}{2} \tan^2\left(45° - \frac{\phi}{2}\right) \tag{6.28}$$

この場合の主働土圧の作用位置は，壁底より上方 $H/3$ の高さである．

例題 6.2　　図 6.9 の擁壁に作用する主働土圧
をランキンの土圧公式を用いて求めよ．ただし，
$\gamma_t = 18.0\,\mathrm{kN/m^3}$, $\phi = 30°$, $c = 10.0\,\mathrm{kN/m^2}$,
とする．

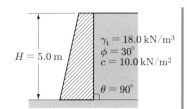

図 6.9　例題 6.2

解　引張力が発生する高さ z_0 は，式 (6.22) で求められる．

$$z_0 = \frac{2c}{\gamma_t} \tan\left(45° + \frac{\phi}{2}\right) = \frac{2 \times 10.0}{18.0} \tan\left(45° + \frac{30°}{2}\right) = 1.92\,\mathrm{m}$$

式 (6.24) より，主働土圧は次のようになる．

$$P_a = \frac{\gamma_t H^2}{2} \tan^2\left(45° - \frac{\phi}{2}\right) - 2cH \tan\left(45° - \frac{\phi}{2}\right)$$

$$= \frac{18.0 \times 5.0^2}{2} \tan^2\left(45° - \frac{30°}{2}\right) - 2 \times 10.0 \times 5.0 \times \tan\left(45° - \frac{30°}{2}\right)$$

$$= 17.3\,\mathrm{kN/m}$$

主働土圧 P_a の壁底からの作用位置 h_0 は，式 (6.25) より，

$$h_0 = \frac{H}{3} \frac{\gamma_t H \tan(45° - \phi/2) - 6c}{\gamma_t H \tan(45° - \phi/2) - 4c} = -1.12\,\mathrm{m}$$

となる．z_0 に作用する引張力を無視すると，主働土圧は式 (6.23) より，

$$P_a = \frac{\gamma_t H^2}{2} \tan^2\left(45° - \frac{\phi}{2}\right) - 2cH \tan\left(45° - \frac{\phi}{2}\right) + \frac{2c^2}{\gamma_t}$$

$$= \frac{18.0 \times 5.0^2}{2} \tan^2\left(45° - \frac{30°}{2}\right)$$

$$- 2 \times 10.0 \times 5.0 \times \tan\left(45° - \frac{30°}{2}\right) + \frac{2 \times 10.0^2}{18.0}$$

$$= 28.4\,\mathrm{kN/m}$$

である．この場合，主働土圧 P_a の壁底からの作用位置 h_0 は，次のようになる．

$$h_0 = \frac{H - z_0}{3} = \frac{H - (2c/\gamma_t)\tan\left(45° + \phi/2\right)}{3}$$

$$= \frac{5.0 - (2 \times 10.0/18.0)\tan\left(45° + 30°/2\right)}{3} = 1.03\,\mathrm{m}$$

6.3.2 受働土圧

受働土圧は地中応力状態が $\sigma_v < \sigma_{hp}$ の場合であり，図 6.7 より，

$$\sin\phi = \frac{\mathrm{M_2 D_2}}{\mathrm{O' M_2}} = \frac{(\sigma_{hp} - \sigma_v)/2}{(\sigma_{hp} + \sigma_v)/2 + c\cot\phi} \tag{6.29}$$

の関係があり，σ_{hp} は，

$$\sigma_{hp} = \sigma_v \frac{1 + \sin\phi}{1 - \sin\phi} + 2c \frac{\cos\phi}{1 - \sin\phi} \tag{6.30}$$

となる．式 (6.30) に式 (6.17) を代入して整理すると，次式が得られる．

$$\sigma_{hp} = \gamma_t z \tan^2\left(45° + \frac{\phi}{2}\right) + 2c \tan\left(45° + \frac{\phi}{2}\right) \tag{6.31}$$

この水平応力 σ_{hp} は，主働状態のときのような引張力を生じることはない．

壁体に作用する受働土圧 P_p は，式 (6.31) を壁体の高さ H に対して積分すると，次式のようになる．

$$P_{\mathrm{p}} = \int_0^H \sigma_{\mathrm{hp}} \, dz = \frac{\gamma_{\mathrm{t}} H^2}{2} \tan^2\left(45° + \frac{\phi}{2}\right) + 2cH \tan\left(45° + \frac{\phi}{2}\right) \quad (6.32)$$

受働土圧 P_{p} は圧力分布の重心を通るので，その作用点の壁底からの高さ h_0 は次のようになる．

$$h_0 = \frac{H}{3} \frac{\gamma_{\mathrm{t}} H \tan(45° + \phi/2) + 6c}{\gamma_{\mathrm{t}} H \tan(45° + \phi/2) + 4c} \quad (6.33)$$

式 (6.31) の第 1 項および第 2 項をそれぞれ図示すると，図 6.10 のようになる．

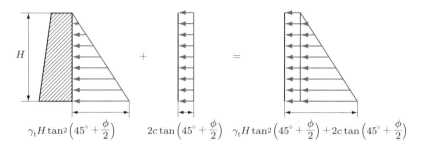

図 6.10 土に粘着力があるときのランキンの受働土圧分布

粘着力がない土 ($c = 0$) の土圧は，右辺第 2 項がゼロとなり，次式のようになる．

$$\sigma_{\mathrm{hp}} = \gamma_{\mathrm{t}} z \tan^2\left(45° + \frac{\phi}{2}\right) \quad (6.34)$$

$$P_{\mathrm{p}} = \int_0^H \sigma_{\mathrm{hp}} \, dz = \frac{\gamma_{\mathrm{t}} H^2}{2} \tan^2\left(45° + \frac{\phi}{2}\right) \quad (6.35)$$

この場合，受働土圧の作用位置は壁底より上方 $H/3$ である．

6.3.3　傾斜地盤の土圧

水平に対して地表面が β だけ傾斜しているとすると，地表から z の深さにおける地表に平行な面に働く土の重量 $\gamma_{\mathrm{t}} z$ は鉛直に働き，鉛直面に働く土圧は地表面に平行である．すなわち，この二つの力は共役である．この場合の限界状態における主働土圧 P_{a} と受働土圧 P_{p} は次式で計算される．

$$P_{\mathrm{a}} = \frac{\gamma_{\mathrm{t}} H^2}{2} \cos\beta \frac{\cos\beta - \sqrt{\cos^2\beta - \cos^2\phi}}{\cos\beta + \sqrt{\cos^2\beta - \cos^2\phi}} \quad (6.36)$$

$$P_{\mathrm{p}} = \frac{\gamma_{\mathrm{t}} H^2}{2} \cos\beta \frac{\cos\beta + \sqrt{\cos^2\beta - \cos^2\phi}}{\cos\beta - \sqrt{\cos^2\beta - \cos^2\phi}} \quad (6.37)$$

6.4 擁壁に作用する土圧の算定

6.4.1 土圧算定方法の選択

擁壁 (retaining wall) に作用する土圧を算定する方法として，クーロンとランキンの二つの方法を説明したが，実際の擁壁の設計に際して，どちらの方法を用いるかは非常に重要な問題である．このような方法の選択に当たっては，その方法の基礎となる仮定や設計上の条件を考慮しなければならない．

① **クーロンの土圧公式の適用**：クーロンの土圧論では，擁壁背面が一つのすべり面であるため，鉛直でなくても良いが直線状でなければならない．したがって，表 6.1 の (a)～(c) に示すような背面 AB がほぼ直線となっている場合には適用可能であるが，(d) のように擁壁の背面 AB が直線であっても面 AB に沿って土が移動することができないような場合には適用できない．

② **ランキンの土圧公式の適用**：ランキンの土圧論では摩擦のない鉛直壁に対する土圧を求めているので，擁壁背面は鉛直でなければならない．表 6.1 の (b) については適用可能であるが，(a)，(c)，(d) のような擁壁背面が鉛直でないときにはこのままでは適用できない．

実際の擁壁の形状が上記の条件に合わない場合には，以下に示すように適合するような背面，すなわち仮想背面を考えることによって土圧公式の適用を可能にする．

図 6.11 (a) の片持ちばり式擁壁のように，擁壁背面 ABC が直線状でないとき，クーロンの土圧公式を適用するために，図に示すような仮想背面 AC を考える．この場合，壁面摩擦角 δ は土と土との摩擦角であるから，土の内部摩擦角 ϕ と同一とする．

表 6.1　土圧公式の適用[河上房義：土質工学演習―基礎編―，
第3版，p. 142, 図8.12, 森北出版（2002）一部加筆]

クーロンの土圧公式	適用可	適用可	適用可	適用不可
ランキンの土圧公式	適用不可	適用可	適用不可	適用不可
擁壁背面の形状	(a)	(b)	(c)	(d)

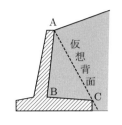 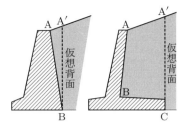

（a）クーロン土圧の仮想背面　　　　（b）ランキン土圧の仮想背面

図 6.11　仮想背面［河上房義：土質工学演習―基礎編―，第 3 版，p. 142，
図 8.13，p. 143，図 8.14，森北出版（2002）一部加筆］

図 6.11（b）の重力式あるいは半重力式擁壁および片持ちばり式擁壁で，擁壁背面が鉛直でない場合，ランキンの土圧公式を適用するためには擁壁の後端部を通る鉛直面 A′B または A′C を仮想背面と考える．

6.4.2　裏込め土上に載荷重がある場合の土圧の算定

図 6.12 に示すように，擁壁の裏込め土上に等分布の載荷重 q がある場合の土圧を求めるためには，等分布の載荷重を裏込め土に置き換える方法が用いられる．

擁壁背面が鉛直で裏込め土の地表面が水平の場合，等分布荷重 q の代わりに次式で表される換算高さ h の仮想の地表面を考える．

$$h = \frac{q}{\gamma_t} \tag{6.38}$$

ここに，γ_t：裏込め土の単位体積重量 (kN/m^3) である．

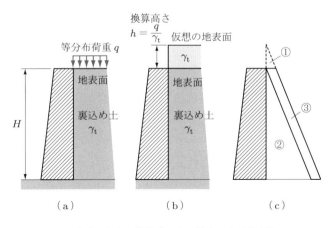

（a）　　　　　　　　　（b）　　　　　　　　　（c）

図 6.12　裏込め土上に載荷重がある場合の土圧算定法
（擁壁背面が鉛直で裏込め土の地表が水平の場合）

　土圧の計算では，図 (b) のようにこの換算高さだけ裏込め土がかさ上げされた状態を考え，これに対してクーロンやランキンの土圧公式を用いて主働土圧や受働土圧を求めれば良い．しかし，実際にはかさ上げされた h の部分に擁壁はなく，土圧は作用しないので，擁壁に作用する土圧は，図 (c) のように①の部分を除いた②，③の部分となる．したがって，等分布荷重がある場合の土圧を求めるためには，クーロンやランキンの土圧公式において H^2 の代わりに $\{(H+h)^2 - h^2\}$ を用いれば良いことになる．土圧係数を K とすれば，土圧 P は，

$$P = \frac{\gamma_t}{2}K\{(H+h)^2 - h^2\} = \frac{\gamma_t H^2}{2}K + qHK \tag{6.39}$$

であり，この場合の土圧の作用位置は壁底から次のようである．

$$h_0 = \frac{H}{3}\frac{H+3h}{H+2h} \tag{6.40}$$

例題 6.3　図 6.13 の擁壁に作用する主働土圧とその作用位置をクーロンの土圧公式を用いて求めよ．ただし，$q = 20.0\,\mathrm{kN/m^2}$，$\gamma_t = 18.0\,\mathrm{kN/m^3}$，$\phi = 30°$，$\delta = 20°$ とする．

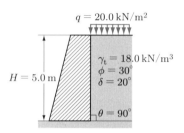

図 6.13　例題 6.3

解　式 (6.38) より，

$$h = \frac{q}{\gamma_t} = \frac{20.0}{18.0} = 1.11\,\mathrm{m}$$

となり，式 (6.12) より，

$$
\begin{aligned}
K_a &= \frac{\sin^2(\theta - \phi)}{\sin^2\theta\sin(\theta + \delta)\left\{1 + \sqrt{\dfrac{\sin(\delta + \phi)\sin(\phi - \beta)}{\sin(\theta - \beta)\sin(\theta + \delta)}}\right\}^2} \\
&= \frac{\sin^2(90° - 30°)}{\sin^2 90° \times \sin(90° + 20°) \times \left\{1 + \sqrt{\dfrac{\sin(20° + 30°) \times \sin 30°}{\sin(90° + 20°) \times \sin 90°}}\right\}^2} \\
&= 0.297
\end{aligned}
$$

である．式 (6.39) より，主働土圧は，

$$
\begin{aligned}
P_a &= \frac{1}{2}K_a\gamma_t\{(H+h)^2 - h^2\} \\
&= \frac{1}{2} \times 0.297 \times 18.0 \times \{(5.0 + 1.11)^2 - 1.11^2\}
\end{aligned}
$$

$$= 96.5\,\text{kN/m}$$

となり，式 (6.40) より，主働土圧の壁底からの作用位置は，次のようになる．

$$h_0 = \frac{H}{3}\frac{H+3h}{H+2h} = \frac{5.0}{3} \times \frac{5.0 + 3 \times 1.13}{5.0 + 2 \times 1.13} = 1.93\,\text{m}$$

6.4.3 裏込め土の土層が不均質な場合の土圧の算定

擁壁の裏込め土の湿潤単位体積重量や内部摩擦角が変化する場合や，裏込め土中の地下水面の上下で土の湿潤単位体積重量が異なる場合など，裏込め土が均質でない場合の土圧の算定には，6.4.2 項に述べた裏込め土上に載荷重が存在する場合と同様に，換算高さを適用する．

図 6.14 に示すように，裏込め土の土層が第 1 層 $(\gamma_{\text{t1}}, \phi_1, K_1)$ と第 2 層 $(\gamma_{\text{t2}}, \phi_2, K_2)$ との異なる二つの層から構成されているとすると，第 1 層の AB 部分に作用する土圧 P_1 は，擁壁の高さが H_1 のときの土圧分布（①部分）と同じである．

$$P_1 = \frac{1}{2}\gamma_{\text{t1}}H_1{}^2 K_1 \tag{6.41}$$

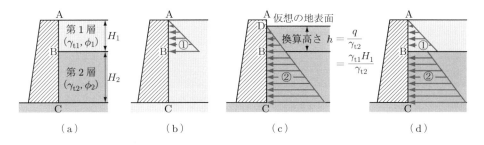

図 6.14　裏込め土の土層が変化する場合の土圧算定法

次に，BC 部分の土圧は第 1 層を見かけの等分布荷重 q と見なせば，$q = \gamma_{\text{t1}}H_1$ であり，これを第 2 層の土で置き換えると，換算高さ h は，

$$h = \frac{q}{\gamma_{\text{t2}}} = \frac{\gamma_{\text{t1}}H_1}{\gamma_{\text{t2}}} \tag{6.42}$$

となる．すなわち，見かけ上点 B より h だけ上方の点 D まで第 2 層の土があると考えれば良い．したがって，擁壁の BC 部分に作用する土圧（②部分）は，DC 部分に作用する土圧 P_2 から，DB 部分に作用する土圧 P_3 を引くことによって求めることができる．

$$P_2 = \frac{1}{2}\gamma_{t2}(H_2 + h)^2 K_2 \tag{6.43}$$

$$P_3 = \frac{1}{2}\gamma_{t2}h^2 K_2 \tag{6.44}$$

すなわち，擁壁に作用する土圧 P は，次式に示すように①部分と②部分との両方を合わせたものになる．

$$
\begin{aligned}
P &= P_1 + (P_2 - P_3) \\
&= \frac{1}{2}\gamma_{t1}{H_1}^2 K_1 + \frac{1}{2}\gamma_{t2}\{(H_2 + h)^2 - h^2\}K_2 \\
&= \frac{1}{2}\gamma_{t1}{H_1}^2 K_1 + \frac{1}{2}\gamma_{t2}{H_2}^2 K_2 + \gamma_{t1}H_1 H_2 K_2
\end{aligned} \tag{6.45}
$$

なお，裏込め土中に地下水位が存在する場合についても，同様の方法により求めることができる．

例題 6.4　図 6.15 のように，裏込め土が異なる 2 層から構成されている．擁壁に作用する主働土圧とその作用位置をランキンの土圧公式を用いて求めよ．ただし，上層の土は $\gamma_{t1} = 16.0\,\mathrm{kN/m^3}$, $\phi_1 = 20°$, $c_1 = 0$，下層の土は $\gamma_{t2} = 17.0\,\mathrm{kN/m^3}$, $\phi_2 = 30°$, $c_2 = 0$ とする．

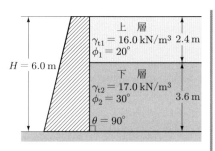

図 6.15　例題 6.4

解　$c_1 = c_2 = 0$ だから，主働土圧係数は式 (6.28) より，

$$K_{a1} = \tan^2\left(45° - \frac{\phi_1}{2}\right) = \tan^2\left(45° - \frac{20°}{2}\right) = 0.490$$

$$K_{a2} = \tan^2\left(45° - \frac{\phi_2}{2}\right) = \tan^2\left(45° - \frac{30°}{2}\right) = 0.333$$

である．上層を下層で置き換える換算高さ h は式 (6.42) より，次のようになる．

$$h = \frac{\gamma_{t1}H_1}{\gamma_{t2}} = \frac{16.0 \times 2.4}{17.0} = 2.26\,\mathrm{m}$$

式 (6.41)，(6.43)，(6.44) より，

$$P_{a1} = \frac{1}{2}\gamma_{t1}{H_1}^2 K_{a1} = \frac{1}{2} \times 16.0 \times 2.4^2 \times 0.490 = 22.6\,\mathrm{kN/m}$$

$$P_{a2} = \frac{1}{2}\gamma_{t2}(H_2 + h)^2 K_{a2} = \frac{1}{2} \times 17.0 \times (3.6 + 2.26)^2 \times 0.333 = 97.2\,\mathrm{kN/m}$$

$$P_{a3} = \frac{1}{2}\gamma_{t2}h^2 K_{a2} = \frac{1}{2} \times 17.0 \times 2.26^2 \times 0.333 = 14.5\,\mathrm{kN/m}$$

$$P_a = P_{a1} + (P_{a2} - P_{a3}) = 22.6 + 97.2 - 14.5 = 105.3 \, \text{kN/m}$$

となる. P_a の壁底からの作用位置は, 次のように求められる.

$$h_0 = \frac{P_{a1}(H_1/3 + H_2) + P_{a2}(h + H_2)/3 - P_{a3}(h/3 + H_2)}{P_a}$$

$$= \frac{22.6 \times (2.4/3 + 3.6) + 97.2 \times (1/3)(2.26 + 3.6) - 14.4 \times (2.26/3 + 3.6)}{105.3}$$

$$= 2.15 \, \text{m}$$

6.4.4 静止土圧の算定

建物の地下壁や岩盤上の擁壁などのように, 構造物が変位しないと考えられるときの設計には静止土圧を用いる. 主働土圧や受働土圧は裏込め土が, すべり出そうとするときの極限の土圧であるから, 理論的にその値を求めることが可能であるが, 静止土圧は主働土圧と受働土圧との間にあり, 土のひずみの大きさによってその値は変わる.

静止土圧の分布, 合力の作用位置, 作用方向などはランキンの土圧論に従って決めれば良い. 図 6.16 に示す地下壁の静止土圧の合力 P_0 は次式で与えられる.

$$P_0 = \frac{1}{2}\gamma_t H^2 K_0 \tag{6.46}$$

ここに, γ_t は土の湿潤単位体積重量, H は地下壁の根入れ深さ, K_0 は静止土圧係数であり, 裏込め土の土質によって表 6.2 のような値を用いる.

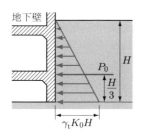

図 6.16 静止土圧

表 6.2 静止土圧係数 K_0 の値

裏込め土の土質	軟らかい粘土	硬い粘土	緩い砂・砂利	密な砂・砂利
静止土圧係数 K_0	1.0	0.8	0.6	0.4

6.4.5 地震時の土圧の算定

地震時は擁壁に常時より大きな土圧が作用する. 擁壁の地震時の安定性を検討するためには地震時の土圧を求めておく必要がある. 地震時の土圧が問題となるのは主に裏込め土が砂質土の場合であり, 粘性土の場合には平常時の土圧をそのまま用いるか, 安定計算のときに安全率を少し大きくとれば良い.

地震力を受けた場合，重力加速度を g とすると，図 6.17 のように裏込め土は水平方向に $k_h g$，鉛直方向に $(1 - k_v)g$ の加速度が作用し，両者の合成加速度は次式で表されるように α だけ傾いて作用する．

$$\alpha = \tan^{-1} \frac{k_h}{1 - k_v} \tag{6.47}$$

ここに，α：合成加速度の傾き（°），k_h：水平震度，k_v：鉛直震度である．

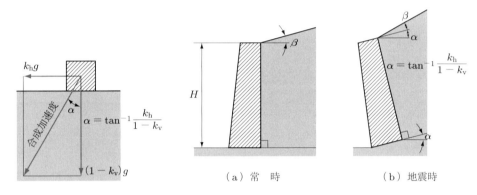

図 6.17　震度法　　　　　　図 6.18　震度法による土圧の算定法

　地震時の土圧を求める方法としては，擁壁と裏込め地盤全体が式 (6.47) の α だけ擁壁の前方に傾いた状態について考える方法と，裏込め土の内部摩擦角 ϕ が地震時は $(\phi - \alpha)$ に減少すると考える方法がある．前者の代表的な方法として物部・岡部の地震時土圧公式があり，地震時の土圧を求める方法として最も広く用いられている．この方法は，図 6.18 (b) のように，擁壁全体が角 α だけ危険側に回転したと仮定して，クーロン土圧に対応する地震時の土圧を求めるものである．地震時の主働土圧 P_{Ea} と受働土圧 P_{Ep} は，次式により求められる．

$$P_{Ea} = \frac{1}{2} K_{Ea} \frac{(1 - k_v)\gamma_t}{\cos \alpha} H^2 \tag{6.48}$$

$$K_{Ea} = \frac{\sin^2(\theta + \alpha - \phi)}{\sin^2 \theta \cdot \sin(\theta + \alpha + \delta) \left\{ 1 + \sqrt{\dfrac{\sin(\delta + \phi)\sin(\phi - \beta - \alpha)}{\sin(\delta + \theta + \alpha)\sin(\theta - \beta)}} \right\}^2} \tag{6.49}$$

$$P_{Ep} = \frac{1}{2} K_{Ep} \frac{(1 - k_v)\gamma_t}{\cos \alpha} H^2 \tag{6.50}$$

$$K_{\mathrm{Ep}} = \frac{\sin^2(\theta + \phi - \alpha)}{\sin^2\theta \cdot \sin(\theta - \delta - \alpha)\left\{1 - \sqrt{\dfrac{\sin(\delta + \phi)\sin(\phi + \beta - \alpha)}{\sin(\theta - \delta - \alpha)\sin(\theta - \beta)}}\right\}^2}$$

$$(6.51)$$

ここに, K_{Ea} は地震時主働土圧係数, K_{Ep} は地震時受働土圧係数という. なお, これらの式の適用に当たっては, K_{Ea} の式において, $\phi - \beta - \alpha < 0$ のときは $\phi - \beta - \alpha = 0$ とすること, 地震時の壁面摩擦角 δ は $\phi/2$ 以下とし, 15° 以上にはとらないことなどの点に注意する必要がある.

地震時の土圧分布も三角形分布となり, 土圧合力は擁壁の下端から $H/3$ の位置に作用する. また, その作用方向は壁面の法線に対して δ だけ傾いている.

6.5 土圧の作用する構造物の安定計算

6.5.1 擁 壁

擁壁を設計する場合には, まず地形や目的に合わせて擁壁の構造形式を選定し, 擁壁の概略断面を決定する. 次に, この擁壁に作用する主働土圧や受働土圧などの諸力および自重を求め, 以下の 3 項目を検討する.

① 滑動に対する安定

② 転倒に対する安定

③ 地盤の支持力に対する安定

擁壁背面や基礎地盤全体にすべり破壊を生じる可能性がある場合には, 擁壁を含めた滑動に対する安定性を検討したうえで, 擁壁の断面を決定する.

(1) 滑動に対する安定　擁壁の底面と地盤との間に滑動が生じ, 水平方向へ移動するかどうかを検討する. 擁壁を滑動させようとする力は主働土圧の水平成分であり, 抵抗する力は擁壁の底面と基礎地盤との間の摩擦抵抗力である.

図 6.19 に, 擁壁に作用する外力を示す. 擁壁を滑動させようとするすべての力の水平成分の合力は, 擁壁がすべろうとするときに働く土の摩擦抵抗力よりも小さくなければならない. すなわち, 滑動に対する安全率 F_{s} は, 式 (6.52) で表される. なお, 滑動に対する安全率は常時で 1.5, 地震時で 1.2 以上必要とされている.

$$F_{\mathrm{s}} = \frac{(W + P_{\mathrm{v}})\tan\delta}{P_{\mathrm{h}}} \tag{6.52}$$

ここに, W：擁壁の自重 (kN/m), P_{v}：土圧合力の鉛直成分 (kN/m), P_{h}：土圧合力の水平成分 (kN/m), δ：擁壁底面と地盤との摩擦係数（現場打ちコンクリートでは $\delta = \phi$, 現場打ちでないものは $\delta = 2\phi/3$) である.

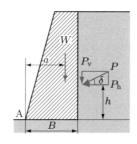

図 6.19 擁壁に作用する力

(2) 転倒に対する安定 擁壁には，土圧の水平成分によって擁壁底面の先端の点 A を中心として転倒させようとする転倒モーメント，および自重と土圧の鉛直成分によって擁壁を安定させようとする抵抗モーメントが作用しており，転倒に対する安全率 F_s は，式 (6.53) で表される．なお，転倒に対する安全率は，1.5 以上必要とされている．

$$F_s = \frac{Wa + P_v B}{P_h h} \tag{6.53}$$

ここに，a：擁壁の先端と擁壁の重心との水平距離 (m)，B：擁壁の先端と土圧合力の鉛直成分の作用点との水平距離 (m)，h：擁壁底面と土圧合力の水平成分の作用点との鉛直距離 (m) である．

ただし，自重と土圧の合力の作用位置が擁壁の底面幅の中央 3 分の 1（ミドルサード）に入っている場合は，転倒に対する安定の検討は行わなくても良い．

(3) 地盤の支持力に対する安定 擁壁の底面に接している地盤には擁壁の自重，擁壁に作用している土圧，上載荷重などに対する反力が生じており，これらの外力の大きさと作用位置によって，擁壁底面に作用する地盤反力の大きさは変動する．

図 6.20 に示すように，擁壁底面における地盤反力 q_1，q_2 は偏心距離 e の大きさによって次のようになる．

① $e \leqq B/6$ のとき

$$q_1, q_2 = \frac{\sum V}{B}\left(1 \pm \frac{6e}{B}\right) \tag{6.54}$$

② $e > B/6$ のとき

$$q_1 = \frac{2\sum V}{3d} \tag{6.55}$$

ここに，e：合力の作用位置の偏心距離 (m)，$\sum V$：合力 (kN/m)，d：擁壁の先端から合力の作用位置までの距離 (m) である．

このようにして求めた地盤反力 q_1，q_2 が，地盤の許容支持力 q_a より小さくなければならない．

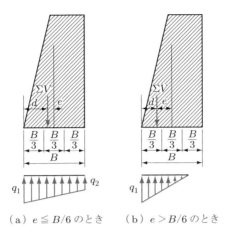

（a）$e \leqq B/6$ のとき　　（b）$e > B/6$ のとき

図 6.20　擁壁の地盤反力

6.5.2　矢板壁

　コンクリート壁のような剛な擁壁とは違い，たわみやすい壁として矢板壁 (sheet pile wall) がある．このようなたわみやすい構造物に土圧が作用すると，土圧によって矢板壁に変形が生じ，そのために土圧の分布形が変化して新たな土圧分布形が生じる．これを土圧の再分布と呼んでおり，この土圧の再分布のために矢板壁に作用する土圧については不明な点が多い．

　図 6.21 に示すように，矢板壁は矢板背面からの土圧を，アンカーロッドの張力と地盤内に挿入された矢板部分（これを根入れという）の前面の抵抗土圧とによって支えている．矢板壁に作用する外力は，矢板壁の背面の土砂による主働土圧 P_a，矢板壁の両面の水位差によって生じる残留水圧 W_p，アンカーロッドによる引張力 A_p および矢板壁の根入れ部分の前面に加わる受働土圧 P_p である．

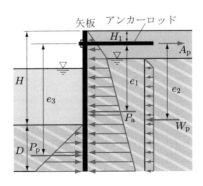

図 6.21　矢板壁に作用する力

矢板壁に働く主働土圧と受働土圧を求めるには，土圧の再分布が生じていることを認めながらも，現在ではランキンやクーロンの土圧公式を用いている．通常，矢板壁は鉛直に打ち込まれ，また裏込め土の表面は水平 ($\beta = 0$) であるので，矢板壁と裏込め土との間の壁面摩擦角 $\delta = 0$ と仮定して，ランキンの土圧公式で求めることが多い．

矢板壁の根入れ深さ D と，アンカーロッドに作用する張力 A_p は，以下に示す二つのつり合い条件によって求められる．

① 矢板壁に作用する力の水平方向成分の和がゼロとなるつり合い式

$$A_\mathrm{p} - P_\mathrm{a} + P_\mathrm{p} - W_\mathrm{p} = 0 \tag{6.56}$$

② アンカーロッド取付け点まわりのモーメントの総和がゼロとなるつり合い式

$$P_\mathrm{a}e_1 + W_\mathrm{p}e_2 - P_\mathrm{p}e_3 = 0 \tag{6.57}$$

ここに，e_1，e_2，e_3 はアンカーロッド取付け点から P_a，W_p，P_p の作用点までの距離である．実際に用いる根入れ深さ D は，式 (6.57) より求めた値を地盤の土質に応じて割り増しする．割増率は砂地盤で 20% 増，粘土地盤で 50% 増である．

矢板壁の最大曲げモーメントは，アンカーロッド取付け点と矢板壁を打ち込んだ地盤面を支点とする単純ばりに生じる最大曲げモーメントとする．

| **例題 6.5** | 図 6.22 に示すように，砂地盤中に矢板壁を打ち込むとき，必要な根入れ深さとアンカーロッドに作用する張力を求めよ．ただし，砂地盤の $\gamma_\mathrm{t} = 17.0\,\mathrm{kN/m^3}$，$\gamma' = 9.0\,\mathrm{kN/m^3}$，$\phi = 30°$ とする． |

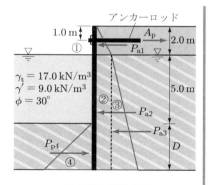

図 6.22　例題 6.5

解　$\phi = 30°$ より，

$$K_\mathrm{a} = \tan^2\left(45° - \frac{\phi}{2}\right) = \tan^2\left(45° - \frac{30°}{2}\right) = 0.333$$

$$K_\mathrm{p} = \tan^2\left(45° + \frac{\phi}{2}\right) = \tan^2\left(45° + \frac{30°}{2}\right) = 3.00$$

図 6.22 に示すように，それぞれの土圧分布を求めて，合力を計算する．なお，矢板壁の前後で水位が等しいため，水圧は相殺される．

ブロック① $P_\mathrm{a1} = \dfrac{1}{2} \times 17.0 \times 2.0^2 \times 0.333 = 11.3\,\mathrm{kN/m}$

ブロック② $P_{a2} = 11.3(5.0 + D)\,\mathrm{kN/m}$

ブロック③ $P_{a3} = \dfrac{1}{2} \times 9.0 \times (5.0 + D)^2 \times 0.333 = 1.50(5 + D)^2\,\mathrm{kN/m}$

ブロック④ $P_{p4} = \dfrac{1}{2} \times 9.0 \times D^2 \times 3.0 = 13.5D^2\,\mathrm{kN/m}$

式 (6.57) より，

$$11.3 \times 0.333 + 11.3(5.0 + D)\left(3.5 + \frac{D}{2}\right) + 1.50(5.0 + D)^2\left(4.33 + \frac{2}{3}D\right)$$

$$- 13.5D^2\left(6 + \frac{2}{3}D\right) = 0$$

ゆえに，矢板壁の根入れ深さは $D = 3.21\,\mathrm{m}$ となる．実際に施工を行う場合の矢板壁の根入れ深さは，対象地盤が砂地盤であるので，割増率 20% 割り増して，次のようになる．

$$D = 3.21 \times 1.2 = 3.85\,\mathrm{m}$$

アンカーロッドに作用する張力は，式 (6.56) より，

$$A_p = P_a - P_p + W_p = P_{a1} + P_{a2} + P_{a3} - P_{p4}$$

$$= 11.3 + 11.3(5.0 + D) + 1.50(5.0 + D^2) - 13.5D^2$$

$$= 11.3 + 11.3(5.0 + 3.21) + 1.50(5.0 + 3.21)^2 - 13.5 \times 3.21^2$$

$$= 66.1\,\mathrm{kN/m}$$

6.5.3　山留め壁

山留め壁 (earth retaining wall) は，壁背面からの土圧を，主に切ばり軸力と根入れ部分の受働土圧とによって支えている．このような山留め壁を設計するためには，根入れ深さと切ばりに作用する軸力をそれぞれ算定することが必要となる．山留め壁として矢板壁を用いることが多く，このようなたわみ性の壁に作用する土圧は，6.5.2 項で述べたように，たわみの大きさや形状によって変化するので，理論的に求めるのは困難である．そこで，根入れ深さを求めるときには，クーロンやランキンの土圧公式を用い，切ばり軸力を求めるためには経験的な土圧を用いる．

(1) 根入れ深さの算定　　図 6.23 に示すように，最下段の切ばり位置を回転の中心として，最下段の切ばりより下の主働土圧による回転モーメント $a \cdot P_a$ と，受働土圧による回転モーメント $b \cdot P_p$ とが等しくなるような根入れ深さを求める．施工時には，矢板壁と同様に，必要根入れ深さを割り増して施工する．

(2) 切ばり軸力の算定　　切ばり軸力を求めるための土圧分布の一例を，図 6.24 に示す．切ばり軸力を計算するには，図 6.25 に示すように山留め壁をはりと考え，切ば

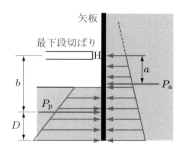

図 6.23 山留め矢板壁の必要
根入れ深さの算定法

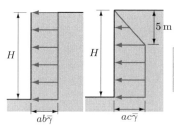

（a）砂質土地盤 （b）粘性土地盤

H	a
$H \geqq 5\,\mathrm{m}$	1
$5\,\mathrm{m} > H \geqq 3\,\mathrm{m}$	$(H-1)/4$

（c）H による係数

N 値	砂質土 b	粘性土 c
$N > 5$	2	4
$N \leqq 5$	2	6

（d）地盤による係数

$\bar{\gamma}$：土の平均単位体積重量（kN/m³）

図 6.24 切ばりなどの断面決定のための土圧分布［日本道路協会編：道路土工・
仮設構造物工指針，p. 37, 図 2-3-4, 表 2-3-4, 表 2-3-5, 日本道路協会（1999）］

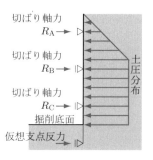

図 6.25 切ばり軸力の算定法

り位置と図 6.23 に示した受働土圧の合力の作用点とを支点として支点反力を求めれ
ば，それが切ばり軸力となる．

（3）ヒービングに対する安定計算　　軟弱な粘土地盤の中に溝を切り開くとき，図 6.26
に示すように，溝の深さが深くなると，掘削底面が上方に膨れ上がり破壊を生じるこ

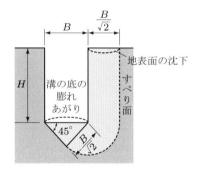

図 6.26 ヒービング

とがある．このような現象を，ヒービング (heaving) という．崩壊を起こそうとする土の部分の幅は $B/\sqrt{2}$ であり，破壊面は溝の底部の一方の端から $45°$ に引いた線と，これに接してもう一方の端を中心とする半径 $B/\sqrt{2}$ の円弧からなる．この場合，溝底のヒービングに対する安全率 F_s は次式で示され，通常，F_s が 1.4 以上であれば安全である．

$$F_s = \frac{5.7c}{\gamma_t H - \sqrt{2}\,cH/B} \tag{6.58}$$

ここに，c：土の粘着力 $(\mathrm{kN/m^2})$，γ_t：土の湿潤単位体積重量 $(\mathrm{kN/m^3})$，H：掘削深さ (m)，B：掘削幅 (m) である．

例題 6.6 粘土地盤中に幅 $2.0\,\mathrm{m}$，深さ $7.0\,\mathrm{m}$ の溝を切り開いたとき，ヒービングに対する安全性を検討せよ．ただし，粘土地盤の $\gamma_t = 18.0\,\mathrm{kN/m^3}$，$c = 14.0\,\mathrm{kN/m^2}$ とする．

解 式 (6.58) より，ヒービングに対する安全率は次のようになる．

$$F_s = \frac{5.7 \times 14.0}{18.0 \times 7.0 - \sqrt{2} \times 14.0 \times 7.0/2.0} = 1.41$$

通常の安全率 1.4 より大きいので安全である．

6.5.4 埋設管

埋設管 (underground pipe) には，交通用トンネルなどの大規模なものから，直径 1 m 前後の小径管のものまで，用途や寸法だけでなく，形状や材料が多種多様なものがある．このうち，直径 1 m 前後の小径管の埋設方法としては，図 6.27 に示すように，自然地盤を掘削した溝の中に設置して埋戻す溝型，自然地盤上に設置した後で周辺および上部に盛土をする正突出型，および自然地盤を管径程度掘削した上に盛土を

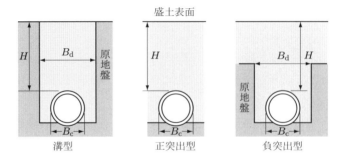

図 6.27 設置状況による埋設管の分類[G.A. Leonalds: Foundation Engineering, p. 967, Fig. 11-1, McGraw-Hill Book Company Inc. (1962). 一部加筆]

する負突出型などがある. 埋設管に作用する土圧 P は，以下に示すようなマーストン (Marston) による式が用いられている. この方法は，理論と実験に基づいて提案されており，各種の埋設工法に適用できる.

① 溝型の土圧

$$P = \gamma_t \cdot {B_d}^2 \cdot C_d \tag{6.59}$$

$$C_d = \frac{1 - \exp(-2K\mu H/B_d)}{2K\mu} \tag{6.60}$$

$$K = \tan^2\left(45° - \frac{\phi}{2}\right) \tag{6.61}$$

ここに，B_d：溝の幅 (m)，K：水平土圧係数，H：地表面から管頂までの深さ (m) である. また，μ：溝の側面と埋戻し土との間の摩擦係数であり，$\tan(0.8\phi) \sim \tan\phi$ の値をとる.

② 正突出型の土圧

$$P = \gamma_t \cdot {B_c}^2 \cdot C_c \tag{6.62}$$

$$C_c = \frac{\exp(2K\mu H/B_c) - 1}{2K\mu} \tag{6.63}$$

ここに，B_c：管の幅 (m) であり，円形断面のときは外径とする.

③ 負突出型の土圧

土圧の公式は式 (6.62)，(6.63) を用いるが，管の幅 B_c を溝の幅 B_d に置き換える.

例題 6.7　図 6.28 に示すように，外径 1.0 m の剛性の管を，深さ 3.0 m，幅 1.5 m の溝の中に埋設した．管に作用する鉛直土圧を求めよ．ただし，埋戻し土の $\gamma_t = 17.0\,\text{kN/m}^3$，$\phi = 30°$ とする．

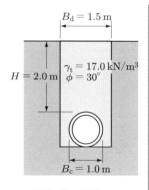

図 6.28　例題 6.7

解　式 (6.61) より，水平土圧係数は，

$$K = \tan^2\left(45° - \frac{30°}{2}\right) = 0.333$$

となる．$\mu = \tan(0.8\phi) = 0.445$ とすると，

$$C_d = \frac{1 - \exp(-2K\mu H/B_d)}{2K\mu} = \frac{1 - \exp(-2 \times 0.333 \times 0.445 \times 2.0/1.5)}{2 \times 0.333 \times 0.445}$$
$$= 1.101$$

である．よって，管に作用する鉛直土圧は，式 (6.59) より次のようになる．

$$P = \gamma_t \cdot B_d{}^2 \cdot C_d = 17.0 \times 1.5^2 \times 1.101 \fallingdotseq 42.1\,\text{kN/m}$$

演習問題

6.1　【例題 6.1】の擁壁に作用する受働土圧 P_p とその作用位置 h_0 を，クーロンの土圧公式を用いて求めよ．

6.2　【例題 6.2】の擁壁に作用する受働土圧 P_p とその作用位置 h_0 を，ランキンの土圧公式を用いて求めよ．

6.3　水平震度 $k_h = 0.12$ とし，鉛直震度 k_v を考えない場合の地震合成角 α を求めよ．

6.4　【例題 6.6】において $B = 3.0\,\text{m}$ とした場合の安全率を求めよ．

課題

6.1　クーロンおよびランキンの土圧論の違いを述べよ．

6.2　クーロンおよびランキンの主働土圧，受働土圧の式を列挙せよ．

6.3　地中埋設管を設置状況によって分類せよ．

第7章 地盤内の応力分布

7.1　地盤内に発生する応力の種類とその解法

　構造物荷重による地盤内応力の算定は，基礎の安定計算や沈下計算に欠かすことの
できない基本的な事項である．地盤内に発生する応力は，土の自重による応力と構造
物などの荷重による応力の2種類があり，これらの応力の和で求められる．土の自重
による地盤内鉛直応力は，地下水面の位置を考慮して，4.2.1項において説明した有
効応力によって計算できる．一方，構造物などの荷重による応力増加分の算定は，地
盤が等方等質な連続体でなく，応力とひずみの関係が弾性力学の法則に従わないため，
正確に計算することが困難である．したがって，地盤内応力の算定では地盤を弾性体
と仮定し，実用上問題となる点に関して半理論的・実験的に修正を施す手法が用いら
れている．

　荷重による地盤内応力の増加分に関しては，図7.1に示すような四つの基本問題の
弾性学的な応力解が求められている．これらは，地表面に鉛直方向の集中荷重が作用
する場合のブーシネスク (Boussinesq) の応力解，地表面に水平方向の集中荷重が作用
する場合のセラッティ (Cerruti) の応力解，地盤内の任意の一点に鉛直方向の集中荷
重が作用する場合のミンドリン (Mindlin) の第一応力解，地盤内の任意の一点に水平
方向の集中荷重が作用する場合のミンドリンの第二応力解である．

　本章では，地盤内応力問題に広く応用されているブーシネスクの応力解を取り上げ，

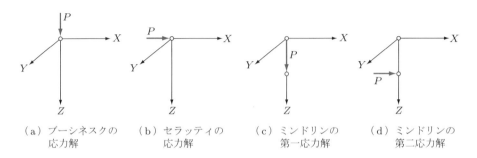

（a）ブーシネスクの　　（b）セラッティの　　（c）ミンドリンの　　（d）ミンドリンの
　　　応力解　　　　　　　　応力解　　　　　　　第一応力解　　　　　第二応力解

図 7.1　地盤内応力の基本問題

これを積分することによって得られる線荷重や面荷重による地盤内応力の計算方法について述べる．また，基礎構造物と地盤の接触面における接地圧 (contact pressure) についても触れる．

7.2 集中荷重による地盤内応力

7.2.1 集中荷重が作用するときのブーシネスクの応力解

地盤内部に発生する応力の問題は，1855 年にブーシネスクによって一般解が求められている．この問題は地盤が自重のない半無限に広がる等方等質の弾性体であると仮定し，弾性理論から求められている．図 7.2 に示すように，地表面に集中荷重 P (kN) が作用する場合について，地盤内応力の増加分が次式のように与えられている．鉛直方向の応力増加分 $\Delta\sigma_z$ は，次のようになる．

$$\Delta\sigma_z = \frac{3P}{2\pi}\frac{z^3}{(x^2+y^2+z^2)^{5/2}} \tag{7.1}$$

放射方向の応力増加分 $\Delta\sigma_r$ は，

$$\Delta\sigma_r = \frac{P}{2\pi}\left\{\frac{3(x^2+y^2)z}{(x^2+y^2+z^2)^{5/2}} - \frac{1-2\mu}{x^2+y^2+z^2+z(x^2+y^2+z^2)^{1/2}}\right\} \tag{7.2}$$

で，接線方向の応力増加分 $\Delta\sigma_t$ は，次式で表される．

$$\Delta\sigma_t = -\frac{(1-2\mu)P}{2\pi}$$
$$\times\left\{\frac{z}{(x^2+y^2+z^2)^{3/2}} - \frac{1}{x^2+y^2+z^2+z(x^2+y^2+z^2)^{1/2}}\right\} \tag{7.3}$$

xy 平面，yz 平面のせん断応力増加分 $\Delta\tau_{xy}$，$\Delta\tau_{yz}$ は，

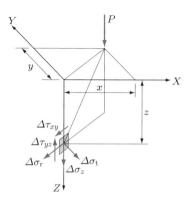

図 7.2　ブーシネスクによる集中荷重の地盤内応力

$$\Delta\tau_{xy} = \Delta\tau_{yz} = \frac{3P}{2\pi} \frac{(x^2+y^2)^{1/2}z^2}{(x^2+y^2+z^2)^{5/2}} \tag{7.4}$$

で表される．これらの応力解のうち，$\Delta\sigma_\mathrm{r}$ および $\Delta\sigma_\mathrm{t}$ にはポアソン比 μ が含まれている．一般に，地盤のポアソン比は 1/5〜1/2 の範囲にあると考えられ，粘土地盤（非圧縮性飽和粘土）で $\mu = 1/2$，砂質地盤で $\mu = 1/4$〜1/3 が用いられる．

　式 (7.1)〜(7.4) は，図 7.2 に示す三軸座標 (x, y, z) を用いており，分布荷重が作用する場合の数値積分による解析に便利な式である．ところで，図 7.3 に示すように，鉛直荷重 P の作用点から半径 r，深さ z の位置では地盤内応力は等しく，一般的な円筒座標系 (r, ϕ, z) の水平角 ϕ には関係しない．したがって，地盤内応力は荷重作用点からの距離（半径）r と深さ z のみに関係する．さらに，図 7.3 の角 θ を用いると $r = z\tan\theta$ であり，荷重 P の載荷点から水平距離 r の深さ z に発生する地盤内応力の増加分は，z と θ により次式のようになる．

$$\Delta\sigma_z = \frac{3P}{2\pi z^2} \cos^5\theta \tag{7.5}$$

$$\Delta\sigma_\mathrm{r} = \frac{P}{2\pi z^2} \left\{ 3\cos^3\theta\sin^2\theta - \frac{(1-2\mu)\cos^2\theta}{1+\cos\theta} \right\} \tag{7.6}$$

$$\Delta\sigma_\mathrm{t} = -\frac{(1-2\mu)P}{2\pi z^2} \left\{ \cos^3\theta - \frac{\cos^2\theta}{1+\cos\theta} \right\} \tag{7.7}$$

$$\Delta\tau_\mathrm{r} = \Delta\tau_z = \frac{3P}{2\pi z^2} \cos^4\theta\sin\theta \tag{7.8}$$

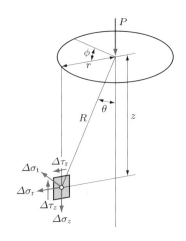

図 7.3　円筒座標系による地盤内応力

例題 7.1 図 7.4 に示すように，地表面に三つの集中荷重が作用している．地盤が砂質地盤 ($\mu = 1/4$) である場合の，点 B 直下の深さ $z = 4.0\,\mathrm{m}$ の点に発生する鉛直方向の応力増加分 $\Delta\sigma_{zB}$ を，ブーシネスクの応力解を用いて求めよ．

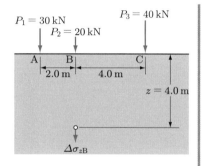

図 7.4 例題 7.1

解 三つの集中荷重について式 (7.5) を適用し，それぞれの荷重による応力増加分を求め，重ね合わせると，$\Delta\sigma_{zB}$ は次のようになる．

$$\Delta\sigma_{zB} = \frac{3}{2\pi z^2}(P_1 \cos^5\theta_1 + P_2 \cos^5\theta_2 + P_3 \cos^5\theta_3)$$

ここに，

$$\cos\theta_1 = \frac{4.0}{\sqrt{2.0^2 + 4.0^2}} = 0.8944, \quad \cos\theta_2 = \frac{4.0}{\sqrt{0^2 + 4.0^2}} = 1.0000,$$

$$\cos\theta_3 = \frac{4.0}{\sqrt{4.0^2 + 4.0^2}} = 0.7071$$

を代入すると，次式のように求められる．

$$\therefore \quad \Delta\sigma_{zB} = \frac{3}{2 \times \pi \times 4.0^2}(30 \times 0.8944^5 + 20 \times 1.0000^5 + 40 \times 0.7071^5)$$
$$= 1.3\,\mathrm{kN/m^2}$$

7.2.2 集中荷重が作用するときのフレオリッヒの応力解

ブーシネスクの応力解は，地盤が等方等質な弾性体であると仮定して導かれているため，実際の適用に際し，適正な解が得られない場合がある．その原因は，地盤が成層していること，地盤の圧縮性が深さとともに変化すること，地盤を構成する土粒子の大きさが一定でないことなどである．

フレオリッヒ (Fröhlich) は，地盤内部に引張応力が発生しないことから，応力の直進性を根本仮定におき，砂質地盤内の応力が荷重直下に集中するという実験結果も考慮に入れて，理論式に応力集中係数 ν を導入することによりブーシネスクの応力解を修正した．フレオリッヒの応力解は z と θ により次式のように与えられている．

$$\Delta\sigma_z = \frac{\nu P}{2\pi z^2}\cos^{\nu+2}\theta \tag{7.9}$$

$$\Delta\sigma_\mathrm{r} = \frac{\nu P}{2\pi z^2} \cos^\nu \theta \sin^2 \theta \tag{7.10}$$

$$\Delta\sigma_\mathrm{t} = 0 \tag{7.11}$$

$$\Delta\tau_\mathrm{r} = \Delta\tau_z = \frac{\nu P}{2\pi z^2} \cos^{\nu+1} \theta \sin \theta \tag{7.12}$$

また，オーデ (Ohde) は，応力集中係数 ν とポアソン比 μ の関係について，次式を与えている．

$$\nu = \frac{1}{\mu} + 1 \tag{7.13}$$

いま，式 (7.13) に非圧縮性飽和粘土の $\mu = 1/2$ を代入すると，式 (7.9) は式 (7.5) に一致する．すなわち，非圧縮性飽和粘土ではブーシネスクの応力解とフレオリッヒの応力解が一致することになる．

図 7.5 は，式 (7.9) において深さ z の水平面上の応力分布を求めたものである．この図より，砂質地盤のように，応力集中係数 ν が大きくなるほど，荷重直下に応力が集中することがわかる．

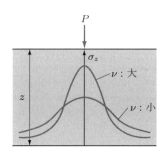

図 7.5　応力集中係数 ν の相違による地盤内の応力分布

7.3　無限長の分布荷重による地盤内応力

7.3.1　線荷重が作用するときのブーシネスクの応力解

7.2 節で述べた集中荷重による応力解を積分すれば，種々の分布荷重に対応する応力解が得られる．

ここでは，図 7.6 に示すように，地表面に無限長の線荷重 q' (kN/m) が作用する場合を考える．この場合は荷重方向に垂直な微小断面を考え，集中荷重による応力解を荷重方向に積分すれば，二次元問題として処理できる．式 (7.1) において，$P = q'\,dy$，z，x を定数と考え，式 (7.14) のように Y 軸方向に積分すれば，線荷重による鉛直方

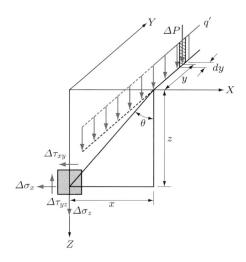

図 7.6 ブーシネスクによる線荷重の地盤内応力

向の応力増加分 $\Delta\sigma_z$ は，式 (7.15) のように求めることができる．

$$\Delta\sigma_z = \int_{-\infty}^{+\infty} \frac{3q'}{2\pi} \frac{z^3}{(x^2+y^2+z^2)^{5/2}}\,dy \tag{7.14}$$

$$\therefore \quad \Delta\sigma_z = \frac{2q'}{\pi} \frac{z^3}{(x^2+z^2)^2} \tag{7.15}$$

同様に，式 (7.2)，(7.4) を Y 軸方向に積分すれば，線荷重による応力解が得られる．これらの積分結果を図 7.3 の z と θ により表すと，次式のようになる．

$$\Delta\sigma_z = \frac{2q'}{\pi z} \cos^4\theta \tag{7.16}$$

$$\Delta\sigma_x = \frac{2q'}{\pi z} \cos^2\theta \sin^2\theta \tag{7.17}$$

$$\Delta\tau_{xy} = \Delta\tau_{yz} = \frac{2q'}{\pi z} \cos^3\theta \sin\theta \tag{7.18}$$

例題 7.2　図 7.7 に示すように，地表面に三つの線荷重が作用している．地盤が砂質地盤 ($\mu = 1/4$) である場合の，点 B 直下の深さ $z = 4.0\,\mathrm{m}$ の点に発生する鉛直方向の応力増加分 $\Delta\sigma_{zB}$ を，ブーシネスクの応力解を用いて求めよ．

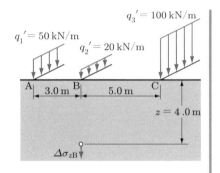

図 7.7　例題 7.2

解　三つの線荷重について式 (7.16) を適用し，それぞれの荷重による応力増加分を求め，重ね合わせの法則を適用すると，次のようになる．

$$\Delta\sigma_{zB} = \frac{2}{\pi z}\left(q_1{}' \cos^4\theta_1 + q_2{}' \cos^4\theta_2 + q_3{}' \cos^4\theta_3\right)$$

ここに，

$$\cos\theta_1 = \frac{4.0}{\sqrt{3.0^2 + 4.0^2}} = 0.8000, \quad \cos\theta_2 = \frac{4.0}{\sqrt{0^2 + 4.0^2}} = 1.0000,$$

$$\cos\theta_3 = \frac{4.0}{\sqrt{5.0^2 + 4.0^2}} = 0.6247$$

を代入すると，次式のように求められる．

$$\Delta\sigma_{zB} = \frac{2}{\pi \times 4.0}\left(50 \times 0.8000^4 + 20 \times 1.0000^4 + 100 \times 0.6247^4\right)$$
$$= 8.9\,\mathrm{kN/m^2}$$

7.3.2　線荷重が作用するときのフレオリッヒの応力解

　ブーシネスクの応力解と同様にして，フレオリッヒの応力解の積分を行い，その結果を図 7.3 の z と θ により表すと，次式のようになる．

$$\Delta\sigma_z = \frac{fq'}{z}\cos^{\nu+1}\theta \tag{7.19}$$

$$\Delta\sigma_x = \frac{fq'}{z}\cos^{\nu-1}\theta \sin^2\theta \tag{7.20}$$

$$\Delta\tau_{xy} = \Delta\tau_{yz} = \frac{fq'}{z}\cos^{\nu}\theta \sin\theta \tag{7.21}$$

ここに，係数 f の値は応力集中係数 ν の大きさによって変化し，表 7.1 のようになる．式 (7.19) に非圧縮性飽和粘土 ($\mu = 1/2$) の $\nu = 3$，$f = 2/\pi$ を代入すると，式 (7.16) に示すブーシネスクの応力解に一致する．

表 7.1 係数 f と μ, ν の関係

μ	0	1	1/2	1/3	1/4	1/5
ν	1	2	3	4	5	6
f	$1/\pi$	$1/2$	$2/\pi$	$3/4$	$8/(3\pi)$	$15/16$

7.3.3 帯状荷重が作用するときのブーシネスクの応力解

図 7.8 に示すように，地表面に帯状荷重 q $(\mathrm{kN/m^2})$ が作用する場合のブーシネスクの応力解を考える．式 (7.14) をさらに X 軸方向に x_1 から x_2 まで積分すれば，次式のように帯状荷重の応力解を求めることができる．

$$\Delta\sigma_z = \int_{x_1}^{x_2} \int_{-\infty}^{+\infty} \frac{3q}{2\pi} \frac{z^3}{(x^2+y^2+z^2)^{5/2}}\, dy\, dx \tag{7.22}$$

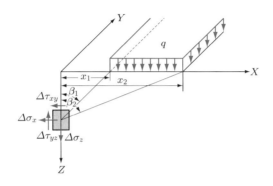

図 7.8 ブーシネスクによる帯状荷重の地盤内応力

同様に，荷重方向に垂直な断面に関し，式 (7.2)，(7.4) を Y 軸方向および X 軸方向に二重積分すれば，帯状荷重による応力解が得られる．これらの積分結果を円筒座標系に変換すると，次式のようになる．

$$\Delta\sigma_z = \frac{q}{\pi}(\alpha_1 + \sin\alpha_1 \cos\alpha_2) \tag{7.23}$$

$$\Delta\sigma_x = \frac{q}{\pi}(\alpha_1 - \sin\alpha_1 \cos\alpha_2) \tag{7.24}$$

$$\Delta\tau_{xy} = \Delta\tau_{yz} = \frac{q}{\pi}\sin\alpha_1 \sin\alpha_2 \tag{7.25}$$

ここに，$\alpha_1 = \beta_2 - \beta_1$，$\alpha_2 = \beta_2 + \beta_1$（単位：ラジアン）で，$\beta_1$ および β_2 は，それぞれ求める点の鉛直方向から帯状荷重両端までの角 $(\beta_2 > \beta_1)$ である．

例題 7.3　図 7.9 に示すように，地表面に帯状荷重が作用している．点 A，点 B，点 C 直下における深さ $z = 3.0\,\mathrm{m}$ の点に発生する鉛直方向の応力増加分 $\Delta\sigma_{z\mathrm{A}}$，$\Delta\sigma_{z\mathrm{B}}$，$\Delta\sigma_{z\mathrm{C}}$ をブーシネスクの応力解を用いて求めよ．

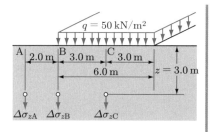

図 7.9　例題 7.3

解　式 (7.23) を適用して，$\Delta\sigma_{z\mathrm{A}}$ を次のように求める．

- $\Delta\sigma_{z\mathrm{A}}$: $\beta_1 = \tan^{-1}(2/3) = 0.5880\,\mathrm{rad}$,　$\beta_2 = \tan^{-1}(8/3) = 1.212\,\mathrm{rad}$

$$\alpha_1 = \beta_2 - \beta_1 = 1.212 - 0.5880 = 0.6240\,\mathrm{rad}$$

$$\alpha_2 = \beta_2 + \beta_1 = 1.212 + 0.5880 = 1.8000\,\mathrm{rad}$$

$$\therefore\quad \Delta\sigma_{z\mathrm{A}} = \frac{q}{\pi}(\alpha_1 + \sin\alpha_1\cos\alpha_2) = \frac{50}{\pi}(0.6240 + \sin 0.6240 \cdot \cos 1.8000)$$

$$= 7.8\,\mathrm{kN/m^2}$$

同様にして，$\Delta\sigma_{z\mathrm{B}}$，$\Delta\sigma_{z\mathrm{C}}$ も求める．

- $\Delta\sigma_{z\mathrm{B}}$: $\beta_1 = 0\,\mathrm{rad}$,　$\beta_2 = 1.107\,\mathrm{rad}$,　$\alpha_1 = 1.107\,\mathrm{rad}$,　$\alpha_2 = 1.107\,\mathrm{rad}$

$$\therefore\quad \Delta\sigma_{z\mathrm{B}} = 24\,\mathrm{kN/m^2}$$

- $\Delta\sigma_{z\mathrm{C}}$: $\beta_1 = -7.854\,\mathrm{rad}$,　$\beta_2 = 0.7854\,\mathrm{rad}$,　$\alpha_1 = 1.571\,\mathrm{rad}$,　$\alpha_2 = 0\,\mathrm{rad}$

$$\therefore\quad \Delta\sigma_{z\mathrm{C}} = 41\,\mathrm{kN/m^2}$$

7.3.4　堤状荷重が作用するときのオスターバークの方法

　一般に，道路，鉄道，堤防などの盛土構造物は，堤状荷重として取り扱われる．図 7.10 は，地表面に堤状荷重が作用する場合の鉛直応力を求めるために，オスターバーク (Osterberg) が作成した図である．この図は a/z と b/z をパラメータとして，鉛直方向の応力増加分を求めるための影響値 (influence value) を与えている．つまり，深さ z の点における鉛直方向の応力増加分 $\Delta\sigma_z$ は，オスターバークの影響値 I_z の関数で与えられ，次式のようになる．

$$\Delta\sigma_z = I_z q \tag{7.26}$$

　式 (7.26) を用いる場合，鉛直応力を求める点が盛土直下から外れている場合は，図 7.11 に示すような重ね合わせの法則を利用すれば良い．

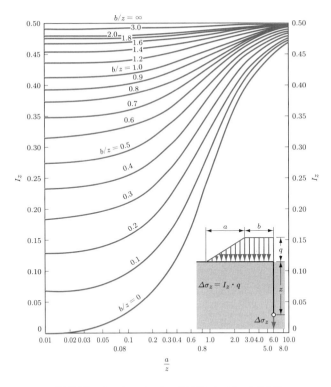

図 7.10 オスターバークの図表[河上房義：土質力学
(第8版), p. 63, 図 5.9, 森北出版 (2012)]

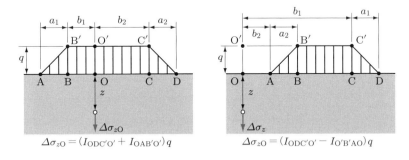

$$\Delta\sigma_{zO} = (I_{ODC'O'} + I_{OAB'O'})q \qquad \Delta\sigma_{zO} = (I_{ODC'O'} - I_{O'B'AO})q$$

図 7.11 重ね合わせの法則の適用例

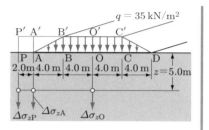

例題 7.4 図 7.12 に示すように，地表面に堤状荷重が作用している．点 P，点 A，点 O 直下の深さ $z = 5.0\,\mathrm{m}$ の点に発生する鉛直方向の応力増加分 $\Delta\sigma_{z\mathrm{P}}$，$\Delta\sigma_{z\mathrm{A}}$，$\Delta\sigma_{z\mathrm{O}}$ をオスターバークの図表を用いて求めよ．

図 7.12　例題 7.4

解　鉛直方向の応力増加分の計算には，重ね合わせの法則を適用した式 (7.26) を用いて，次のように求める．このとき，影響値 I_z は図 7.10 より読みとる．

- 点 P：$I_{\mathrm{PDC'P'}} = 0.493$ （∵ $a/z = 4.0/5.0 = 0.8$，$b/z = 14.0/5.0 = 2.8$）

  $I_{\mathrm{P'B'AP}} = 0.359$ （∵ $a/z = 4.0/5.0 = 0.8$，$b/z = 2.0/5.0 = 0.4$）

  ∴ $\Delta\sigma_{z\mathrm{P}} = (I_{\mathrm{PDC'P'}} - I_{\mathrm{P'B'AP}})q = (0.493 - 0.359) \times 35$

  $\qquad = 4.7\,\mathrm{kN/m^2}$

- 点 A：$I_{\mathrm{ADC'A'}} = 0.490$ （∵ $a/z = 0.8$，$b/z = 2.4$）

  $I_{\mathrm{A'B'A}} = 0.215$ （∵ $a/z = 0.8$，$b/z = 0$）

  ∴ $\Delta\sigma_{z\mathrm{A}} = (I_{\mathrm{ADC'A'}} - I_{\mathrm{A'B'A}})q = 9.6\,\mathrm{kN/m^2}$

- 点 O：$I_{\mathrm{OAB'O'}} = I_{\mathrm{ODC'O'}} = 0.429$ （∵ $a/z = 0.8$，$b/z = 0.8$）

  ∴ $\Delta\sigma_{z\mathrm{O}} = 2 \times I_{\mathrm{OAB'O'}} = 30\,\mathrm{kN/m^2}$

7.4　有限長の分布荷重による地盤内応力

7.4.1　長方形荷重が作用するときのニューマークの方法

ここでは，図 7.13 に示すように，幅 D，奥行 L の等分布長方形荷重 q $(\mathrm{kN/m^2})$ が地表面に作用する場合を考える．このような長方形荷重の隅角部直下に発生する鉛直方向の応力増加分 $\Delta\sigma_z$ は，荷重方向に垂直な断面に関して，式 (7.1) を X 軸方向に $0 \sim D$，Y 軸方向に $0 \sim L$ まで二重積分を行うことによって求めることができる．

$$\Delta\sigma_z = \int_0^L \int_0^D \frac{3q}{2\pi} \frac{z^3}{(x^2 + y^2 + z^2)^{5/2}}\, dx\, dy \tag{7.27}$$

ニューマーク (Newmark) は，積分結果を次式のように与えている．

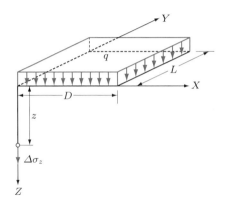

図 7.13 ニューマークによる長方形荷重の地盤内応力

$$\Delta\sigma_z = qI_\sigma \tag{7.28}$$

ここに，I_σ は次式で示される．

$$I_\sigma = \frac{1}{4\pi}\left(\frac{2mn\sqrt{m^2+n^2+1}}{m^2+n^2+m^2n^2+1}\frac{m^2+n^2+2}{m^2+n^2+1}\right.$$
$$\left. + \tan^{-1}\frac{2mn\sqrt{m^2+n^2+1}}{m^2+n^2-m^2n^2+1}\right) \tag{7.29}$$

ここに，$m = D/z$，$n = L/z$ である．なお，I_σ を求めるには，式 (7.29) のほかに，図 7.14 のニューマークの図表を用いる方法がある．図 7.14 は m と n の直交座標の図中に，I_σ の等しい線を描き込んでいる．応力を求める位置の m と n を図 7.14 の縦軸と横軸にとり，交点 (m, n) が示す I_σ 値を読む．m と n は縦軸と横軸のどちらにとっても良いが，その一方が 1 より大きい場合はそれを縦軸にとる．また，両方が 1 より大きいときは左下の図を用いる．

　式 (7.28) を用いる場合，隅角部直下以外の点における鉛直応力を求めるには，オスターバークの方法と同様の考え方で重ね合わせの法則を適用することができる．

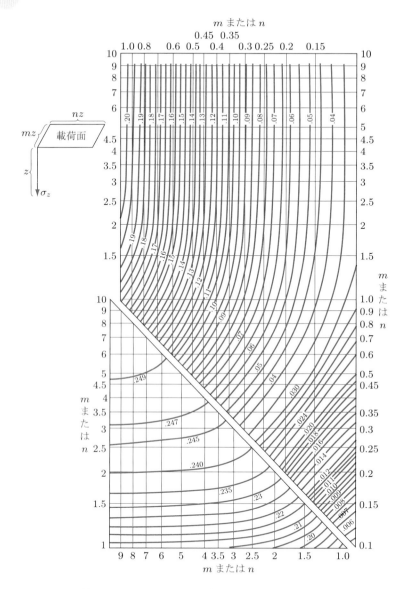

図 7.14 ニューマークの図表[河上房義：土質力学
（第8版），p. 65，図 5.12，森北出版 (2012)]

例題7.5 図 7.15 に示すように地表面に $q = 70\,\mathrm{kN/m^2}$ の長方形荷重 ABCD が作用している. 荷重の中心点 O 直下の深さ $z = 6.0\,\mathrm{m}$ の位置に発生する鉛直方向の応力増加分 $\Delta\sigma_{zO}$ をニューマークの方法で求めよ.

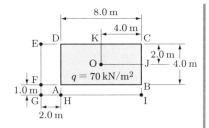

図 7.15　例題 7.5

解 式 (7.28) と重ね合わせの法則を適用して, 次のように求める.

$$\Delta\sigma_{zO} = 4 \times \Delta\sigma_{OJCK} = 4 \times q \times I_{OJCK}$$

$$m = \frac{D}{z} = \frac{4.0}{6.0} = 0.6667, \quad n = \frac{L}{z} = \frac{2.0}{6.0} = 0.3333 \text{ より, } I_{OJCK} = 0.07319$$

$$\therefore \ \Delta\sigma_{zO} = 4 \times 70 \times 0.07319 = 20\,\mathrm{kN/m^2}$$

7.4.2 長方形荷重が作用するときの近似解法

ケーグラー (Kögler) は, 等分布長方形荷重が作用するときの地盤内応力を, 極めて簡単な近似式で与えている. この近似式は, 地盤内の水平面上における鉛直応力の分布が, ある閉合した領域内で等分布するという単純な仮定に基づいている.

図 7.16 に示すように, 幅 D, 奥行 L の長方形荷重 $q\,(\mathrm{kN/m^2})$ が地表面 abcd に作用する場合, この荷重が深さ z における a'b'c'd' に伝播するという. ケーグラーの仮定を適用すると, つり合いの条件から次式が得られる.

$$\Delta\sigma_z = \frac{qDL}{(D + 2z\tan\alpha)(L + 2z\tan\alpha)} \tag{7.30}$$

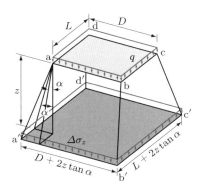

図 7.16　ケーグラーによる地盤内応力の近似解

ここに，α は応力が広がる角度で，砂質土の場合一般に $\alpha = 30 \sim 45°$ の値が用いられる．式 (7.30) は計算も容易なため，近似解を求める場合に利用される．

例題 7.6　等分布荷重 $q = 40\,\mathrm{kN/m^2}$ が作用する長方形基礎 $(6.0 \times 9.0\,\mathrm{m})$ について，ケーグラーの近似解法を用い，深さ $z = 3.0\,\mathrm{m}$ の位置に発生する鉛直方向の応力増加分 $\Delta\sigma_z$ を求めよ．

解　式 (7.30) において $\alpha = 30°$ として，次のように計算する．

$$\Delta\sigma_z = \frac{qDL}{(D + 2z\tan\alpha)(L + 2z\tan\alpha)}$$

$$= \frac{40 \times 6.0 \times 9.0}{(6.0 + 2 \times 3.0 \times \tan 30°)(9.0 + 2 \times 3.0 \times \tan 30°)} = 18\,\mathrm{kN/m^2}$$

7.4.3　円形荷重が作用するときのブーシネスクの応力解

直径 D の等分布円形荷重 $q\ (\mathrm{kN/m^2})$ が地表面に作用する場合，中心直下深さ z の位置に発生する鉛直方向の応力増加分 $\Delta\sigma_z$ は，ブーシネスクの応力解を積分すれば良い．いま，図 7.17 において微小面積 $dA = r \cdot d\varphi \cdot dr$ を考え，式 (7.1) において $P = q \cdot r \cdot d\varphi \cdot dr$，$x^2 + y^2 = r^2$ と置けば，$\Delta\sigma_z$ は次式で求めることができる．

$$\Delta\sigma_z = \int_0^{2\pi}\int_0^{D/2} \frac{3q}{2\pi} \frac{z^3}{(r^2 + z^2)^{5/2}} r\,dr\,d\varphi \tag{7.31}$$

$$\Delta\sigma_z = q\left\{ 1 - \frac{z^3}{(D^2/4 + z^2)^{3/2}} \right\} \tag{7.32}$$

式 (7.32) に示す積分結果を円筒座標系に変換すると，次式のようになる．

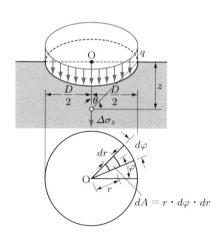

図 7.17　円形荷重直下の地盤内応力

$$\Delta \sigma_z = q(1 - \cos^3 \theta) \tag{7.33}$$

例題 7.7　　図 7.18 に示すように，地表面に円形荷重が作用している．荷重の中心直下の深さ $z = 3.0\,\mathrm{m}$ の点に発生する鉛直方向の応力増加分 $\Delta \sigma_{zO}$ をブーシネスクの応力解を用いて求めよ．

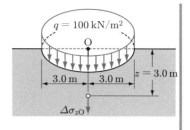

図 7.18　例題 7.7

解　　式 (7.33) を適用して，次のように求める．

$$\cos \theta = \frac{z}{\sqrt{D^2/4 + z^2}} = \frac{3.0}{\sqrt{6.0^2/4 + 3.0^2}} = 0.7071$$

$$\therefore \ \Delta \sigma_{zO} = q(1 - \cos^3 \theta) = 100 \times (1 - 0.7071^3) = 65\,\mathrm{kN/m^2}$$

7.5　任意形状の分布荷重による地盤内応力

　一般に，工学的諸問題を表現する数式は汎用解を求めることが困難であり，何らかの制限された条件下で求めることが多い．地盤内応力の計算でも同様の不便さがあり，コンピュータによる数値解析法が利用されている．実際の基礎構造物の設計では，複雑な形状の不等分布荷重が作用する場合が多く，このような場合の地盤内応力の計算が必要となる．このためには，不等分布荷重の荷重条件を記述する論理文をプログラムに付加し，これにより集中荷重を規定し，その応力解を数値積分するような手法が便利と考えられる．

　たとえば，図 7.19 に示すような不等分布長方形荷重が作用する場合，点 O 直下，深さ z の位置に発生する鉛直方向の応力増加分 $\Delta \sigma_{zO}$ を求めるには，ブーシネスクやフレオリッヒの応力解を利用して，次に示すような積分式の計算手順をプログラミングし，これに荷重条件を記述する論理文を付加するような手法が有用となる．また，載荷面の形状が不定型の場合は，積分範囲を記述する論理文を付加すれば良い．いま，ブーシネスクの応力解を適用し，図 7.19 に示すような載荷状態における応力増加分 $\Delta \sigma_{zO}$ を求める場合は，式 (7.1) より次式のようになる．

$$\Delta \sigma_{zO} = \int_{y_1}^{y_2} \int_{x_1}^{x_2} \frac{3q(x,y)}{2\pi} \frac{z^3}{(x^2 + y^2 + z^2)^{5/2}} \, dx \, dy \tag{7.34}$$

これを離散的に表現すると，次式のように書き換えることができる．

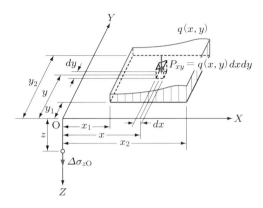

図7.19 不等分布長方形荷重

$$\Delta\sigma_{zO} = \frac{3}{2\pi} \sum_{i=1}^{n} \sum_{j=1}^{m} P_{xy} \frac{z_{ij}{}^3}{(x_{ij}{}^2 + y_{ij}{}^2 + z_{ij}{}^2)^{5/2}} \tag{7.35}$$

ここに，$dx = (x_2 - x_1)/m$，$dy = (y_2 - y_1)/n$，$x_{ij} = x_1 + (j - 1/2)\,dx$ $(j = 1, 2, 3, \ldots, m)$，$y_{ij} = y_1 + (i - 1/2)\,dy$ $(i = 1, 2, 3, \ldots, n)$，$P_{xy} = q(x, y)\,dx\,dy$ である．

同様に，フレオリッヒの応力解を適用する場合は，式 (7.9) より，次式となる．

$$\Delta\sigma_{zO} = \int_{y_1}^{y_2} \int_{x_1}^{x_2} \frac{\nu q(x, y)}{2\pi} \frac{z^\nu}{(x^2 + y^2 + z^2)^{(\nu+2)/2}}\,dx\,dy \tag{7.36}$$

$$\Delta\sigma_{zO} = \frac{\nu}{2\pi} \sum_{i=1}^{n} \sum_{j=1}^{m} P_{xy} \frac{z_{ij}{}^\nu}{(x_{ij}{}^2 + y_{ij}{}^2 + z_{ij}{}^2)^{(\nu+2)/2}} \tag{7.37}$$

例題 7.8 【例題 7.5】の図 7.15 に示す長方形荷重について，荷重を $1\,\text{m} \times 1\,\text{m}$ の小区分に分割し，ブーシネスクの応力解を重ね合わせることによって，点 G 直下の深さ $6.0\,\text{m}$ の位置に発生する鉛直方向の応力増加分 $\Delta\sigma_{zG}$ を求めよ．

解 式 (7.35) に示す数値積分の計算手順を適用する．

題意より $dx = 1.0\,\text{m}$，$dy = 1.0\,\text{m}$，$m = 8$，$n = 4$，$x_1 = 2.0\,\text{m}$，$y_1 = 1.0\,\text{m}$，$P_{xy} = 70 \times 1 \times 1 = 70\,\text{kN}$ である．

いま，$x_{ij} = 2.0 + (j - 1/2) \times 1.0\,\text{m}$，$y_{ij} = 1.0 + (i - 1/2) \times 1.0\,\text{m}$，$z_{ij} = 6.0\,\text{m}$，

$$f(x_{ij}, y_{ij}) = \frac{z_{ij}{}^3}{(x_{ij}{}^2 + y_{ij}{}^2 + z_{ij}{}^2)^{5/2}}$$

と置けば，式 (7.35) は，

$$\Delta\sigma_{zG} = \frac{3P_{xy}}{2\pi} \sum_{i=1}^{4} \sum_{j=1}^{8} f(x_{ij}, y_{ij})$$

となり，表 7.2 のように数値積分でき，$\Delta\sigma_{zG}$ が次のように求められる．

$$\Delta\sigma_{zG} = \frac{3 \times 70}{2 \times \pi} \times 0.15111 = 5.1\,\mathrm{kN/m^2}$$

表 7.2　数値積分の計算表

i	j	x_{ij}	y_{ij}	z_{ij}	$f(x_{ij}, y_{ij})$	i	j	x_{ij}	y_{ij}	z_{ij}	$f(x_{ij}, y_{ij})$
1	1	2.5	1.5	6	0.01635	3	1	2.5	3.5	6	0.00985
1	2	3.5	1.5	6	0.01192	3	2	3.5	3.5	6	0.00759
1	3	4.5	1.5	6	0.00825	3	3	4.5	3.5	6	0.00556
1	4	5.5	1.5	6	0.00556	3	4	5.5	3.5	6	0.00396
1	5	6.5	1.5	6	0.00372	3	5	6.5	3.5	6	0.00277
1	6	7.5	1.5	6	0.00249	3	6	7.5	3.5	6	0.00194
1	7	8.5	1.5	6	0.00168	3	7	8.5	3.5	6	0.00136
1	8	9.5	1.5	6	0.00115	3	8	9.5	3.5	6	0.00096
2	1	2.5	2.5	6	0.01319	4	1	2.5	4.5	6	0.00699
2	2	3.5	2.5	6	0.00985	4	2	3.5	4.5	6	0.00556
2	3	4.5	2.5	6	0.00699	4	3	4.5	4.5	6	0.00422
2	4	5.5	2.5	6	0.00483	4	4	5.5	4.5	6	0.00310
2	5	6.5	2.5	6	0.00329	4	5	6.5	4.5	6	0.00224
2	6	7.5	2.5	6	0.00224	4	6	7.5	4.5	6	0.00161
2	7	8.5	2.5	6	0.00154	4	7	8.5	4.5	6	0.00115
2	8	9.5	2.5	6	0.00107	4	8	9.5	4.5	6	0.00083

合計 0.15111 $(1/\mathrm{m^2})$

7.6　圧力球根

　地盤上に載荷された荷重によって発生する鉛直方向の応力増加分 $\Delta\sigma_z$ は，載荷点から離れるに従って小さくなる．これらの応力のうち，大きさの等しい応力が発生する位置を結んで得られる曲線を圧力球根 (pressure bulb) という．

　図 7.20 は弾性地盤上に幅 B の正方形等分布荷重 q が作用した場合の圧力球根を示しており，図中の実線は $\Delta\sigma_z = 0.2q$ の圧力球根である．いま，等分布荷重 q が作用する場合，地盤中に発生する $\Delta\sigma_z$ が $0.2q$ 以内の範囲であれば，支持力や沈下に大きな影響を及ぼさないと考えると，図 7.20 より，$\Delta\sigma_z = 0.2q$ の圧力球根の深さは載荷幅 B の約 1.5 倍であるから，通常の基礎設計では地盤調査の範囲を載荷幅の 1.5 倍程度とすれば良い．

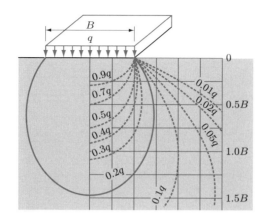

図 7.20 圧力球根[足立紀尚：土質力学, p. 71, 図 4-6, 実教出版 (1995), 一部加筆]

7.7 基礎構造物の接地圧

第8章で述べる基礎構造物が,地盤と接している面に作用する圧力を接地圧 (contact pressure) という.設計計算を簡素化するためには,上載構造物から基礎に伝達されている荷重 P を基礎の接地面積 A で除した値 $(q = P/A)$ を接地圧として用いることが多い.しかし,基礎構造物の接地圧は基礎の剛性と地盤の性質によって変わることが知られており,必ずしも等分布荷重になるとは限らない.図 7.21 に示すように,たわみ性基礎の接地圧は等分布荷重に近づき,剛性基礎の接地圧は等分布荷重とならない.剛性基礎では,基礎地盤が粘性土の場合に基礎周辺付近で大きくなり,砂質土の場合に基礎中心付近で大きくなる.

ブーシネスクは,完全剛性基礎の接地圧を理論的に検討し,以下のような近似解を提案している.

① 中心軸に線荷重 q' $(\mathrm{kN/m^2})$ を受ける幅 B の帯状基礎の接地圧 σ

$$\sigma = \frac{2q'}{\pi B} \frac{1}{\sqrt{1 - (2x/B)^2}} \tag{7.38}$$

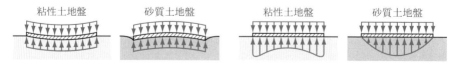

粘性土地盤　　　砂質土地盤　　　　　粘性土地盤　　　砂質土地盤

（a）完全たわみ性基礎　　　　　（b）完全剛性基礎

図 7.21　接地圧の分布

ここに, q'：帯状基礎の中心軸に作用する単位長さ当たりの荷重 (kN/m), x：帯状基礎の中心軸から接地圧を求める位置までの距離 $(x < B/2)$ (m) である.

② 図心に集中荷重 P (kN) を受ける幅 B, 奥行 L の長方形基礎の接地圧 σ は, 次式となる.

$$\sigma = \frac{2P}{\pi^2 BL} \frac{1}{\sqrt{\{1 - (2x/B)^2\}\{1 - (2y/L)^2\}}} \tag{7.39}$$

ここに, x, y：長方形基礎の中心から接地圧を求める位置までの座標距離 $(x < B/2, y < L/2)$ (m) である.

③ 中心に集中荷重 P (kN) を受ける直径 D の円形基礎の接地圧 σ は, 次式となる.

$$\sigma = \frac{2P}{\pi D^2} \frac{1}{\sqrt{1 - (2x/D)^2}} \tag{7.40}$$

ここに, x：円形基礎の中心から接地圧を求める位置までの距離 $(x < D/2)$ (m) である.

式 (7.38)〜(7.40) は, いずれも弾性理論に基づいているので, 基礎周縁の接地圧が無限大となっている. しかし, 地盤の支持力は有限であるため, 無限大の接地圧が発生することはない. この事実に着目して, オーデは, 式 (7.38) を修正し, 中心軸に単位長さ当たり q' の荷重が作用する幅 B の帯状基礎の接地圧 σ について次式を提案している.

$$\sigma = 0.75 \frac{q'}{B} \frac{1}{\sqrt{1 - (2x/B)^2}} \tag{7.41}$$

ここに, x：帯状基礎の中心軸から接地圧を求める位置までの距離 $(x < B/2)$ (m) である. 式 (7.41) では, 図 7.22 に示すように基礎周縁からおよそ $(0.097B/2)$ の位置で接地圧が最大となり, $q = q'/B$ と置けば, その値は $\sigma = 1.75q$ になる.

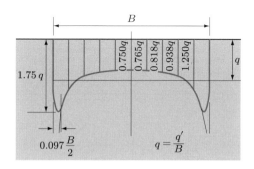

図 7.22　帯状基礎の接地圧の分布

例題7.9 中心軸に荷重 $q = q'/B$ を受ける幅 B の帯状基礎がある．この基礎の接地圧 σ の分布図を描け．ただし，接地圧はオーデの修正式を用い，基礎の中心軸から $B/10$ の間隔で接地圧を求め，その分布図を描け．

解 $x = B/10$ のとき，$q = q'/B$ とし，式 (7.41) に $x = B/10$ を代入すると，次のようになる．

$$\sigma = 0.75q \frac{1}{\sqrt{1 - \{(2 \times B/10)/B\}^2}} = 0.765q$$

同様にして，それぞれの位置での接地圧は，次のようになる．

$$x = 2B/10 \text{ のとき，} \sigma = 0.818q$$

$$x = 3B/10 \text{ のとき，} \sigma = 0.938q$$

$$x = 4B/10 \text{ のとき，} \sigma = 1.25q$$

$$x = (B/2 - 0.097B/2) \text{ のとき，} \sigma = 1.75q$$

よって，分布図は図 7.22 のようになる．

演習問題

7.1 【例題 7.1】において，$\Delta\sigma_{zB}$ をフレオリッヒの応力解を用いて求めよ．

7.2 【例題 7.2】において，$\Delta\sigma_{zB}$ をフレオリッヒの応力解を用いて求めよ．

7.3 【例題 7.3】において，点 B，点 C 直下の深さ $z = 3\,\mathrm{m}$ の点に発生する鉛直方向の応力増加分 $\Delta\sigma_{zB}$，$\Delta\sigma_{zC}$ をブーシネスクの応力解を用いて求めよ．

7.4 【例題 7.4】において，点 A，点 O 直下の深さ $z = 5\,\mathrm{m}$ の点に発生する鉛直方向の応力増加分 $\Delta\sigma_{zA}$，$\Delta\sigma_{zO}$ をオスターバークの図表を用いて求めよ．

7.5 【例題 7.5】において，点 G 直下の深さ $z = 6\,\mathrm{m}$ の位置に発生する鉛直方向の応力増加分 $\Delta\sigma_{zG}$ をニューマークの方法で求めよ．

課題

7.1 式 (7.14) より式 (7.15) を誘導せよ．

7.2 式 (7.22) より式 (7.23) を誘導せよ．

7.3 集中荷重，線荷重，帯状荷重，長方形荷重，および円形荷重の地盤内応力を求める公式を一覧表にまとめよ．

7.4 式 (7.35) または式 (7.37) に示す数値積分の考え方を参考に，使用可能なプログラミング言語または表計算ソフトを用い，等分布長方形荷重が作用する場合のプログラムを作成せよ．

第8章 地盤の支持力

8.1 荷重 – 沈下曲線から見た地盤支持力の考え方

地盤に作用する構造物荷重が大きくなり，地盤の強度を超えると，地盤に塑性破壊が生じ，沈下量が増大していく．このような現象は，載荷試験における荷重 – 沈下曲線を見ると，良く理解できる．図 8.1 は，一般的な荷重 – 沈下曲線の例である．この図によれば，荷重 – 沈下曲線は直線的に変化する I の領域から，曲率がしだいに大きくなる II の領域を経て，沈下量が急激に増大する III の領域に変化している．

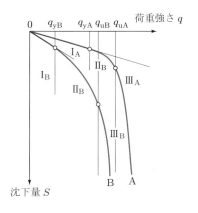

図 8.1 荷重 – 沈下曲線

I の領域は，荷重が降伏支持力 (yield bearing capacity) q_y より小さい場合で，地盤が弾性的な変形挙動を示し，地盤破壊が発生しない．II の領域は，地盤内に局部的なすべり破壊が発生しはじめ，終局的に極限支持力 (ultimate bearing capacity) q_u にいたる．III の領域は，沈下量が急激に増大し，地盤が全般的に塑性流動状態に達して破壊にいたる．なお，従来の基礎の設計では極限支持力 q_u を安全率で除した許容支持力 (allowable bearing capacity) q_a に基づく許容応力度設計法が用いられてきたが，2017 年の道路橋示方書の改訂により，複数の限界状態に対して安全性や機能を確保する限界状態設計法に移行した．

図 8.1 の曲線 A は，良く締まった砂質土や硬い過圧密粘土地盤の例であり，I_A の領域が比較的広く，III_A の領域で急速に地盤が塑性流動状態にいたって破壊する．この地盤破壊を全般せん断破壊 (general shear failure) という．一方，曲線 B は緩い砂質土や軟らかい粘土地盤の例であり，I_B の領域が狭く，II_B の領域で局部的な進行性破壊 (progressive failure) が生じ，III_B の領域で最終的に地盤が破壊する．このような進行性の地盤破壊を局部せん断破壊 (local shear failure) という．

このような地盤破壊から構造物の安全性を確保するためには，基礎の設計が重要な課題となる．基礎の設計に当たっては，地盤の強度（支持力）と変形（沈下量）の 2 点について別々に検討を行い，その結果を総合的に判断して安全性を確かめなければならない．

建築構造物の分野では，せん断破壊に対する許容支持力と変形に対する許容沈下量を明確に区別しており，この両者を合わせて考慮したものを地盤の許容耐力としている．しかし，土木構造物の分野ではこのような区別はなく，一般に基礎の許容支持力といえば，地盤のせん断破壊（支持力）と変形（沈下量）の両者を考慮した広い意味での支持力を指す．このように，わが国では，設計や施工に対する考え方が対象となる構造物によって異なり，地盤の支持力という一つのテーマに絞っても，非常に複雑な扱いとなっている．

このため本章では，土木構造物の分野に関しては主に "道路橋示方書・同解説　IV 下部構造編" を，建築構造物の分野に関しては主に "建築基礎構造設計指針" を参照し，各分野の支持力に関する共通の考え方について，地盤の塑性平衡条件から導かれる理論的または経験的な極限支持力を中心に述べる．なお，地盤の沈下に関しては，第 4 章で詳しく説明しているので，ここでは補足事項程度にとどめる．

8.2　基礎の分類と形式選定

8.2.1　基礎の分類

構造物荷重を地盤に伝達する部分の総称を基礎 (foundation) という．基礎を形式によって分類すると，図 8.2 に示すように浅い基礎 (shallow foundation) と深い基礎

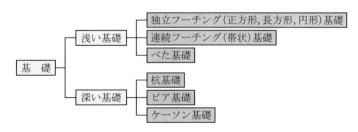

図 8.2　基礎の形式による分類

(deep foundation) の二つに分けられる.

基礎幅を B, 地盤内に入っている基礎部分の深さ（これを根入れ深さという）を D_f とすると, 前者は $(D_f/B) < 1$ の条件を満たすような比較的浅い位置に施工される基礎のことで, 地盤を比較的浅く広く掘削してフーチングを構築し, 上部構造からの荷重を直接, 良質な支持層に伝える働きがある. 後者は $(D_f/B) > 5$ の条件を満たすような深い位置に施工される基礎のことで, 杭基礎やピア基礎に代表される. なお, $5 \geqq (D_f/B) \geqq 1$ のような中間的位置に施工される基礎はどちらの基礎に属するか明確な基準はないが, 一般的に深い基礎と見なされ, 杭基礎やピア基礎と同様の考え方で設計される場合が多い.

8.2.2 基礎形式の選定

基礎形式の選定に関しては考慮すべき要件が多く, いまだに合理的な選定方法が確立されているとはいえない. このため, その選定には設計者の豊富な経験や適正な判断が要求される. 選定に際して留意すべき要件を挙げると, 次のようになる.

① 構造物の種類（形状, 荷重強度, 許容沈下量）
② 地盤の性質（せん断強度特性, 地盤の破壊形式）
③ 地盤の構成（深さ方向の地層の変化, 支持層の位置, 地下水の位置）
④ 気候（凍結）
⑤ 外的条件（地下水や地表水による地盤の洗掘, 侵食, 隣接地の状況）
⑥ 経済性（工費, 工期）

基礎形式選定後に行われる基礎の設計では, 基礎を通じて地盤に伝わる荷重が地盤の許容支持力以下であることや, 基礎地盤で予想される沈下量が構造物に悪影響を与えない範囲にあることなどを確認する必要がある. また, 確実に施工ができ, 隣接地に悪影響を及ぼさないことは当然である.

8.3 浅い基礎の支持力

8.3.1 全般せん断破壊に対する連続フーチング基礎の極限支持力

テルツァギーは, 基礎底面が位置している根入れ深さ D_f の水平面より上にある単位体積重量 γ_1 の土の重量を $p_0 = \gamma_1 D_f$ という上載荷重に置換できると仮定し, 連続フーチング下の地盤内における塑性平衡状態が図 8.3 のようになると考え, つり合いの条件から以下のような考え方で極限支持力 q_u の一般解を導いた.

図 8.3 において, 基礎の直下で塑性破壊による土くさび（△abc）が発生し, このくさび状の土塊が地盤内に押し込まれようとする. このとき, 土くさびの側面には受働土圧 P_p と粘着抵抗力 C_r が働き, くさび状の土塊の移動に抵抗しようとする. この

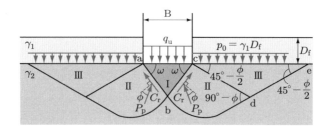

図 8.3 連続フーチング下の地盤内における塑性平衡状態

結果，地盤内には I の剛性領域，III のランキンの受働土圧領域，II の過渡領域が発生し，地盤が極限支持力 q_u を超えない範囲で塑性平衡状態に達する．剛性領域 I の傾き ω は，基礎底面の粗度によって変化し，極限支持力の値に大きく影響する．いま，基礎底面が充分に粗であり，土くさびの傾きが ω である二等辺三角形と仮定すると，塑性平衡状態における鉛直方向のつり合い条件より次式が得られる．

$$q_\mathrm{u}B + \frac{\gamma_2 B^2}{4}\tan\omega - 2P_\mathrm{p}\cos(\omega - \phi) - 2C_\mathrm{r}\sin\omega = 0 \tag{8.1}$$

ここに，q_u：極限支持力 $(\mathrm{kN/m^2})$，B：連続フーチングの幅 (m)，ω：土くさびの傾き $(°)$，P_p：受働土圧 $(\mathrm{kN/m})$，C_r：粘着抵抗力 $(\mathrm{kN/m})$，γ_2：基礎地盤の単位体積重量 $(\mathrm{kN/m^3})$，ϕ：基礎地盤の内部摩擦角 $(°)$ である．

式 (8.1) における受働土圧 P_p は，次の三つの項の和として表すことができる．

① 基礎地盤の粘着力 c および土くさびの長さ $B/(2\cos\omega)$ に比例する項

② 基礎地盤の単位体積重量 γ_2 および土くさびの高さ $(B\tan\omega)/2$ の 2 乗に比例する項

③ 押さえ盛土としての表面荷重 $p_0 = \gamma_1 D_\mathrm{f}$ および土くさびの高さに比例する項

いま，ω を定数として扱い，それぞれの項の比例定数を一つにまとめて K_c，K_γ，K_q と置けば，P_p は次式のように表すことができる．

$$P_\mathrm{p} = cBK_c + \gamma_2 B^2 K_\gamma + \gamma_1 D_\mathrm{f} B K_q \tag{8.2}$$

また，土くさびの側面に働く粘着抵抗力 C_r は基礎地盤の粘着力 c および土くさびの長さに比例することから，次式のように表すことができる．

$$C_\mathrm{r} = \frac{cB}{2\cos\omega} \tag{8.3}$$

式 (8.1) に式 (8.2)，(8.3) を代入すると，極限支持力 q_u は次式のように表される．

$$q_\mathrm{u} = cN_c + \frac{1}{2}\gamma_2 B N_\gamma + \gamma_1 D_\mathrm{f} N_q \tag{8.4}$$

ここに，$N_c = 2K_c \cos(\omega - \phi) + \tan\omega$，$N_\gamma = 4K_\gamma \cos(\omega - \phi) - (1/2)\tan\omega$，$N_q = 2K_q \cos(\omega - \phi)$ である．

式 (8.4) は連続フーチング基礎に関するテルツァギーの極限支持力公式といわれ，式中の N_c, N_γ, N_q は支持力係数 (coefficient of bearing capacity) と呼ばれる．式 (8.4) はランキンの受働土圧領域における直線すべりに関してのみ合理的であることから，この式による極限支持力は近似的な値といえる．このため，実際の使用に際しては，上部構造物から予想される最大荷重に対して，基礎地盤のせん断破壊に対する適切な安全率を考慮しなければならない．なお，式中に含まれる γ_1, γ_2 は土粒子間の有効応力を求めるために使われるため，地盤が地下水位以下の部分については，水中単位体積重量 γ_{sub1}, γ_{sub2} を用いなければならない．

式 (8.4) の支持力係数は，図 8.3 の過渡領域 II の形状で定まり，土くさびの角度 ω と内部摩擦角 ϕ の関数で表される．テルツァギーは，基礎底面の粗度が充分大きく，$\omega = \phi$ であるような連続フーチングを考え，過渡領域 II の形状が対数らせんになると仮定して，表 8.1 ならびに図 8.4 に示す支持力係数を求めた．なお，図表中の $N_c{}'$,

表 8.1　テルツァギーの支持力係数

ϕ (°)	N_c	N_γ	N_q	$N_c{}'$	$N_\gamma{}'$	$N_q{}'$
0	5.71	0.00	1.00	5.71	0.00	1.00
5	7.32	0.00	1.64	6.72	0.00	1.39
10	9.64	1.20	2.70	8.01	0.00	1.94
15	12.8	2.40	4.44	9.69	1.20	2.73
20	17.7	4.50	7.48	11.9	2.00	3.88
25	25.0	9.20	12.7	14.8	3.30	5.60
30	37.2	20.0	22.5	19.1	5.40	8.32
35	57.8	44.0	41.4	25.2	9.60	12.8
40	95.6	114	81.2	34.8	19.1	20.5
45	172	320	173	51.1	27.0	35.1

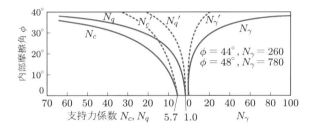

図 8.4　支持力係数と内部摩擦角の関係

$N_\gamma{}'$, $N_q{}'$ は，次に説明する局部せん断破壊に対する支持力係数である．

8.3.2　局部せん断破壊に対する連続フーチング基礎の極限支持力

図 8.1 の曲線 B で示されるような緩い砂質土や，軟らかい粘土地盤上に施工される連続フーチングでは，局部せん断破壊が発生するため，全般せん断破壊の考え方による式 (8.4) をそのまま適用することはできない．また，局部せん断破壊は非常に複雑な挙動を示すため，その塑性平衡状態を的確に表現する方法は，現時点では存在しない．そこで，テルツァギーは，式 (8.4) を基本として基礎地盤のせん断強度を低減することにより，局部せん断破壊に対処しようと考えた．すなわち，$c' = (2/3)c$，$\tan\phi' = (2/3)\tan\phi$ として得られる支持力係数 $N_c{}'$, $N_\gamma{}'$, $N_q{}'$ を用いることにした．したがって，局部せん断破壊に対する連続フーチングの極限支持力 $q_\mathrm{u}{}'$ は次式のように与えられる．

$$q_\mathrm{u}{}' = \frac{2}{3}cN_c{}' + \frac{1}{2}\gamma_2 B N_\gamma{}' + \gamma_1 D_\mathrm{f} N_q{}' \tag{8.5}$$

なお，$N_c{}'$, $N_\gamma{}'$, $N_q{}'$ は，表 8.1 および図 8.4 に示したとおりである．

例題 8.1　砂質粘土地盤に，幅 $B = 3\,\mathrm{m}$，根入れ深さ $D_\mathrm{f} = 2\,\mathrm{m}$ の連続フーチング基礎を設置した．このときの全般せん断破壊に対する極限支持力 q_u および局部せん断破壊に対する極限支持力 $q_\mathrm{u}{}'$ を求めよ．ただし，地盤の単位体積重量を $\gamma_1 = \gamma_2 = 15.7\,\mathrm{kN/m^3}$，粘着力を $c = 11.8\,\mathrm{kN/m^2}$，内部摩擦角を $\phi = 10°$ とする．

解　表 8.1 より，$\phi = 10°$ のとき，$N_c = 9.64$，$N_\gamma = 1.20$，$N_q = 2.70$，$N_c{}' = 8.01$，$N_\gamma{}' = 0.00$，$N_q{}' = 1.94$ である．

式 (8.4) より，全般せん断破壊に対する極限支持力 q_u は，

$$
\begin{aligned}
q_\mathrm{u} &= cN_c + \frac{1}{2}\gamma_2 B N_\gamma + \gamma_1 D_\mathrm{f} N_q \\
&= 11.8 \times 9.64 + \frac{1}{2} \times 15.7 \times 3 \times 1.20 + 15.7 \times 2 \times 2.70 \\
&= 227\,\mathrm{kN/m^2}
\end{aligned}
$$

となる．式 (8.5) より，局部せん断破壊に対する極限支持力 $q_\mathrm{u}{}'$ は，次のように求められる．

$$
\begin{aligned}
q_\mathrm{u}{}' &= \frac{2}{3}cN_c{}' + \frac{1}{2}\gamma_2 B N_\gamma{}' + \gamma_1 D_\mathrm{f} N_q{}' \\
&= \frac{2}{3} \times 11.8 \times 8.01 + \frac{1}{2} \times 15.7 \times 3 \times 0.00 + 15.7 \times 2 \times 1.94 \\
&= 124\,\mathrm{kN/m^2}
\end{aligned}
$$

8.3.3　全般せん断破壊に対する極限支持力公式の拡張

　テルツァギーは，連続フーチングの極限支持力公式を基本として，これに形状係数を導入することにより，種々の形状のフーチングに適用できる半理論的な極限支持力 q_u の近似解を提案した．

$$q_u = \alpha c N_c + \beta \gamma_2 B N_\gamma + \gamma_1 D_f N_q \tag{8.6}$$

ここに，α，β：基礎の形状係数（表 8.2 参照）である．

　なお，"道路橋示方書・同解説　IV 下部構造編" や "建築基礎構造設計指針" においては，テルツァギーの支持力公式を拡張し，荷重の偏心などを考慮できるようにしている．また，支持力係数や形状係数は，表 8.3〜表 8.5 に示すように，各種基準によって若干異なることに注意しなければならない．

表 8.2　テルツァギーによる基礎の形状係数

形状係数	連　続	正方形	長方形	円　形
α	1.0	1.3	$1.0 + 0.3B/L$	1.3
β	0.5	0.4	$0.5 - 0.1B/L$	0.3

B：長方形基礎の短辺長さ，　L：長方形基礎の長辺長さ

表 8.3　道路橋示方書における基礎の形状係数
（β は式 (8.6) にみあうように換算したもの）

形状係数	帯状（連続）	正方形, 円形	長方形
α	1.0	1.3	$1.0 + 0.3B/D$
β	0.5	0.3	$0.5 - 0.2B/D$

B：基礎幅（短辺），D：基礎幅（長辺）

表 8.4　建築基礎構造設計指針における支持力係数

ϕ (°)	N_c	N_γ	N_q	ϕ (°)	N_c	N_γ	N_q
0	5.1	0	1.0	30	30.1	15.7	18.4
5	6.5	0.1	1.6	32	35.5	22.0	23.2
10	8.3	0.4	2.5	34	42.2	31.1	29.4
15	11.0	1.1	3.9	36	50.6	44.4	37.8
20	14.8	2.9	6.4	38	61.4	64.1	48.9
25	20.7	6.8	10.7	40 以上	75.3	93.7	64.2
28	25.8	11.2	14.7				

表 8.5　建築基礎構造設計指針における基礎の形状係数

形状係数	連　続	正方形	長方形	円　形
α	1.0	1.2	$1.0 + 0.2B/L$	1.2
β	0.5	0.3	$0.5 - 0.2B/L$	0.3

B：長方形基礎の短辺長さ，　L：長方形基礎の長辺長さ

例題 8.2　　図 8.5 に示すように，地下水位が地表面下 2 m にあり，二つの層からなる地盤がある．この地盤に直径 4 m の円形基礎を根入れ深さ $D_\mathrm{f} = 3$ m で設置する．全般せん断破壊が発生するとして，この基礎の極限支持力 q_u を求めよ．

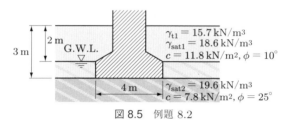

図 8.5　例題 8.2

解　　表 8.1 より，$\phi = 25°$ のとき，$N_c = 25.0$，$N_\gamma = 9.20$，$N_q = 12.7$ である．また，表 8.2 より，$\alpha = 1.3$，$\beta = 0.3$ である．極限支持力は式 (8.6) から，次のように求める．

$$\gamma_{\mathrm{sub}1} = \gamma_{\mathrm{sat}1} - \gamma_w = 18.6 - 9.81 = 8.79 \, \mathrm{kN/m^3},$$

$$\gamma_{\mathrm{sub}2} = \gamma_{\mathrm{sat}2} - \gamma_w = 19.6 - 9.81 = 9.79 \, \mathrm{kN/m^3}$$

$$\begin{aligned}
q_\mathrm{u} &= \alpha c N_c + \beta \gamma_2 B N_\gamma + \gamma_1 D_\mathrm{f} N_q \\
&= 1.3 \times 7.8 \times 25.0 + 0.3 \times 9.79 \times 4 \times 9.20 + (15.7 \times 2 + 8.79 \times 1) \times 12.7 \\
&= 872 \, \mathrm{kN/m^2}
\end{aligned}$$

8.3.4　粘土地盤の極限支持力

　粘土地盤に施工される基礎に関しては，式 (8.4)，(8.6) の支持力公式において $\phi = 0$ の場合として扱うことができる．しかし，軟弱な粘土地盤に関しては，一般に図 8.3 に示すような左右対称の破壊は発生せず，円形すべりによる基礎の転倒破壊が発生すると考えられる．チェボタリオフ (Tschebotarioff) は，粘土地盤上に施工される連続フーチング基礎について，図 8.6 に示すような円形すべりによって基礎の転倒破壊が発生すると考え，点 b に関する回転モーメントのつり合い条件 $q_\mathrm{u} B \cdot (B/2) = c\pi B \cdot B + c D_\mathrm{f} \cdot B + \gamma_1 D_\mathrm{f} B \cdot (B/2)$ から，極限支持力 q_u を次式のように求めた．

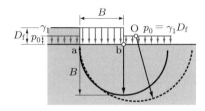

図 8.6　基礎の転倒破壊

$$q_{\mathrm{u}} = 6.28c\left(1 + 0.318\frac{D_{\mathrm{f}}}{B} + 0.159\frac{\gamma_1 D_{\mathrm{f}}}{c}\right) \tag{8.7}$$

　基礎底面が地表面と一致する場合，式 (8.7) に $D_{\mathrm{f}} = 0$ を代入すると，$q_{\mathrm{u}} = 6.28c$ が得られるが，この値は $\phi = 0$ としてテルツァギーの式 (8.4)，(8.6) で得られる $q_{\mathrm{u}} = 5.71c$ に比べると過大である．チェボタリオフはすべり破壊円の中心を点 b と仮定したが，最も危険な場合のすべり破壊円の中心は点 b の外側で，図 8.6 に示す点 O になる．ウイルソン (Wilson) は，この点 O を中心としたすべり破壊円のつり合い条件から次に示す極限支持力 q_{u} を与えている．

$$q_{\mathrm{u}} = 5.52c\left(1 + 0.377\frac{D_{\mathrm{f}}}{B}\right) \tag{8.8}$$

　上述の連続フーチングのつり合い条件は，二次元問題として扱うことができるので計算が簡単である．しかし，実際の基礎では，奥行きが有限となる場合が多く，三次元問題となるため，厳密な計算が大変困難になる．このため，極限支持力 q_{u} の算定には実用的な近似式が用いられている．テルツァギーは，粘土地盤上にある辺長 $B \times L$ の長方形フーチングに関し，次に示す半理論的な極限支持力 q_{u} の近似式を与えている．

$$q_{\mathrm{u}} = 5.52c\left(1 + 0.38\frac{D_{\mathrm{f}}}{B} + 0.44\frac{B}{L}\right) \tag{8.9}$$

　なお，粘土地盤の地表面 ($D_{\mathrm{f}} = 0$) に施工される基礎に関する主な極限支持力公式をまとめると，表 8.6 のようになる．

表 8.6 粘土地盤の極限支持力

基礎形状	極限支持力 q_u	提案者
連 続	$(\pi + 2)c$	プランドル
	$6.28c$	チェボタリオフ
	$8.30c$（深い基礎）	マイヤホフ
円 形	$5.68c$	ベレザンツェフ
正方形	$5.71c$	ベレザンツェフ
長方形	$c(0.84 + 0.16B/L)N_c$	スケンプトン
	$B/L \leqq 0.53$ のとき $c(5.14 + 0.66B/L)$ $B/L > 0.53$ のとき $c(5.24 + 0.47B/L)$	シールド

例題 8.3 粘土地盤上に幅 $B = 4\,\mathrm{m}$，根入れ深さ $D_f = 2\,\mathrm{m}$ の連続フーチングを設けた．この基礎の極限支持力 q_u を求めよ．ただし，この粘土地盤は単位体積重量 $\gamma_t = 15.0\,\mathrm{kN/m^3}$，粘着力 $c = 25.0\,\mathrm{kN/m^2}$，内部摩擦角 $\phi = 0°$ である．また，基礎の大きさを $B \times L = 5 \times 6\,\mathrm{m}$ の長方形基礎とした場合の極限支持力 q_u も求めよ．

解 粘土地盤上の浅い基礎であるから，円形すべりによる転倒破壊が発生すると考え，連続フーチングではウイルソンの式 (8.8) を，長方形基礎ではテルツァギーの式 (8.9) を適用する．

連続フーチングの場合：

$$q_u = 5.52c\left(1 + 0.377\frac{D_f}{B}\right) = 5.52 \times 25.0 \times \left(1 + 0.377 \times \frac{2}{4}\right)$$
$$= 164\,\mathrm{kN/m^2}$$

長方形基礎の場合：

$$q_u = 5.52c\left(1 + 0.38\frac{D_f}{B} + 0.44\frac{B}{L}\right)$$
$$= 5.52 \times 25.0 \times \left(1 + 0.38 \times \frac{2}{5} + 0.44 \times \frac{5}{6}\right) = 210\,\mathrm{kN/m^2}$$

8.4 深い基礎の支持力

基礎面下の地盤が軟弱で，荷重を直接支持させることが危険な場合，地中深くに存在する堅固な地盤に荷重を直接伝えて支持する必要がある．このような深い位置に施

工される基礎には，杭 (pile) 基礎，ピア (pier) 基礎，ケーソン (caisson) 基礎などがあるが，これらの基礎の名称は施工法の違いによるもので，支持力の算定に関しては同じ考え方が適用される．たとえば，ピア基礎やケーソン基礎は，大口径の杭基礎であると見なし，その設計法は同じ考え方が適用される．したがって，ここでは杭基礎の支持力を中心に述べる．

杭基礎を機能的に分類すると，次の三つに分けることができる．

① **先端支持杭** (point bearing pile)：軟弱地盤の下に堅固な支持地盤が存在する場合に用いられ，荷重は杭により堅固な支持地盤まで伝達され，杭先端の支持力によって支えられる．なお，地盤によっては先端支持力と杭周面の摩擦抵抗力がともに有効に働き，両者で荷重を支持すると考えるものもある．

② **摩擦杭** (friction pile)：粘土地盤が深くまで続き，先端支持杭の施工が不可能な場合に用いられ，杭の周面に働く摩擦抵抗力によって荷重が支持されるものである．

③ **締固め杭** (compaction pile)：緩い砂質地盤に用いられ，多数の短い杭を地盤に打ち込み，打ち込み時の振動効果により地盤を締め固め，地盤の支持力を増大させて荷重を支持するものである．

杭基礎の極限支持力を求める方法は，大きく分けて二つの考え方がある．一つは静力学的公式と呼ばれ，杭の先端支持力と周面摩擦抵抗力の和が極限支持力に等しいと考える方法である．もう一方は，動力学的公式と呼ばれ，杭の打ち込みエネルギーと杭の貫入抵抗エネルギーが等しいと考え，この条件より極限支持力を推定する方法である．なお，杭基礎は単杭として用いられる場合もあるが，ある一定の間隔よりも密に複数の杭が用いられる，いわゆる群杭として用いられる場合が多い．ここでは，まず基本となる単杭の極限支持力について述べ，後に群杭として扱う場合の考え方を述べる．

8.4.1 静力学的な極限支持力

(1) テルツァギーの極限支持力公式 テルツァギーは，単杭の極限支持力が杭の先端支持力と杭周面の摩擦抵抗力の和で表すことができると考え，次式を与えている．

$$R_{\mathrm{u}} = q_{\mathrm{u}} A_{\mathrm{p}} + U l f_{\mathrm{s}} \tag{8.10}$$

ここに，R_{u}：杭の極限支持力 (kN)，q_{u}：式 (8.6) による杭の先端極限支持力 $(\mathrm{kN/m^2})$，A_{p}：杭先端の断面積 $(\mathrm{m^2})$，U：杭の周長 (m)，l：地中部分の杭長 (m)，f_{s}：杭の周面摩擦力 $(\mathrm{kN/m^2})$ である．

式 (8.10) の第 1 項に含まれる q_{u} は，本来浅い基礎を対象に提案されたものであるから，杭先端が浅い位置にある場合に合理的であり，深い位置にある場合は過剰設計になるおそれがある．なお，杭の周面摩擦力 f_{s} の決定には "道路橋示方書・同解説　IV

下部構造編" に記載されている表 8.7 が良く利用される．ただし，N 値が 2 以下の軟弱な地盤に対しては，粘着力を N 値より推定することの信頼性が低くなることから，N 値により周面摩擦力を推定してはならない．

表 8.7　周面摩擦力 f_s［日本道路協会：道路橋示方書・同解説
IV　下部構造編，p. 239，表 10.5.3，丸善（2017）］

(単位：kN/m^2)

地盤の種類 施工方法	砂質土	粘性土
打込み杭工法	$5N\ (\leqq 100)$	c または $6N\ (\leqq 70)$
場所打ち杭工法	$5N\ (\leqq 120)$	c または $5N\ (\leqq 100)$
中掘り杭工法	$2N\ (\leqq 100)$	$0.8c$ または $4N\ (\leqq 70)$
プレボーリング工法	$5N\ (\leqq 120)$	c または $7N\ (\leqq 100)$
鋼管ソイルセメント杭工法	$9N\ (\leqq 200)$	c または $10N\ (\leqq 100)$
回転杭工法	$3N\ (\leqq 150)$	c または $10N\ (\leqq 100)$

※ c は粘着力（kN/m^2），N は N 値

例題 8.4　図 8.7 に示すように，直径 $B = 0.4\,\mathrm{m}$ の鉄筋コンクリート杭を厚さ 16 m のシルト質粘土層を貫通させて，その下にある砂礫層中に深さ 4 m まで打ち込んだ．地盤に関する条件は図中に示すとおりである．この杭の極限支持力 R_u をテルツァギーの極限支持力公式を用いて求めよ．

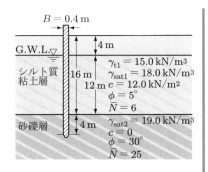

図 8.7　例題 8.4

解　式 (8.10) を適用する．支持力係数は表 8.1 または図 8.4 を，形状係数は表 8.2 の円形基礎を，杭の周面摩擦力は表 8.7 を用いる．

表 8.1 より，$\phi = 30°$ のとき，$N_c = 37.2$，$N_\gamma = 20.0$，$N_q = 22.5$

表 8.2 より，$\alpha = 1.3$，$\beta = 0.3$

表 8.7 より，粘性土で $N = 6$ のとき，$f_s = 6N\ (\leqq 70) = 6 \times 6 = 36\ (\mathrm{kN/m^2})$

砂質土で $N = 25$ のとき，$f_s = 5N\ (\leqq 100) = 5 \times 25 = 100\ (\mathrm{kN/m^2})$

$$R_u = q_u A_p + U l f_s = (\alpha c N_c + \beta \gamma_2 B N_\gamma + \gamma_1 D_f N_q) A_p + U l f_s$$

$$= \big[1.3 \times 0 \times 37.2 + 0.3 \times (19.0 - 9.81) \times 0.4 \times 20.0$$

$$+ \{15.0 \times 4 + (18.0 - 9.81) \times 12 + (19.0 - 9.81) \times 4\} \times 22.5\big]$$

$$\times \pi \times \frac{0.4^2}{4} + \pi \times 0.4 \times (16 \times 36 + 4 \times 100)$$
$$= 1780\,\text{kN}$$

(2) マイヤホフの極限支持力公式　深い基礎における塑性平衡状態を示すと，図 8.8 のようになる．図の左半分はテルツァギー，右半分はマイヤホフ (Meyerhof) が考えた塑性平衡状態を示している．

　テルツァギーの場合は，基礎底面より上に位置する土の重量を上載荷重に置換して支持力を求めているが，根入れ部分のせん断抵抗を無視しているので，不経済な結果を与えるおそれがある．これに対して，マイヤホフの場合は，対数ら線からなるすべり面が根入れ部分まで伸び，杭側面に達するとしている．この考え方は，浅い基礎に対する支持力公式を拡張したテルツァギーの方法よりも深い基礎の場合に合理的である．マイヤホフはこの塑性平衡状態から極限支持力 q_u を求め，式 (8.6) と同形の半理論的な近似式で表すことができるとしている．杭基礎のように基礎の幅 B が根入れ深さ D_f に比べて極めて小さい場合は，式 (8.6) の第 2 項が無視できる．したがって，マイヤホフの極限支持力は，杭の周面摩擦抵抗を考慮して，次式のように表すことができる．なお，十分深い基礎についてマイヤホフが求めた支持力係数を図 8.9 に示す．

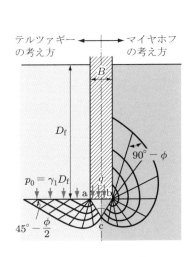

図 8.8　深い基礎の塑性平衡状態[赤井浩一：土質力学，p. 185，図 7.9，朝倉書店 (1978)，一部修正]

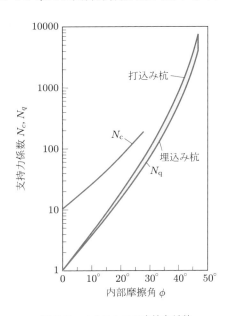

図 8.9　マイヤホフの支持力係数

$$R_{\mathrm{u}} = q_{\mathrm{u}}A_{\mathrm{p}} + Ulf_{\mathrm{s}} = (\alpha cN_c + \gamma D_{\mathrm{f}}N_q)A_{\mathrm{p}} + Ulf_{\mathrm{s}} \tag{8.11}$$

ここに，α：基礎の形状係数（表 8.2 の円形参照），N_c，N_q：マイヤホフの支持力係数（図 8.9 参照），γ：土の単位体積重量である．

(3) マイヤホフの半実験的極限支持力公式　マイヤホフは，砂質地盤に関する極限支持力 R_{u} と標準貫入試験の N 値の関係を実験的な立場から調査し，両者を関連づけた．静的コーン貫入試験の貫入抵抗 q (kN/m^2) と N 値の間の $q \fallingdotseq 9.81 \times 40N$ という関係と，周面摩擦力 f_{s} (kN/m^2) と支持層平均 N 値 ($\overline{N}$) の間の $f_{\mathrm{s}} \fallingdotseq 9.81 \times \overline{N}/5$ という関係に着目して，杭の先端支持力を貫入抵抗に，杭の周面摩擦を N 値の関数に置き換えた．これにより，次式のような砂質地盤に関する極限支持力 R_{u} を半実験公式として提案した．

$$R_{\mathrm{u}} = 9.81 \left(40NA_{\mathrm{p}} + \frac{\overline{N}}{5}Ul \right) \tag{8.12}$$

ここに，R_{u}：極限支持力 (kN)，N：杭先端の N 値，$\overline{N}$：支持層の平均 N 値，A_{p}：杭の断面積 (m^2)，U：杭の周長 (m)，l：杭長 (m) である．

　杭先端付近の N 値が一定でない場合には，図 8.10 に示すように，杭先端から下に B の範囲の最小 N 値と杭先端から上に $4B$ の範囲の平均 N 値を求め，両者を平均した値を杭先端の N 値として用いる．一方，$\overline{N}$ は杭全長における N 値の平均値を用いることにしている．式 (8.12) は，支持層が砂質地盤である場合に関して利用される．また，支持層中に一部粘土地盤が存在する場合は，式 (8.12) を拡張した次式の利用も認められている．

$$R_{\mathrm{u}} = 9.81 \left\{ 40NA_{\mathrm{p}} + \left(\frac{\overline{N_{\mathrm{s}}}l_{\mathrm{s}}}{5} + \frac{\overline{N_{\mathrm{c}}}l_{\mathrm{c}}}{2} \right) U \right\} \tag{8.13}$$

ここに，$\overline{N_{\mathrm{s}}}$：支持層中の砂質部分の平均 N 値，$\overline{N_{\mathrm{c}}}$：支持層中の粘土質部分の平均 N 値，l_{s}：支持層中の砂質部分の杭長 (m)，l_{c}：支持層中の粘土質部分の杭長 (m) である．

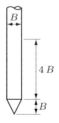

図 8.10　杭先端付近の N 値の取り扱い

　重要な構造物を設計する場合，事前に建設予定地の地盤調査を実施し，柱状図や標準貫入試験などの地盤に関するデータが求められる．式 (8.12) と (8.13) は，現地の地盤調査で得られる N 値を直接用いており，現地の調査試験結果に基づくものであるから，信頼性が高く，また実際の載荷試験結果とも良く合うといわれている．

(4)　負の周面摩擦力　　圧密沈下の可能性のある地盤に杭が打設される場合，地盤の沈下により杭周面に負の周面摩擦力 (negative skin friction) が作用する．これはネガティブフリクションともいわれる．杭の支持力，杭体応力度および杭頭沈下量を求める場合に，負の周面摩擦力の影響を考慮しなければならない．"道路橋示方書・同解説 IV 下部構造編" では，次のような手順が示されている．

① **中立点の位置の検討**：負の周面摩擦力が作用する範囲は，図 8.11 に示す圧密層の中立点より上部を考えれば良い．中立点の位置は沈下量や支持地盤の固さに依存するが，データがない場合は圧密層の下端と仮定して良い．

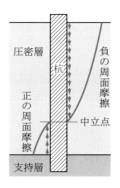

図 8.11　負の周面摩擦力と中立点

② **鉛直支持力の検討**：負の周面摩擦力の影響を考慮した地盤から決まる杭の軸方向押込み力の制限値 $R_d{}'$ (kN) は，次式により算定する．

$$R_d{}' = \frac{2}{3}(R_u{}' - W_s{}') + W_s{}' - (R_{nf} + W) \tag{8.14}$$

ここに，$R_u{}'$：中立点より下にある地盤の極限支持力 (kN)，R_{nf}：中立点より上にある地盤の負の周面摩擦力 (kN)，$W_s{}'$：中立点より下方の杭で置き換えられる部分の土の有効重量 (kN)，W：杭および杭内部の土砂の有効重量 (kN) である．

③ **杭体応力度の検討**：負の周面摩擦力による杭体応力度は，次の条件式により検討する．

$$1.2(P_0 + R_{nf} + W') \leqq \sigma_y A_p \tag{8.15}$$

ここに，P_0：荷重による杭頭反力 (kN)，W'：中立点より上方の部分の杭の有効重量 (kN)，σ_y：杭の降伏点応力 (kN/m²)，A_p：杭の断面積 (m²) である．

④ **杭頭沈下量の検討**：先端支持杭の場合は弾性沈下量を考慮すれば良いが，摩擦杭の場合は弾性沈下量に加えて圧密沈下量を考慮しなければならない．

⑤ **群杭に作用する負の周面摩擦力の検討**：群杭に作用する負の周面摩擦力は単杭より小さくなる．このため，群杭周面に作用する負の摩擦力と杭間に存在する土の重量の和を群杭全体に作用する負の周面摩擦力と考え，杭 1 本当たりの負の周面摩擦力を算出する．

8.4.2　動力学的な極限支持力

杭の支持力や沈下量は，載荷試験を実施すれば，比較的良い精度で求めることができる．しかし，載荷試験には多くの時間や経費がかかるので，施工時に簡単に実施できる杭打ち試験が現場で良く利用されている．

杭打ち試験に用いられる動力学的支持力公式では，ハンマーによって杭に与えられる有効な仕事エネルギーと杭の貫入に必要な仕事エネルギーが等しいと仮定し，杭の貫入抵抗すなわち支持力を算定しようとするものである．この方法は動力学的な貫入抵抗から静力学的な支持力を推定するため，高い精度は期待できない．したがって，重要な構造物に関しては載荷試験と併用するべきであり，支持力公式の精度により適切な安全率を適用する必要がある．

初期の代表的な動力学的支持力公式は，サンダー (Sander) 公式と呼ばれ，次式のような極めて簡単な形で与えられている．

$$R_u = \frac{W_h h}{s} \tag{8.16}$$

ここに，R_u：極限支持力 (kN)，W_h：ハンマーの重量 (kN)，h：ハンマーの落下高 (cm)，s：1 打撃当たりの最終貫入量 (cm) である．

式 (8.16) は杭や地盤の弾性変形に消費される損失エネルギーが考慮されていないため，R_u が過大に算定される．このため，式の使用に際しては安全率 8 を採用して，許容支持力を $R_a = R_u/8$ としている．

次に提案されたエンジニアリングニュース (Engineering News) 公式は，杭や土の弾性変形に消費される損失エネルギーを考慮するため，その損失分に相当する杭の貫入量を 1 in ($\fallingdotseq 2.5\,$cm) と見なし，極限支持力を次式のように与えている．

$$R_u = \frac{W_h h}{s + 2.5} \tag{8.17}$$

式 (8.16)，(8.17) は，杭打ち工法が未発達の 19 世紀後半に公表されたものであり，考慮すべき損失エネルギーの取り扱いに問題があった．その後，杭打ち工法の発達に

伴い，多くの動力学的支持力公式が公表されたが，これらの公式はいずれも杭とハンマーの弾性衝突に関するエネルギー計算に立脚しており，次式が基本となっている．

$$R_{\mathrm{u}} s = e_{\mathrm{f}} \left\{ E_{\mathrm{c}} - E_{\mathrm{c}} \frac{W_{\mathrm{p}}(1 - e^2)}{W_{\mathrm{h}} + W_{\mathrm{p}}} \right\} - (E_1 + E_2 + E_3) \tag{8.18}$$

ここに，e_{f}：ハンマーの効率，E_{c}：ハンマーの定格エネルギー (kN·cm)，W_{p}：杭の重量 (kN)，e：杭の反発係数，E_1，E_2，E_3：杭や地盤の弾性圧縮に関する損失エネルギー (kN·cm) である．

　この考え方による代表的な式であるハイリー (Hiley) 公式は，汎用性が高いため広く利用されている．ハイリーは実用的な公式とするため，式 (8.18) に $E_{\mathrm{c}} = W_{\mathrm{h}} h$，$E_1 = R_{\mathrm{u}} C_1 / 2$，$E_2 = R_{\mathrm{u}} C_2 / 2$，$E_3 = R_{\mathrm{u}} C_3 / 2$ を代入し，次式のような支持力公式を提案している．

$$R_{\mathrm{u}} = \frac{e_{\mathrm{f}} W_{\mathrm{h}} h}{s + (1/2)(C_1 + C_2 + C_3)} \frac{W_{\mathrm{h}} + e^2 W_{\mathrm{p}}}{W_{\mathrm{h}} + W_{\mathrm{p}}} \tag{8.19}$$

ここに，e_{f}：ハンマーの効率（ドロップハンマー：0.75～1.0，蒸気ハンマー：0.75～0.85，ディーゼルハンマー：1.0），e：杭の反発係数（コンクリート杭：0.25，鋼杭：0.40～0.55），C_1：杭の弾性圧縮量 (cm)，C_2：地盤の弾性圧縮量 (cm)（硬い地盤：0，弾性的地盤：0.5），C_3：キャップおよび杭頭の弾性圧縮量 (cm) (0～1.2 cm) である．

　一般に，動力学的支持力公式は砂質地盤に適用すべきもので，粘土地盤のように打ち込みの前後で地盤の条件が著しく異なる場合には適用できないことから，式 (8.19) を修正した次式が用いられる．

$$R_{\mathrm{u}} = \frac{e_{\mathrm{f}} W_{\mathrm{h}} h}{s + (1/2)C} \left\{ 1 - \frac{W_{\mathrm{p}}}{W_{\mathrm{h}} + W_{\mathrm{p}}} (1 - e^2) \right\} \tag{8.20}$$

ここに，C：リバウンド量 (cm)，e_{f}：ハンマーの効率（ドロップハンマー：0.5，ディーゼルハンマー：0.7），h：ハンマーの自由落下高 (cm)（ディーゼルハンマーの場合は $2h$），e：杭の反発係数（コンクリート杭：0.25，鋼杭：0.8）である．

例題 8.5　重量 $W_{\mathrm{h}} = 20\,\mathrm{kN}$，落下高さ $h = 1.6\,\mathrm{m}$ のディーゼルハンマーを用いて鉄筋コンクリート杭を打ち込んだところ，最終貫入量 $s = 1.0\,\mathrm{cm}$，リバウンド量 $C = 1.5\,\mathrm{cm}$ を得た．ハイリー公式を用いて杭の極限支持力 R_{u} を算定せよ．ただし，杭の重量は $W_{\mathrm{p}} = 16\,\mathrm{kN}$ である．

解　ハンマーの効率を $e_{\mathrm{f}} = 1.0$，杭の反発係数を $e = 0.25$，杭と地盤の弾性変形量を $C = C_1 + C_2 + C_3 = 1.5\,\mathrm{cm}$ として，式 (8.19) を適用すれば，次のようになる．

$$R_{\mathrm{u}} = \frac{e_{\mathrm{f}} W_{\mathrm{h}} h}{s + (1/2)(C_1 + C_2 + C_3)} \frac{W_{\mathrm{h}} + e^2 W_{\mathrm{p}}}{W_{\mathrm{h}} + W_{\mathrm{p}}}$$

$$= \frac{1.0 \times 20 \times 160}{1.0 + (1/2) \times 1.5} \frac{20 + 0.25^2 \times 16}{20 + 16} = 1100\,\text{kN}$$

8.4.3 群杭の支持力

摩擦杭は 1 本当たりの支持力が小さいため，多数の杭が狭い間隔で打ち込まれることになる．杭間隔が密になると各杭の影響範囲が重複し，地盤中のある部分に大きな応力が作用する．このような場合は，単杭を杭本数だけ単純に重ね合わせるのではなく，複数の杭を一つの集合体として取り扱う方が合理的である．このような杭の集合体を群杭 (pile group) という．

一般に，先端支持杭の場合は，極限支持力に杭の本数をかけ，全体の支持力を求める場合が多い．一方，摩擦杭の場合は，周面摩擦力による応力干渉を考慮し，極限支持力に低減率をかけて全体の支持力を求めるような方法が妥当である．低減率は，杭の間隔や配置あるいは地盤の性質などにより複雑な影響を受けるため，実験式が提案されている．群杭の平均低減率を与える実験式は，コンバース・レバーレ (Converse Labbarre) によって次式のように与えられている．

$$E = 1 - \frac{m(n-1) + n(m-1)}{90mn} \tan^{-1}\left(\frac{B}{D_\text{p}}\right) \tag{8.21}$$

ここに，E：杭 1 本当たりの平均低減率，m：群杭の列数，n：1 列中の杭本数，B：杭の直径 (m)，D_p：杭の中心間隔 (m) であり，$\tan^{-1}(B/D_\text{p})$ の値は度で与える．

したがって，群杭の極限支持力 R_gu は次式で与えられる．

$$R_\text{gu} = EmnR_\text{u} \tag{8.22}$$

なお，低減率を考慮すべき杭中心間隔 D_p に関し，ビャーバーマー (Bierbaumer) が次のような条件式を提案している．

$$D_\text{p} \leq 1.5\sqrt{\frac{Bl}{2}} \tag{8.23}$$

ここに，B：杭の直径 (m)，l：地盤中の杭長 (m) である．

土木構造物の分野では，図 8.12 に示すような群杭に関し，次に示すテルツァギーの極限支持力公式が良く用いられている．なお，この式は粘土地盤への適用はできず，砂質地盤に適用されるものである．

$$R_\text{gu} = q_\text{gu}A_\text{g} + U_\text{g}l_\text{g}f_\text{gs}$$
$$= (\alpha c N_c + \beta \gamma_2 B_\text{g} N_\gamma + \gamma_1 l_\text{g} N_q) A_\text{g} + U_\text{g} l_\text{g} f_\text{gs} \tag{8.24}$$

ここに，R_gu：群杭の極限支持力 (kN)，q_gu：群杭先端の極限支持力 (kN/m^2) (式 (8.6)

参照), A_g：群杭の底面積 (m^2), U_g：群杭の周長 (m), l_g：地中部分の群杭の長さ (m), f_{gs}：群杭に接する土の平均摩擦力 (kN/m^2), B_g：群杭の短辺 (m) である.

例題8.6 図 8.12 に示すように，底面積 $3.6 \times 4.0\,m$ の群杭を打設した．群杭は，直径 $B = 0.3\,m$ の遠心力鉄筋コンクリート杭を 6 行 5 列に配置し，厚さ 8 m のシルト質粘土層を貫通させ，その下にある粘土層中に深さ 2 m まで打ち込んだ．地表面近くに地下水位があり，土に関する定数は図中に示すとおりである．この群杭の極限支持力 R_{gu} を求めよ.

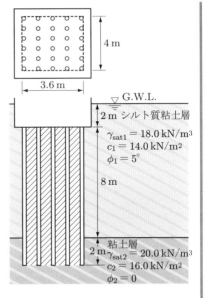

図 8.12 例題 8.6

解 テルツァギーの群杭の極限支持力 R_{gu} を求める式 (8.24) は，砂質地盤への適用に合理的であり，粘土地盤への適用には問題がある．この例題の場合は，粘土地盤への適用であり杭間隔も密であるから，コンバース・レバーレの平均低減率を用いる方法を適用する．コンバース・レバーレの平均低減率を用いて群杭の極限支持力 R_{gu} を求めるには，式 (8.10), (8.21) および式 (8.22) を適用する.

低減率 E を考慮すべき群杭の中心間隔 D_p は式 (8.23) より,

$$D_p = 1.5\sqrt{\frac{Bl}{2}} = 1.5 \times \sqrt{\frac{0.3 \times 10}{2}} = 1.84\,m$$

となる．実際の群杭の杭間隔 D_p は，$5D_p + 0.3 = 4$ より $D_p = 0.740\,m$，あるいは $4D_p + 0.3 = 3.6$ より $D_p = 0.825\,m$ となる．このため $D_p = 0.740\,m$ で考える.

$$D_p = 0.74 \leqq 1.84\,m$$

が成り立つため，低減率を適用する必要がある.

式 (8.21) より低減率 E を求めると,

$$E = 1 - \frac{m(n-1) + n(m-1)}{90mn}\tan^{-1}\left(\frac{B}{D_p}\right)$$

$$= 1 - \frac{5(6-1) + 6(5-1)}{90 \times 5 \times 6} \tan^{-1}\left(\frac{0.3}{0.74}\right) = 0.600$$

式 (8.10) および式 (8.22) より群杭の極限支持力 R_{gu} を求める.

表 8.1 より, $\phi = 0°$ のとき, $N_c = 5.71$, $N_\gamma = 0$, $N_q = 1.00$

表 8.2 より, $\alpha = 1.3$, $\beta = 0.3$

表 8.7 より, 粘性土 (打込み, N 値不明) の場合, $f_{s1} = c_1 = 14.0 \,\text{kN/m}^2$, $f_{s2} = c_2 = 16.0 \,\text{kN/m}^2$

$$R_u = (\alpha c N_c + \beta \gamma_2 B N_\gamma + \gamma_1 D_f N_q) A_p + U l f_s$$
$$= \left[1.3 \times 16.0 \times 5.71 + 0.3 \times (20.0 - 9.81) \times 0.3 \times 0 \right.$$
$$\left. + \{(18.0 - 9.81) \times 8 + (20.0 - 9.81) \times 2\} \times 1.00 \right]$$
$$\times \pi \times \frac{0.3^2}{4} + \pi \times 0.3 \times (8 \times 14.0 + 2 \times 16.0) = 150.2 \,\text{kN}$$

$$R_{gu} = E m n R_u = 0.600 \times 5 \times 6 \times 150.2 = 2700 \,\text{kN}$$

8.5 基礎の沈下

基礎の沈下は, 載荷後短時間に発生する弾性的な即時沈下 (immediate settlement) と, その後長時間にわたって発生する圧密沈下 (consolidate settlement) の 2 種類がある. 砂質地盤では, 圧密沈下が極めて短時間に終了するので, 即時沈下のみを考慮すれば良いが, 粘土地盤では即時沈下に加えて圧密沈下を考慮しなければならない. 圧密沈下量の算定については, 第 4 章で詳しく述べているので, ここでは即時沈下について説明する.

8.5.1 即時沈下量

浅い基礎の弾性的な即時沈下量は, 地盤反力係数を用いて次のように表される.

$$S = \frac{Q_f}{K_v} = \frac{Q_f}{A_f k_v} \tag{8.25}$$

ここに, S:即時沈下量 (m), Q_f:基礎に作用する鉛直荷重 (kN), A_f:基礎の底面積 (m^2), K_v:基礎の鉛直ばね定数 (kN/m), k_v:地盤反力係数 (kN/m^3) である.

載荷試験を実施する場合は, 図 8.1 に示す I の弾性領域の直線部分の関係 (荷重強さ q_y に対応する沈下量 S_y) より地盤反力係数 $k_v = q_y/S_y$ を求め, これを用いる. また, 種々の載荷試験結果から実験的に導かれた次のような関係式も報告されている.

$$k_v = a E_{s1} B^{-b} \tag{8.26}$$

ここに, a:地盤の種類による係数 (砂質地盤:0.2〜粘土地盤:1.2), E_{s1}:地盤の変

形係数 (kN/m^2)，B：基礎底面の換算幅 (m)，b：地盤の種類による係数（砂質地盤：0.5〜粘土地盤：1.0）である.

杭基礎の弾性的な即時沈下量は，デ・ビアー (De Beer) によって，砂質地盤の N 値と沈下量の関係を経験的にとらえた次式が提案されている.

$$S = 0.4 \int_0^{D_f} \frac{p_0}{N} \log \frac{p_0 + \Delta p}{p_0} \, dz \tag{8.27}$$

ここに，p_0：基礎築造前の有効土被り圧 (kN/m^2)，Δp：基礎築造後の増加圧力 (kN/m^2)，N：N 値，z：杭上端からの深さ (m)，D_f：杭の貫入深さ (m) である.

8.5.2 許容沈下量

構造物荷重による沈下は，基礎全体が一様に沈下すれば構造物に大きな影響を及ぼさないが，不同に沈下すれば構造物に大きな影響を及ぼす．したがって，基礎の設計では，不同沈下量をできるだけ小さくし，構造物に許容される範囲内の沈下量に止めなければならない．建築基礎構造設計指針には，表 8.8，表 8.9 のような許容沈下量が示されている.

表 8.8　許容総沈下量（即時沈下の場合）　　（単位：cm）

構造の種別	ブロック製		鉄筋コンクリート製	
基礎の形式	連続基礎	独立基礎	連続基礎	べた基礎
標準値	1.5	2.0	2.5	3.0〜(4.0)
最大値	2.0	3.0	4.0	6.0〜(8.0)

※（　）内は十分剛性が大きい場合

表 8.9　許容最大沈下量（圧密沈下の場合）　　（単位：cm）

構造の種別	ブロック製	鉄筋コンクリート製		
基礎の形式	連続基礎	独立基礎	連続基礎	べた基礎
標準値	2	5	10	10〜(15)
最大値	4	10	20	20〜(30)

※（　）内は十分剛性が大きい場合

演習問題

8.1 図 8.13 に示すように,地下水位の位置が地表面にあり,二つの層で構成される地盤がある.この地盤に,根入れ深さ $D_f = 3.75\,\mathrm{m}$ の基礎を設置したい.全般せん断破壊が発生するとして,次の基礎の極限支持力 q_u を求めよ.

図 8.13

G.W.L.
$\gamma_{sat1} = 18.0\,\mathrm{kN/m^3}$
$c_1 = 12.0\,\mathrm{kN/m^2}$
$\phi_1 = 10°$
3.75 m
5 m
$\gamma_{sat2} = 20.0\,\mathrm{kN/m^3}$
$c_2 = 8.0\,\mathrm{kN/m^2}$
$\phi_2 = 30°$

(1) 連続フーチング(幅 $B = 5\,\mathrm{m}$)

(2) 円形基礎(直径 $B = 5\,\mathrm{m}$)

(3) 正方形基礎(一辺 $B = 5\,\mathrm{m}$)

(4) 長方形基礎($B \times L = 5 \times 15\,\mathrm{m}$)

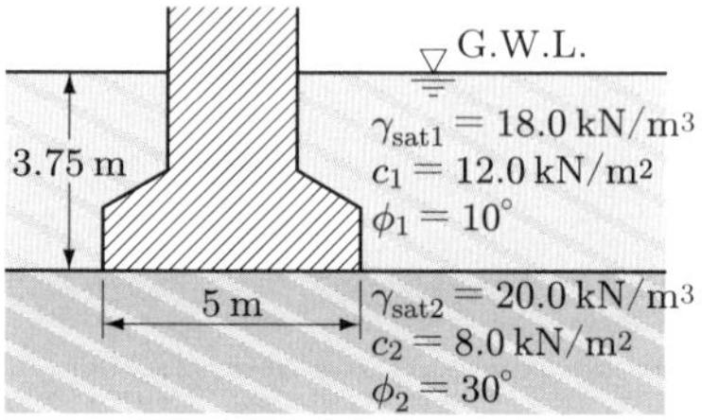

8.2 $A = 3 \times 3\,\mathrm{m}$ の正方形断面を持つ基礎に,自重も含めて $6000\,\mathrm{kN}$ の構造物荷重が作用するとき,安全率を 3 として($6000\,\mathrm{kN}$ の 3 倍の構造物荷重に耐えるものとして)基礎に必要な根入れ深さを決定せよ.ただし,地盤は一様な砂質土で,土の単位体積重量を $\gamma_t = 19.0\,\mathrm{kN/m^3}$,粘着力を $c = 2.0\,\mathrm{kN/m^2}$,内部摩擦角を $\phi = 35°$ とする.

8.3 【例題 8.4】における杭の極限支持力 R_u を,次の方法により求めよ.

(1) マイヤホフの極限支持力公式

(2) マイヤホフの半実験的極限支持力公式

8.4 【例題 8.6】における群杭の極限支持力 R_{gu} をテルツァギーの方法を用いて求めよ.ただし,支持地盤は砂質地盤である(第1層および第2層の平均 N 値は,いずれも 10 である)とみなすものとする.

課題

8.1 浅い基礎に関する極限支持力公式を一覧表にまとめよ.

8.2 深い基礎に関する静力学的極限支持力公式ならびに動力学的極限支持力公式を一覧表にまとめよ.

8.3 群杭に関する極限支持力公式を一覧表にまとめよ.

第9章 斜面の安定

9.1 斜面安定と極限平衡法

一般に，斜面の安定性は，対象とする斜面について安定解析を行い，得られた安全率 F_s の大小によって検討する．安全率の定義は，抵抗モーメントと滑動モーメントの比，あるいは抵抗力と滑動力の比で表す場合が多い．後者は，せん断抵抗力とせん断滑動力の比でもある．

斜面の安定解析は，既設斜面が崩壊した場合の原因究明，対策工の設計や新設の土工斜面の設計の際に行われる．この解析には通常，極限平衡法を用いるのが一般的である．

ここで，まず初等力学で学んだ斜面上の物体の運動を思い出そう．図 9.1 のような傾斜角 α の斜面上に自重 W の質点（剛体ブロック）が静止している場合，剛体ブロックに作用する力のつり合い式を考えると，斜面に垂直な方向では，

$$N - W \cos \alpha = 0 \tag{9.1}$$

となり，斜面に平行な方向では，

$$S - W \sin \alpha = 0 \tag{9.2}$$

となる．ここに，N は斜面に垂直方向の抗力，S は剛体ブロックがすべろうとするのを妨げる斜面に平行方向の摩擦力である．

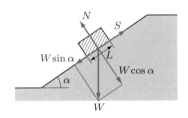

図 9.1 極限平衡法

さて，この傾斜角 α を少しずつ大きくしていくか，剛体ブロックを斜面の上方から下方向へ少しずつ押していくと，あるとき摩擦力が剛体ブロックをすべらそうとする力 $T\,(= W \sin \alpha)$ に耐えきれなくなり，剛体ブロックがすべりはじめる．このときの最大摩擦力 $S_{\max}$ は $N \tan \phi$（ϕ は摩擦角）である．この最大摩擦力と剛体ブロックをすべらそうとする力の比，すなわち $S_{\max}/T$ は，静止状態の剛体ブロックがすべり出すまでの余裕を表している．そこで，これを安全率 F_s と置くと，

$$F_s = \frac{S_{\max}}{T} = \frac{N \tan \phi}{W \sin \alpha} = \frac{W \cos \alpha \tan \phi}{W \sin \alpha} = \frac{\tan \phi}{\tan \alpha} \tag{9.3}$$

となる．F_s が 1.0 のときにすべり出すことになる．

式 (9.3) では，接触面で摩擦則 $S_{\max} = N \tan \phi$ を用いたが，ここに土のせん断強さ s を支配する次式のクーロン則（粘着力 c，内部摩擦角 ϕ，せん断面に働く垂直応力 σ）が適用できるとする．

$$s = c + \sigma \tan \phi \tag{9.4}$$

剛体ブロックの滑動を阻止しようとする斜面に平行方向の力 $S_{\max}$ は，剛体ブロック長を L とすると，次式で表せる．

$$S_{\max} = L(c + \sigma \tan \phi) = cL + N \tan \phi \tag{9.5}$$

したがって，安全率 F_s は次のように得られる．

$$F_s = \frac{S_{\max}}{T} = \frac{cL}{W \sin \alpha} + \frac{\tan \phi}{\tan \alpha} \tag{9.6}$$

安全率が 1.0 より大きい場合は，せん断強さがせん断滑動力より大きいということであるから，剛体ブロックは静止状態にあり，安定している．一方，安全率が 1.0 より小さい場合は，せん断滑動力の方がせん断強さより大きいということであり，剛体ブロックはすべっていく．安全率が 1.0 では，せん断強さと滑動力がつり合っており（すなわち，剛体ブロックに作用している外力がつり合っており），剛体ブロックがまさにすべり出そうとする極限平衡状態にあることを意味している．ここで，図 9.1 を現実問題に照らし合わせると，剛体ブロックはすべり土塊と呼ばれる斜面を含む地山の一部であり，剛体ブロックと斜面との境界線は潜在すべり面である．斜面の安定を検討するために行う安定解析では，次の三つが重要な要素である．

① 潜在すべり面を仮定すること
② すべり土塊の自重を求めること
③ 潜在すべり面での強度定数 (c, ϕ) を求めること

式 (9.6) によると，安全率に影響を及ぼす主な因子は，剛体ブロック（すべり土塊）の自重，斜面の傾斜角，地山の強度定数 c，ϕ である．斜面の安定解析を行うために

は，これらの値を調査や試験によって前もって知っておく必要がある.

本章では，この極限平衡法に基づくさまざまな安定解析法について述べる.

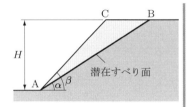

図 9.2　例題 9.2

例題 9.1　図 9.2 のような高さ H で傾斜角 β の斜面がある. 太線で示すような直線の潜在すべり面（傾斜角 α）を仮定したとき，土塊の滑動に対する安全率の式を誘導せよ. ただし，土の単位体積重量を γ_t，粘着力を c，内部摩擦角を ϕ とする.

解　まず，すべり土塊 ABC の自重 W を求める. 幾何学的な関係を利用すると，

$$\mathrm{AB} = \frac{H}{\sin\alpha}, \quad \mathrm{AC} = \frac{H}{\sin\beta}$$

である. したがって，自重 W は，

$$W = \gamma_\mathrm{t} \cdot \frac{1}{2}\mathrm{AB}\cdot\mathrm{AC}\cdot\sin(\beta-\alpha) = \frac{1}{2}\gamma_\mathrm{t} H^2 \frac{\sin(\beta-\alpha)}{\sin\alpha\sin\beta}$$

となる. これを式 (9.6) の W に代入すると，安全率は次のように求められる. なお，L は AB の長さである.

$$\begin{aligned}
F_\mathrm{s} &= \frac{cL}{W\sin\alpha} + \frac{\tan\phi}{\tan\alpha} \\
&= \frac{c(H/\sin\alpha)}{[(1/2)\gamma_\mathrm{t} H^2\{\sin(\beta-\alpha)/(\sin\alpha\sin\beta)\}]\sin\alpha} + \frac{\tan\phi}{\tan\alpha} \\
&= \frac{2c\sin\beta}{\gamma_\mathrm{t} H\sin\alpha\sin(\beta-\alpha)} + \frac{\tan\phi}{\tan\alpha}
\end{aligned}$$

9.2　無限長斜面の安定解析

9.2.1　浸透流のない斜面

図 9.3 に示すように，地表面から z の深さに潜在すべり面を仮定した無限長斜面の一部（単位幅を有する要素片）を考える. 土の単位体積重量を γ_t とすると，9.1 節と同様にして，式 (9.6) に要素片の自重 $W\ (=\gamma_\mathrm{t} z)$ を代入して，安全率 F_s が次のように得られる. ここに，式 (9.6) 中の L は図 9.3 からも明らかなように $1/\cos\alpha$ である.

$$F_\mathrm{s} = \frac{c}{\gamma_\mathrm{t} z\sin\alpha\cos\alpha} + \frac{\tan\phi}{\tan\alpha} \tag{9.7}$$

式 (9.7) から，土の内部摩擦角が斜面の傾斜角より小さい場合 $(\phi \leqq \alpha)$ でも，潜在すべり面が浅い場合には，安全率が 1.0 以上となり，斜面は安定していることがわかる. そこで，式 (9.7) で $F_\mathrm{s} = 1.0$ のときの z を求めると，斜面に滑動が生じる極限の

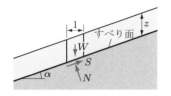

図 9.3 無限長斜面の安定解析

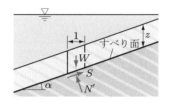

図 9.4 無限長斜面（静水中）

深さ H_c が次のように得られる．この H_c を限界高さ (critical height) という．

$$H_c = \frac{c}{\gamma_t} \frac{1}{\cos^2 \alpha (\tan \alpha - \tan \phi)} \tag{9.8}$$

また，土に粘着力がない場合，式 (9.7) で $c = 0$ と置くと，斜面が安定である条件 $(F_s \geqq 1)$ は，$\phi \geqq \alpha$ であることがわかる．

ところで，図 9.4 の流れのない水中斜面のように，斜面が浸水している場合の安定はどうであろうか．この場合，土は完全飽和状態にあると考えられるので，要素片の自重は水中単位体積重量を用いて $\gamma' z$ となる．また，土のせん断強度を表す式 (9.4) のクーロン則に含まれる強度定数は有効応力による粘着力 c' と内部摩擦角 ϕ' となる．したがって，安全率は次式で表される．

$$F_s = \frac{c'}{\gamma' z \sin \alpha \cos \alpha} + \frac{\tan \phi'}{\tan \alpha} \tag{9.9}$$

また，粘着力がない土の場合は $\phi' \geqq \alpha$ のときに斜面は安定である．

9.2.2　浸透流のある斜面

図 9.5 に示すように，無限長斜面内に地下水が斜面と平行に流れている場合を考える．図に示すように，流線が斜面と平行で等ポテンシャル線が斜面と垂直である流線網が描ける．要素片底面の中心点 P では位置水頭 h_e がゼロであるから，ここでの全水頭 h_t は圧力水頭 h_p に等しい．また，点 P を通る等ポテンシャル線上端の点 Q では

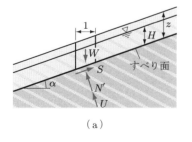

（a）

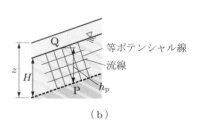

（b）

図 9.5　無限長斜面（浸透流のある場合）

圧力水頭がゼロであるから、ここでの全水頭 h_t は、位置水頭 h_e に等しい。したがって、要素片底面での圧力水頭 h_p は、図に示すように点 PQ 間の縦距に等しいということになり、次式で表される。

$$h_p = \mathrm{PQ}\cos\alpha = (H\cos\alpha)\cos\alpha = H\cos^2\alpha \tag{9.10}$$

この圧力水頭と水の単位体積重量 γ_w の積が、要素片底面に作用する間隙水圧 u である。要素片の底面長 L は $1/\cos\alpha$ であることから、要素片底面に作用する間隙水圧の合力 U は次式で表される。

$$U = \gamma_w h_p \frac{1}{\cos\alpha} = \gamma_w H \cos\alpha \tag{9.11}$$

土の単位体積重量は地下水面より上側で湿潤単位体積重量 γ_t、下側で飽和単位体積重量 γ_{sat} であるから、要素片の自重 W は、

$$W = \gamma_t(z - H) + \gamma_{sat}H \tag{9.12}$$

となる。また、式 (9.5) のせん断強さは、有効応力によるクーロン則を用いて、

$$
\begin{aligned}
S_{max} &= L(c' + \sigma'\tan\phi') = L\left\{c' + (\sigma - u)\tan\phi'\right\} \\
&= Lc' + (N - U)\tan\phi'
\end{aligned}
\tag{9.13}
$$

である。

安全率 F_s は、式 (9.1)、(9.11)〜(9.13) を用いて次式で表される。

$$
\begin{aligned}
F_s &= \frac{S_{max}}{T} = \frac{c' + \left\{\gamma_t(z-H) + \gamma'H\right\}\cos^2\alpha\tan\phi'}{\left\{\gamma_t(z-H) + \gamma_{sat}H\right\}\sin\alpha\cos\alpha} \\
&= \frac{c'}{\left\{\gamma_t(z-H) + \gamma_{sat}H\right\}\sin\alpha\cos\alpha} + \frac{\left\{\gamma_t(z-H) + \gamma'H\right\}\tan\phi'}{\left\{\gamma_t(z-H) + \gamma_{sat}H\right\}\tan\alpha}
\end{aligned}
\tag{9.14}
$$

粘着力がない場合の安全率は、式 (9.14) で $c' = 0$ と置くと得られる。また、地下水面が地表面に一致するとき $(z = H)$ の安全率は、次のようになる。

$$F_s = \frac{c'}{\gamma_{sat}H\sin\alpha\cos\alpha} + \frac{\gamma'}{\gamma_{sat}}\frac{\tan\phi'}{\tan\alpha} \tag{9.15}$$

ところで、式 (9.14) について、H 以外を定数として H で微分すると、F_s は H の増加とともに単調減少する関数であることがわかる。したがって、地下水面が上昇し、地表面に一致したときに安全率が最も小さいことになる。

例題 9.2 傾斜角 $30°$ で，平均厚さ $4\,\mathrm{m}$ の風化層が岩盤斜面上に堆積しているような無限長斜面を考える．長期間の降雨により定常状態で流れている地下水の水面が上昇し，図 9.5 のように風化層と岩盤との境界面がすべり面となって崩壊が発生した．降雨前の安全率，および崩壊が発生したときの地下水位の高さを求めよ．なお，風化層は湿潤単位体積重量 $\gamma_{\mathrm{t}} = 17.5\,\mathrm{kN/m^3}$，飽和単位体積重量 $\gamma_{\mathrm{sat}} = 19.6\,\mathrm{kN/m^3}$ で，すべり面付近の風化層は内部摩擦角 $\phi = \phi' = 30°$，粘着力 $c = c' = 10.0\,\mathrm{kN/m^2}$ とする．

解 降雨前では $H = 0$ であるから，式 (9.14) に数値を代入すると，安全率が次のように求められる．

$$F_{\mathrm{s}} = \frac{c'}{\{\gamma_{\mathrm{t}}(z - H) + \gamma_{\mathrm{sat}}H\}\sin\alpha\cos\alpha} + \frac{\{\gamma_{\mathrm{t}}(z - H) + \gamma'H\}\tan\phi'}{\{\gamma_{\mathrm{t}}(z - H) + \gamma_{\mathrm{sat}}H\}\tan\alpha}$$

$$= \frac{10.0}{30.31} + 1.00 = 1.33$$

また，式 (9.14) を H で整理すると，次のようになる．

$$H = \frac{c'/\cos^2\alpha + \gamma_{\mathrm{t}}z(\tan\phi' - F_{\mathrm{s}}\tan\alpha)}{F_{\mathrm{s}}(\gamma_{\mathrm{sat}} - \gamma_{\mathrm{t}})\tan\alpha + (\gamma_{\mathrm{t}} - \gamma')\tan\phi'}$$

$F_{\mathrm{s}} = 1$ のとき崩壊が発生する．このときの H を求めると，$H = 2.35\,\mathrm{m}$ となる．

9.3 円形すべり面の安定解析

盛土で築造される堤体は，均質等方性材料と見なすことができる．このような堤体の斜面において，崩壊が発生する場合のすべり面形状は一般に円弧であり，図 9.6 に示すような次の三つの破壊形式に分類される．

① すべり面が斜面内に現れる斜面内破壊
② すべり面が斜面先を通る斜面先破壊
③ すべり面が斜面先より深い位置にある硬い層に接する底部破壊

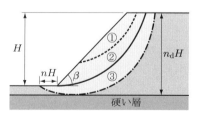

図 9.6 斜面の破壊形式

9.3.1 軟弱な粘土の場合

無限長斜面の限界高さは式 (9.8) で示されたが，有限長斜面に発生する円形すべり面の場合には，一般に次のようである．

$$H_c = N_s \frac{c}{\gamma_t} \tag{9.16}$$

ここに，H_c：限界高さ，c：粘着力，γ_t：単位体積重量である．

N_s は安定係数といい，斜面の傾斜角，内部摩擦角，すべり面の位置と大きさなどに関係する無次元量である．とくに，せん断強さの大きい硬い層の深さを図 9.6 のように深さ係数 n_d で表すとき，傾斜角 β の斜面において $\phi = 0$ の場合，N_s の最小値を示したものが図 9.7 である．傾斜角 $\beta \geqq 53°$ の急斜面ではすべり円が斜面先を通る破壊（斜面先破壊）が起こるが，$\beta < 53°$ では斜面先破壊以外に n_d と β に応じて底部破壊や斜面内破壊も生じる．

図 9.7 と式 (9.16) より，安全率は次のように求められる．まず，傾斜角 β，深さ係数 n_d を用いて，図 9.7 より安定係数 N_s を求める．次に，式 (9.16) の H_c に斜面高さ H を代入し，N_s と γ_t より粘着力を求めて c_m とする．この c_m は高さ H，傾斜角 β の斜面が安定であるために必要な粘着力である．

$$c_m = \frac{\gamma_t H}{N_s} \tag{9.17}$$

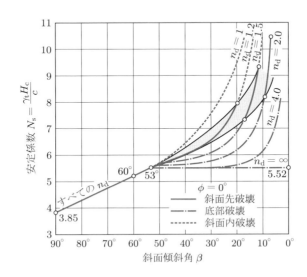

図 9.7 安定係数と斜面傾斜角および深さ係数の関係[K. Terzaghi & R. B. Peck: Soil Mechanics in Engineering Practice, p. 237, Fig. 35.3, John Wiley & Sons (1967)]

安全率 F は，斜面を構成している土の粘着力 c とその斜面が安定であるために必要な粘着力 c_m の比として，次のように表される．

$$F = \frac{c}{c_m} \tag{9.18}$$

9.3.2　粘着力と内部摩擦角を持つ土の場合

内部摩擦角がゼロでない土の斜面に対しては，$\phi \geqq 3°$ ならば底部破壊が生じないことが証明されているので，ここでは斜面先破壊の場合を考える．この場合も，限界高さは式 (9.16) で表される．安定係数と傾斜角 β との関係を内部摩擦角ごとに示したものが図 9.8 である．

安全率は次のように求められる．まず，内部摩擦角を ϕ_m が働くと仮定すると，内部摩擦角についての安全率 F_ϕ は次式で表される．

$$F_\phi = \frac{\tan \phi}{\tan \phi_m} \tag{9.19}$$

ここに，ϕ：斜面を構成している土の内部摩擦角である．次に，この ϕ_m と傾斜角 β に相当する安定係数 N_s を図 9.8 より求めると，c_m は式 (9.17) から計算できる．そして，粘着力についての安全率 F_c が，式 (9.18) と同様に求められる．このようにして，

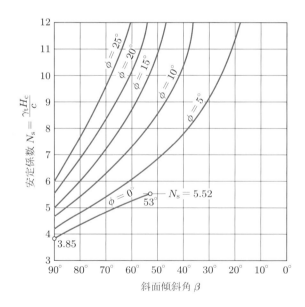

図 9.8　安定係数と斜面傾斜角および内部摩擦角の関係〔K. Terzaghi & R. B. Peck: Soil Mechanics in Engineering Practice, p. 241, Fig. 35.6, John Wiley & Sons (1967)〕

さまざまな ϕ_m について F_c を求め，$F_\mathrm{c} = F_\phi$ となるときの安全率を斜面の安全率 F とする.

> **例題 9.3**　次の地盤に深さ $3\,\mathrm{m}$ の鉛直な溝を掘削する場合の安全率を求めよ.
> (1)　$\phi = 0°$，$c = 20.0\,\mathrm{kN/m^2}$，$\gamma_\mathrm{t} = 16.0\,\mathrm{kN/m^3}$ の粘土地盤
> (2)　$\phi = 15°$，$c = 12.0\,\mathrm{kN/m^2}$，$\gamma_\mathrm{t} = 17.0\,\mathrm{kN/m^3}$ の砂質粘土地盤

解

(1)　図 9.7 において $\phi = 0$，$\beta = 90°$ より，$N_\mathrm{s} = 3.85$.

式 (9.17) において $H = 3\,\mathrm{m}$，$\gamma_\mathrm{t} = 16.0\,\mathrm{kN/m^3}$ より $c_\mathrm{m} = \dfrac{\gamma_\mathrm{t} H}{N_\mathrm{s}} = \dfrac{16.0 \times 3}{3.85} = 12.5\,\mathrm{kN/m^2}$.

式 (9.18) より，安全率 $F = \dfrac{c}{c_\mathrm{m}} = \dfrac{20.0}{12.5} = 1.6$.

(2)　いくつかの ϕ_m を仮定して，図 9.8，式 (9.19)，(9.17) より表 9.1 のように計算できる. この結果を F_ϕ と F_c について図示すると，図 9.9 となり，$F_\phi = F_\mathrm{c}$ の関係を満足するのは $F = 1.1$ である.

表 9.1　安全率 F_ϕ と F_c の計算

ϕ_m (°)	F_ϕ	N_s (図 9.8 より)	c_m (kN/m²)	F_c
5	3.06	4.2	12.1	0.99
10	1.51	4.6	11.1	1.08
15	1.00	5.0	10.2	1.18
20	0.74	5.6	9.11	1.32
25	0.57	6.1	8.36	1.44

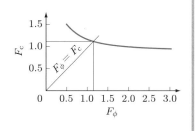

図 9.9　F_ϕ と F_c の関係

9.3.3　有効応力で表す場合

9.3.2 項で説明した手法は，地下水の影響を考えない場合，あるいは施工直後の安定を論じる場合に多く用いられるが，地下水が存在する場合や施工後長期にわたる斜面の安定を考える場合には，有効応力に基づくせん断強さを用いる必要がある. そして，せん断強さが有効応力で表される場合は，一般に円弧のすべり面を鉛直方向に細かく分割し，個々の分割片の安定とすべり土塊全体の安定を解析する分割片法（スライス法）の解析が行われる.

この場合，分割した鉛直方向の仮想壁面に働く力の仮定方法によって，フェレニウス (Fellenius) 法とビショップ (Bishop) 法に大別される.

（1）フェレニウス法　フェレニウス法は，簡便法とも呼ばれている. 図 9.10 の分割片に働く力のつり合いは図 9.11 に示される. 分割片間に働く力 E_i，E_{i-1}，X_i，X_{i-1}

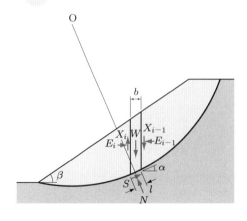

図 9.10 分割片に作用する力

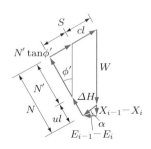

図 9.11 フェレニウス法における力のつり合い

の合力 ΔH は,すべり面に平行と仮定される.また,すべり土塊全体のつり合いでは $\sum \Delta H = 0$ と仮定される.この場合の安全率は,

$$
\begin{aligned}
F &= \frac{\sum \{c'l + (W \cdot \cos\alpha - ul)\tan\phi'\}}{\sum(\Delta H + W\sin\alpha)} \\
&= \frac{\sum \{c'l + (W \cdot \cos\alpha - ul)\tan\phi'\}}{\sum W\sin\alpha}
\end{aligned}
\tag{9.20}
$$

で表される.ここに,c', ϕ':有効応力で表した土の粘着力と内部摩擦角,W:分割片の自重,l:分割片のすべり面の長さ,u:すべり面に働く間隙水圧,α:すべり面の傾斜角である.

例題 9.4 高さ $8.4\,\mathrm{m}$,勾配 $1:1$ の斜面に関して,図 9.12 に示すようなすべり面に対する安全率をフェレニウス法を用いて求めよ.ただし,土の単位体積重量 $\gamma_t = 17.0\,\mathrm{kN/m^3}$,内部摩擦角 $\phi = 5°$,粘着力 $c = 25.0\,\mathrm{kN/m^2}$ とする.なお,分割片は図のように分割され,分割片の面積 A_i,底面の傾き α_i および底面の長さ l_i は,表 9.2 のように与えられている.

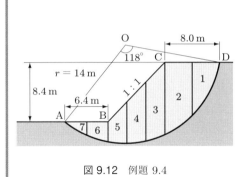

図 9.12 例題 9.4

表 9.2 例題 9.4 の計算条件

分割片番号	A_i (m²)	α_i (°)	l_i (m)
1	19.32	48.35	
2	35.83	34.58	
3	26.97	19.70	
4	19.73	6.78	$\sum l_i = 28.83$
5	12.08	−4.46	
6	7.65	−16.90	
7	2.82	−31.24	

解　図 9.13 のように i 番目の分割片を取り出して考える. それぞれの分割片について表 9.3 のように計算すると, すべりに対する安全率 F は,

$$F = \frac{\sum (c_i l_i + W_i \cos \alpha_i \tan \phi_i)}{\sum W_i \sin \alpha_i}$$

$$= \frac{720.75 + 162.26}{706.72}$$

$$= 1.25$$

となる.

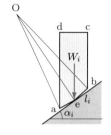

図 9.13 分割片

表 9.3 安定解析計算表

分割片番号	A_i (m²)	α_i (°)	l_i (m)	$\sin \alpha_i$	$\cos \alpha_i$	W_i (kN)	$W_i \cdot \sin \alpha_i$ (kN)	$W_i \cdot \cos \alpha_i$ (kN)	$W_i \cdot \cos \alpha_i \cdot \tan \phi_i$ (kN)	$c_i \cdot l_i$ (kN)
1	19.32	48.35		0.75	0.66	328.51	245.47	218.32	19.10	
2	35.83	34.58		0.57	0.82	609.12	345.71	501.51	43.88	
3	26.97	19.70	$\sum l_i =$ 28.83	0.34	0.94	458.55	154.57	431.71	37.77	$\sum c_i \cdot l_i$ = 720.75
4	19.73	6.78		0.12	0.99	335.36	39.59	333.01	29.13	
5	12.08	−4.46		−0.08	1.00	205.32	−15.97	204.70	17.91	
6	7.65	−16.90		−0.29	0.96	130.04	−37.80	124.42	10.89	
7	2.82	−31.24		−0.52	0.86	47.91	−24.85	40.96	3.58	
合計							706.72		162.26	

(2) 簡易ビショップ法　図 9.10 に示した分割片に働く力において, 一般に実用計算では分割片間に働く力の鉛直成分の影響は少ないと考え, $X_i - X_{i-1} = 0$ と仮定している. この場合, 分割片間に働く力の合力は E のみとなり, その作用方向は水平となる. これを簡易ビショップ法という. さらに, 簡易ビショップ法では, 現在働いているすべり抵抗力 S_m は, せん断強さ S の $1/F$ であると考える.

$$S_\mathrm{m} = \frac{S}{F} = \frac{1}{F}\bigl\{ c'l + (N - ul)\tan\phi' \bigr\} \tag{9.21}$$

一方，図 9.14 に示した力の多角形より，鉛直方向のつり合いは次のようになる．

$$N\cos\alpha = W - S_\mathrm{m}\sin\alpha \tag{9.22}$$

ここに，α はすべり面の傾斜角であり，S_m が水平となす角，N が鉛直となす角でもある．

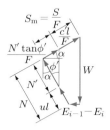

図 9.14　簡易ビショップ法における力のつり合い

式 (9.20)〜(9.22) より，

$$F = \frac{1}{\sum W\sin\alpha} \sum\left[\frac{c'b + (W - ub)\tan\phi'}{\cos\alpha\{1 + (\tan\alpha/F)\tan\phi'\}}\right]$$
$$= \frac{1}{\sum W\sin\alpha} \sum\left\{\frac{c'b + (W - ub)\tan\phi'}{m_\alpha}\right\} \tag{9.23}$$

が求められる．ただし，

$$m_\alpha = \cos\alpha\left(1 + \frac{\tan\alpha}{F}\tan\phi'\right) \tag{9.24}$$
$$b = l\cos\alpha \tag{9.25}$$

である．これがビショップにより提案された式である．この式は左辺と右辺の両方に，未知数である安全率 F を含んでいるため，繰り返し計算によって求める必要がある．ある安全率 F_1 を仮定し，これを右辺に代入しその結果としての F_2 を求める．F_1 と F_2 を比較し，同じ値でなければ，この F_2 を新たに右辺に代入して F_3 を求める．このようにして，左辺と右辺が等しくなったときの F が，求める安全率の値となる．安全率の初期値としては，フェレニウス法で求められる値の 1.1〜1.2 倍程度の値を用いると，収束が早くなる．

例題 9.5　　図 9.15 に示すように，土が二つの層で構成されている傾斜角 45°，高さ 7.5 m の斜面に半径 10.6 m のすべり面が仮定された．このすべり面に対する安

表 9.4 例題 9.5 の計算条件

分割片番号	A_i (m²)	α_i (°)	b_i (m)
1	2.49	59.27	1.45
2	1.91	51.88	0.65
	0.28		
3	3.37	43.20	1.50
	2.11		
4	1.12	33.60	1.50
	3.56		
5	3.98	24.26	1.50
6	2.79	15.55	1.50
7	0.90	7.10	1.50

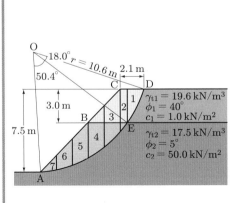

図 9.15 例題 9.5

全率を簡易ビショップ法を用いて求めよ．なお，図のように分割された分割片の面積 A_i，底面の傾き α_i および分割片の幅 b_i は表 9.4 のように与えられている．

解 まず，式 (9.24) の m_α 内の F を $F_1 = 1.50$ と仮定すると，それぞれの分割片について，表 9.5 のように計算できる．この結果から式 (9.23) により安全率を求めると，次のようになる．

$$F_2 = \frac{1}{\sum W_i \sin \alpha_i} \sum \left(\frac{c_i b_i + W_i \tan \phi_i}{m_{\alpha i}} \right) = \frac{545.85}{236.03} = 2.31$$

表 9.5 安定解析計算表 1 （$F_1 = 1.50$ のとき）

分割片番号	A_i (m²)	α_i (°)	$\sin \alpha_i$	$\cos \alpha_i$	$\tan \alpha_i$	W_i (kN)	$W_i \cdot \sin \alpha_i$ (kN)	$W_i \cdot \tan \phi_i$ (kN)	$m_{\alpha i}$	$c_i \cdot b_i$ (kN)	$(c_i \cdot b_i + W_i \cdot \tan \phi_i)/m_{\alpha i}$ (kN)
1	2.49	59.27	0.8596	0.5110	1.6822	48.80	41.95	40.95	0.9918	1.45	42.75
2	1.91	51.88	0.7867	0.6173	1.2744	37.44	33.31	3.70	0.6632	32.50	54.59
	0.28					4.90					
3	3.37	43.20	0.6845	0.7290	0.9391	66.05	70.49	9.00	0.7689	75.00	109.26
	2.11					36.93					
4	1.12	33.60	0.5534	0.8329	0.6644	21.95	46.62	7.37	0.8652	75.00	95.20
	3.56					62.30					
5	3.98	24.26	0.4109	0.9117	0.4507	69.65	28.62	6.09	0.9357	75.00	86.67
6	2.79	15.55	0.2681	0.9634	0.2783	48.83	13.09	4.27	0.9790	75.00	80.97
7	0.90	7.10	0.1236	0.9923	0.1246	15.75	1.95	1.38	0.9995	75.00	76.41
合計							236.03				545.85

次に，得られた $F_2 = 2.31$ を式 (9.24) の m_α 内の F に代入して繰り返し計算を行う．この場合，安定解析計算表中の第 2 列の A_i (m²) から第 9 列の $W_i \cdot \tan \phi_i$ (kN) および第 11 列の $c_i \cdot b_i$ (kN) は変わらないので，各分割片について，第 10 列と第 12 列のみを示すと表 9.6 となる．この結果から安全率 F_3 を求めると，$F_3 = 560.71/236.03 = 2.38$ となる．

表 9.6 安定解析計算表 2 ($F_2 = 2.31$ のとき)

分割片番号	$m_{\alpha i}$	$(c_i \cdot b_i + W_i \cdot \tan\phi_i)/m_{\alpha i}$ (kN)
1	0.8232	51.51
2	0.6471	55.95
3	0.7549	111.29
4	0.8539	96.47
5	0.9273	87.46
6	0.9730	81.43
7	0.9970	76.61
合計		560.71

表 9.7 安定解析計算表 3 ($F_3 = 2.38$ のとき)

分割片番号	$m_{\alpha i}$	$(c_i \cdot b_i + W_i \cdot \tan\phi_i)/m_{\alpha i}$ (kN)
1	0.8141	52.09
2	0.6462	56.02
3	0.7541	111.40
4	0.8533	96.54
5	0.9268	87.50
6	0.9733	81.45
7	0.9969	76.62
合計		561.62

再び, 得られた $F_3 = 2.38$ を式 (9.24) の m_α 内の F に代入して繰り返し計算を行う (表 9.7) と, $F_4 = 561.62/236.03 = 2.38$ となり, $F_3 = F_4$ である. よって, この斜面の安全率は $F = 2.38$ である.

9.4 非円形すべり面の安定解析

自然斜面や斜面を構成する土が均質でない場合, 滑動の臨界円は円弧とならず, 地層の境界やせん断抵抗の小さいところにすべり面が発生する. たとえば, すべり長さに比べてすべり深さが浅い浅層崩壊やすべり面がいくつかの平面で近似される崩壊が起こる.

このような非円弧のすべり面での安定を解析するため, ヤンブ (Janbu) は分割法における力のつり合いを図 9.16 のように示し, 以下の仮定を設定した.

$$\sum \Delta E_i + Q = 0 \quad (ただし, Q は水平外力) \tag{9.26}$$

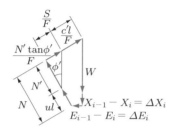

図 9.16 ヤンブ法における力のつり合い

$$\sum \Delta X_i = 0 \tag{9.27}$$

図 9.17 に示される斜面のすべり面に対する安全率は，分割片とすべり土塊全体のつり合いを水平方向と鉛直方向でそれぞれ求めることにより，以下の式で示される.

$$F = f_0 \frac{1}{\sum W \tan \alpha + Q} \sum \left\{ \frac{c'b + (W - ub) \tan \phi'}{n_\alpha} \right\} \tag{9.28}$$

$$n_\alpha = \cos^2 \alpha \left(1 + \frac{\tan \alpha}{F} \tan \phi' \right) \tag{9.29}$$

式 (9.28) における f_0 は，修正係数と呼ばれるもので，図 9.18 に示すように，すべり面の深さ d とすべり土塊の全体の長さ L との比 d/L の関数である.

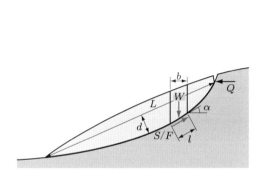

図 9.17　ヤンブ法における分割片

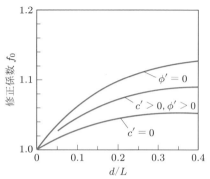

図 9.18　修正係数と d/L の関係[赤井浩一：土質力学, p. 249, 図 9.12, 朝倉書店 (1966)]

例題 9.6　図 9.19 に示すような斜面のすべり面に対する安全率をヤンブ法により求めよ. ただし, 土の単位体積重量 $\gamma_\mathrm{t} = 18.5\,\mathrm{kN/m^3}$, 内部摩擦角 $\phi = 30°$, 粘

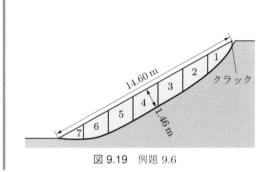

図 9.19　例題 9.6

表 9.8　例題 9.6 の計算条件

分割片番号	A_i (m²)	α_i (°)	b_i (m)
1	1.78	43.28	1.81
2	2.67	32.06	1.81
3	2.77	29.31	1.81
4	2.96	27.95	1.81
5	2.87	26.12	1.81
6	2.37	10.36	1.81
7	1.09	1.90	1.81

着力 $c = 1.0\,\mathrm{kN/m^2}$ とする. なお, 分割片は図のように分割され, 分割片の面積 A_i, 底面の傾き α_i および分割片の幅 b_i は, 表 9.8 のようである.

解 $d/L = 0.1$ なので, 修正係数 f_0 は図 9.18 より, 1.045 となる. それぞれの分割片について, まず式 (9.29) の n_α 内の F を $F_1 = 1.35$ と仮定すると, 表 9.9 のように計算できる. 安全率は式 (9.28) より, 次式となる.

$$F_2 = \frac{f_0}{\sum W_i \tan \alpha_i} \sum \left(\frac{c_i b_i + W_i \tan \phi_i}{n_{\alpha i}} \right)$$
$$= \frac{1.045 \times 201.94}{154.40} = 1.37$$

表 9.9 安定解析計算表 1 ($F_1 = 1.35$ のとき)

分割片番号	A_i (m²)	α_i (°)	$\sin \alpha_i$	$\cos \alpha_i$	$\tan \alpha_i$	W_i (kN)	$W_i \cdot \tan \alpha_i$ (kN)	$W_i \cdot \tan \phi_i$ (kN)	$n_{\alpha i}$	$c_i \cdot b_i$ (kN)	$(c_i \cdot b_i + W_i \cdot \tan \phi_i)/n_{\alpha i}$ (kN)
1	1.78	43.28	0.6856	0.7280	0.9417	32.90	30.98	19.00	0.7435	1.81	27.98
2	2.67	32.06	0.5308	0.8475	0.6263	49.35	30.91	28.49	0.9106	1.81	33.27
3	2.77	29.31	0.4895	0.8720	0.5614	51.18	28.73	29.55	0.9429	1.81	33.25
4	2.96	27.95	0.4687	0.8834	0.5306	54.84	29.10	31.66	0.9574	1.81	34.95
5	2.87	26.12	0.4403	0.8978	0.4903	53.01	25.99	30.60	0.9752	1.81	33.23
6	2.37	10.36	0.1798	0.9837	0.1828	43.87	8.02	25.33	1.0433	1.81	26.01
7	1.09	1.90	0.0332	0.9995	0.0332	20.11	0.67	11.61	1.0131	1.81	13.24
合計							154.40				201.94

次に, 得られた $F_2 = 1.37$ を式 (9.29) の n_α 内の F に代入して繰り返し計算を行う. 表 9.10 は安定解析計算表中の第 10 列と第 12 列のみを示している. この結果, 安全率は $F_3 = 1.37$ となり, $F_2 = F_3$ である. よって, この斜面の安全率は $F = 1.37$ である.

表 9.10 安定解析計算表 2 ($F_2 = 1.37$ のとき)

分割片番号	$n_{\alpha i}$	$(c_i \cdot b_i + W_i \cdot \tan \phi_i)/n_{\alpha i}$ (kN)
1	0.7403	28.10
2	0.9078	33.37
3	0.9403	33.35
4	0.9548	35.05
5	0.9728	33.32
6	1.0422	26.03
7	1.0129	13.24
合計		202.46

9.5 地震時の斜面安定解析

地震時における斜面の安定は，地震波の周期，振幅などの特徴を把握して解析すべきであるが，一般に土は非線形性の特徴を持っているため，その解析は複雑になる．そこで，一般には，地震による力を静的な荷重に置き換えて安定性を論じる震度法が多く用いられている．この場合，地震による力は次式で示される．

$$P_\mathrm{E} = k \cdot W \tag{9.30}$$

ここに，P_E：地震による力，k：震度，W：斜面の自重である．k は水平，鉛直方向に分けて考えられるが，一般に鉛直方向の地震力は斜面の安定に及ぼす影響が少ないと考えられているため，地震時の安定解析には水平方向のみの震度 k_h が多く用いられている．

地震時の円弧すべり面の安全率はフェレニウス法の場合，図 9.20 のようになり，次式で示される．

$$F = \frac{\sum r\{cl + (W\cos\alpha - ul - k_\mathrm{h}W\sin\alpha)\tan\phi\}}{\sum(rW\sin\alpha + hk_\mathrm{h}W)} \tag{9.31}$$

ここに，F：地震時の安全率，r：すべり面の半径，c：粘着力，l：分割片で切られたすべり面の弧長，W：分割片の重量，u：間隙水圧，b：分割片の幅（$= l\cos\alpha$），α：各分割片で切られたすべり面の水平に対する傾斜角，k_h：設計水平震度，ϕ：内部摩擦角，h：各分割片の重心とすべり円の中心との鉛直距離である．水平震度は，構造物が計画される地域や対象となる構造物の重要度等によって決められる．

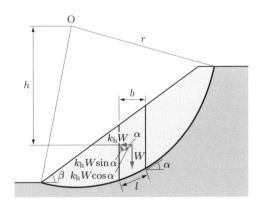

図 9.20 地震時における斜面安定解析

9.6 安全率の解釈

9.6.1 安定解析手法の違いによる安全率の違い

同じ斜面で同じすべり面に対しても，用いる安定解析方法によって得られる解が異なる．図 9.21 に示した斜面を対象にして円弧のすべり面を設定し，フェレニウス法，簡易ビショップ法，ヤンブ法を用いた場合の結果を図 9.22 に示す．ここでは，$c = 4.9\,\mathrm{kN/m^2}$，$\phi = 30°$，$\gamma_t = 17.64\,\mathrm{kN/m^3}$ を用いた．分割片数は 32 個である．図 9.21 によると，対象にした斜面はケース 1 が浅い斜面先破壊，ケース 2 は深い底部破壊を仮定している．図 9.22 の結果よりいずれのケースにおいてもフェレニウス法がほかの二つの手法に比して小さな安全率を与えることがわかる．次に，ヤンブ法が大きく，簡易ビショップ法が最も大きな安全率を示している．斜面の設計においては，低い安全率を示す解析法を用いた方がより安全側になるため，わが国では多くの基準でフェレニウス法が採用されている．

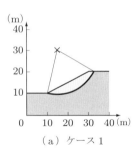

(a) ケース 1　　(b) ケース 2

図 9.21　モデル斜面

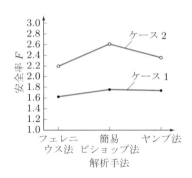

図 9.22　解析手法の違いによる安全率の変化

9.6.2 設計安全率

斜面安定解析は，斜面崩壊があった場合の原因の考察や，これから設計しようとする盛土や切土の斜面安定の検討のために行われる．

前者の場合には，破壊時の安全率を 1.00 または 0.95 と仮定し，粘着力 c，内部摩擦角 ϕ もしくは間隙水圧の影響を評価し，復旧のための対策工の資料に供される．

後者の場合には，土の不均質性，浸透水や地下水の影響が不明なことなど，未知の要因が入ることを考慮して，安全率は通常 1.00 以上の値が設定される．表 9.11 は各種の基準や指針における設計安全率の大きさを示したものである．これによると，一

表 9.11　各種基準・指針における安定解析手法と設計安全率

基　準	機　関	計算式	設計安全率	間隙水圧
河川砂防技術基準計画編	国土交通省水管理・国土保全局	分割法ヤンブ法など（異形の場合）	$F_\mathrm{s} = 1.0$（現状）［地すべり］ $F_\mathrm{sp} = 1.1 \sim 1.2$（重要な影響がある場合）［地すべり］ $F_\mathrm{sp} = 1.05 \sim 1.1$（応急対策）［地すべり］ $F_\mathrm{sp} = 1.2$ 以上［急傾斜地］	ボーリング孔内の地下水位
道路土工-切土工・斜面安定工指針	日本道路協会	分割法	$F_\mathrm{s} = 0.95 \sim 1.0$（現状：活動中）［地すべり］ $F_\mathrm{s} = 1.05 \sim 1.15$（現状：活動していない）［地すべり］ $F_\mathrm{sp} = 1.05 \sim 1.2$（計画）［地すべり］	水圧計による測定が原則，便宜的に最高水位（ボーリング孔内，地盤の水理条件）
設計要領第一集土木建設編	東日本高速道路（株）中日本高速道路（株）西日本高速道路（株）	分割法	$F_\mathrm{s} = 0.95 \sim 1.0$（現状：変動中）［地すべり］ $F_\mathrm{s} = 1.00 \sim 1.05$（現状：変動していない）［地すべり］ $F_\mathrm{sp} = 1.05 \sim 1.2$（計画）［地すべり］	水圧計による測定が原則，便宜的に最高水位（ボーリング孔内，地盤の水理条件）
災害手帳	全日本建設技術協会	分割法ヤンブ法など（異形の場合）	$F_\mathrm{s} = 1.0$（現状）［地すべり］ $F_\mathrm{sp} = 1.1 \sim 1.2$（重要な影響がある場合）［地すべり］ $F_\mathrm{sp} = 1.05 \sim 1.1$（応急対策）［地すべり］ $F_\mathrm{sp} = 1.2$ 以上［急傾斜地］	ボーリング孔内の地下水位災害復旧（豪雨時の設定）現況地下水位$+5 \sim 15$ m

※ F_s：現状安全率，F_sp：計画安全率

一般に常時では 1.20 以上，地震時では 1.00 以上と設定される場合が多い．しかし，斜面安定解析の対象とする構造物が鉄道や病院などの重要構造物の場合には，設計安全率を上記の値より大きく設定し，安全を期する場合がある．

演習問題

9.1 図 9.23 のような高さ H で傾斜角 β の斜面があり，太線で示すような傾斜角 α の直線すべり面に沿ってすべり土塊 ABC がすべる可能性がある．そこで，安全率を上げるために，図に示すようにアンカー工を導入することにした．アンカー導入力を P，導入角を水平から ω とする．このときの安全率の式を誘導せよ．

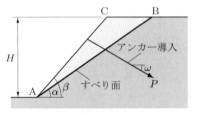

図 9.23

ただし，土の単位体積重量を γ_t，粘着力を c，内部摩擦角を ϕ とする．

9.2 ある長大斜面において，降雨により地下水位が 5 m の高さまで上昇したとき，深さ 8 m の地表面に，ほぼ平行で傾斜角 20° のすべり面に沿って，地すべりが発生した．対策工として地下水位低下工法を用いて，安全率が 1.2 となるようにするには，地下水位をどれくらい下げれば良いか．なお，土の湿潤単位体積重量 $\gamma_t = 17.5\,\mathrm{kN/m^3}$，飽和単位体積重量 $\gamma_{\mathrm{sat}} = 19.6\,\mathrm{kN/m^3}$ とする．ただし，すべり面付近の土の粘着力 c' および内部摩擦角 ϕ' は，降雨前の安全率を 1.3，すべりが生じたときの安全率を 1.0 として求めよ．

9.3 【例題 9.5】をフェレニウス法を用いて求めよ．

9.4 【例題 9.4】において，水平震度 $k_h = 0.15$ として水平方向に地震力が作用した場合の安全率を震度法により求めよ．なお，土の動的強度として，内部摩擦角 ϕ は【例題 9.4】の値と同じものを，粘着力 c は【例題 9.4】の 1.2 倍とする．また，各分割片の重心とすべり円の中心との鉛直距離 h (m) は表 9.12 のようである．

表 9.12　分割片の重心とすべり円の中心との鉛直距離

分割片番号	1	2	3	4	5	6	7
h (m)	4.81	7.53	9.16	10.14	11.73	11.69	11.21

課題

9.1 ヤンブ法の安全率を与える式を導け．

9.2 フェレニウス法，簡易ビショップ法，ヤンブ法を使用可能なプログラミング言語または表計算ソフトを用いて作成し，ある斜面におけるそれぞれの安全率を求めよ．

地盤の災害とその防災

第10章

10.1 わが国の自然災害の変遷

　豪雨や地震など自然界で発生する事象に起因した災害をここでは自然災害 (natural disaster) と称する. 図 10.1 は 1945 年から 2019 年までの 74 年間の自然災害による死者・行方不明者の数を示したものである. 1945 年から 1959 年までの 15 年間は死者・行方不明者が 1000 人を超える災害が 11 回もあったことがわかる. これは枕崎台風 (1945 年), カスリーン台風 (1947 年), 集中豪雨 (1953 年), 洞爺丸台風 (1954 年), 狩野川台風 (1958 年), 伊勢湾台風 (1959 年) などの台風による洪水, 浸水被害に加えて, 南海地震 (1946 年), 福井地震 (1948 年) などの地震による被害も見られた.

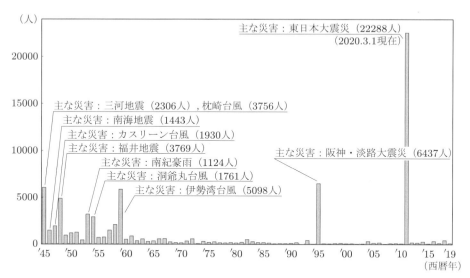

（注）1995 年死者のうち,阪神・淡路大震災の死者については,いわゆる関連死 919 人を含む
　　　（兵庫県資料）.2018 年の死者・行方不明者は内閣府とりまとめによる速報値
　　出典：1945 年は主な災害による死者・行方不明者(理科年表による).1946 〜 1952 年は日本気
　　　　　象災害年報,1953 〜 1962 年は警察庁資料,1963 年以降は消防庁資料をもとに内閣府作成

　図 10.1　自然災害による死者・行方不明者数の推移[内閣府：令和元年版防災白書,
　　　　　　http://www.bousai.go.jp/kaigirep/hakusho/r2.html]

ところが，1960 年以降では 1000 人を超える死者・行方不明者は 1995 年の兵庫県南部地震（6437 名）と 2011 年の東日本大地震（22288 名）しか発生せず，これら二つの地震は戦後 75 年間で最も大きな被害をもたらした．このように，自然災害による死者が減少したのは，戦後の国土の防災事業，とくに河川洪水対策による効果が大きく，台風や豪雨時の洪水による死者・行方不明者が大きく減少したためである．そして，これら二つの地震を契機として，わが国の防災対策は地震を対象としたものが大きく注目されるようになった．

しかし，1960 年以降でも全く死者・行方不明者がなかった年は皆無であり，これらの被害の原因は主に豪雨による山崩れなどの土砂災害 (sediment disaster) である．この理由は以下のように考えられている．1960 年代から産業の都市集中化が起こり，これに伴って都市周辺部では産業や居住空間を増大させることが求められた．このため，既成都市周辺部の海や山麓で，数多くの宅地造成，工場用地の造成が行われることになった．日本の国土は平地が少ないこともあり，造成の対象は必然的に山地や山麓である．このような場所は，崩壊や侵食などによって土砂が元々移動しやすいため，結果的に山崩れや崖崩れが多発し，これら土砂災害によって構造物が破壊されるだけでなく，貴重な人命が失われる結果となってきた．

近年，山崩れや地すべりなどの対策も進みつつあるが，工事を要する場所の約 20% 程度しか防災工事が行われていない現状であり，豪雨時には土砂災害が発生する可能性が高い．図 10.2 は 1994 年から 2019 年の 26 年間に発生した土砂災害を山崩れ・崖崩れ，土石流，地すべりの三つに分類して，(a) 発生件数，(b) 被害者数，(c) 家屋の損壊数を示している．なお，(b)，(c) は 2004～2019 年の 16 年間のデータである．この図によると，毎年のようにわが国を襲う集中豪雨による被害は大きく，2014 年ごろからはとくに線状降水帯による長時間の集中豪雨に基づく土砂災害が頻発している．今後は地震や豪雨による土砂災害の対策を考えていく必要がある．

以下では，自然現象に起因する災害のうち，とくに山崩れ，地すべり，土石流，液状化のように，地盤が破壊して土砂が移動することによる災害を対象として，その特徴，調査の進め方，工学的意義について述べる．

10.2　山崩れ，崖崩れ

10.2.1　山崩れや崖崩れのメカニズムと被害

山崩れ (mountain slope failure) や崖崩れ (earthfall) は，梅雨や台風による集中豪雨に起因して発生することが多く，一般に，山腹の急斜面で発生するものを山崩れ，段丘の周囲の崖が崩れるものを崖崩れと称している．これらの崩壊面積は数百～数千 m^2

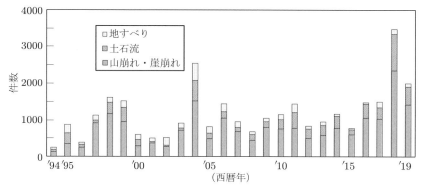

（a）土砂災害の発生件数

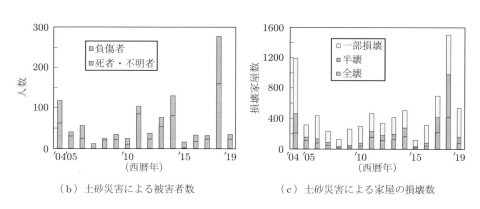

（b）土砂災害による被害者数　　　　　（c）土砂災害による家屋の損壊数

図 10.2　土砂災害の発生件数と被害状況 [国土交通省 HP よりデータを収集して作成]

と小さく，崩壊深さは 5 m 前後までの浅層が多い．移動形態は突発的で急速である．崩壊原因を探るための安定解析は崩れた場所を対象とし，崩れた土砂が流走した場所や堆積した場所は含まない．一般に，崩れた土砂の堆積部は，谷底または崖下である．豪雨中に発生する崩壊場所は，急斜面または急斜面から緩斜面へ移行する場所の谷型斜面に多い．

　次式は斜面安定解析で最も良く用いられている式である（式 (9.20) 参照）．

$$F = \frac{\sum \{c'l + (W \cdot \cos\alpha - ul)\tan\phi'\}}{\sum W \sin\alpha} \tag{10.1}$$

ここに，F：安全率，l：分割片のすべり面の長さ (m)，c'，ϕ'：有効応力で表される粘着力 (kN/m^2) および内部摩擦角 (°)，u：すべり面に働く間隙水圧 (kN/m^2)，W：分割片の自重 (kN)，α：すべり面の傾斜角 (°) である．

　式 (10.1) を用いて，豪雨時に山崩れや崖崩れが発生する理由を考える．山腹斜面や

崖に降った雨は，地表を流下するものと土中に浸透するものに分けられる．土中に浸透した水がその斜面の基岩に達すると，基岩は透水性が悪いために基岩上で浸透水が貯留される．貯留された水は，基岩上を斜面下方へ流下する．この貯留水深は式 (10.1) の u と関係し，水深が大きくなると u が増大する．結果的に，この現象が摩擦に起因するせん断抵抗力を減少させる．このため，貯留水深が大きくなりやすい場所，たとえば浸透した水が集まってくる谷型斜面や傾斜が急勾配から緩勾配に移り変わる場所で，山崩れや崖崩れが多く発生する．

そのほかの原因としては，表土の単位体積重量と粘着力の変化が考えられる．雨水の浸透により表面付近の土の飽和度が大きくなると，表土の単位体積重量が大きくなり，分割片の自重 W が大きくなる．式 (10.1) より，分母の W が大きくなると，安全率 F は小さくなる．一方，一般に雨の降らないときの表土は不飽和状態にあり，水の表面張力に起因するメニスカス力は粒子間を結び付ける役割を果たし，これがあたかも粘着力としての働きをしているように見える．雨水の浸透により，土中の水分が不飽和状態から飽和状態へ移行すると，このメニスカス力が消失し，見かけの粘着力が小さくなる．これは安全率 F を小さくする原因ともなる．

10.2.2　山崩れや崖崩れに影響を及ぼす要因

① **地質条件**：地質条件は崩壊する材料（有機質土，まさ土，ロームなど）に関係し，断層，節理，層理のような不連続な境界条件を斜面に与えるため，山崩れや崖崩れに大きく影響する．

② **地形条件**：崩れるべき表土層の厚さや集水面積，斜面の傾斜などの地形条件は山崩れや崖崩れの発生にとって最も大きな影響を与える要因である．そのほか，地下水条件もこの地形条件に含まれる場合がある．

③ **地盤条件**：第 9 章や 10.2.1 項で考慮した斜面構成材料の力学特性，たとえば粘着力，内部摩擦角，単位体積重量などを地盤条件という．浸透流の状態に影響する浸透能や透水係数の大きさも地盤条件に含まれる．

④ **植生条件**：自然斜面で発生する山崩れや崖崩れの場合，斜面上の植生は大きな影響を発揮する．植生の根系が崩壊の発生を防止する場合もあれば，樹幹が風で大きく揺すられて崩壊のきっかけをつくる場合もある．現在のところ，植生を定量的に評価できる手法は提案されていない．

⑤ **降雨条件**：降った雨の総量のみが重要ではなく，雨の降り方も山崩れや崖崩れに大きく影響する．すなわち，崩壊の発生までに降った総降雨量と崩壊直前の降雨強度（単位時間当たりの降雨量）の二つの要因が大きな影響を及ぼす．総降雨量，降雨強度とともに，降雨終了後の経過時間により，災害への影響を軽減する程度

を考慮した有効降雨 (effective rainfall) が用いられている．この場合，地表面を流出したり地中に浸透する水分量が時間の経過とともに減少し，総降雨量（あるいは降雨強度）の半分になるまでの時間を半減期として，半減期 1.5 時間実効雨量（あるいは 72 時間実効雨量）で表現する．この半減期の時間は地域により異なった値が用いられている．

10.2.3 山崩れや崖崩れの予知

崩壊の予知は，その内容により，どのような形で（崩壊形態），どこで（崩壊箇所），いつ（崩壊時間），どれくらいの量で（崩壊規模）発生するかの四つに大別できる．10.2.2 項で説明したように，山崩れや崖崩れの発生，とくに自然斜面での発生には多くの要因が関与しており，また発生規模が小さく前兆現象が少ないため，現状では事前にこれら四つを予知することは非常に困難である．

山崩れや崖崩れの崩壊発生箇所を予知する方法には，調査結果に基づく方法と力学モデルを用いた数値解析による方法がある．調査結果に基づく方法の一例として，表 10.1 に国土交通省で行われている危険斜面予知方法の一例を示す．対象とする斜面について 1～8 の項目を調査し，その点数を加算した結果を表 (b) に基づいて判定する．この手法は容易であるが，限られた要因しか評価できないことや，降雨の影響が入っていないことなどが問題である．

また，道路防災点検では，崩壊要因，既設対策工の効果，崩壊履歴に関する評価を行って，総合的に安定度（危険度）を判定している．崩壊要因については，地形（崖錐地形，崩壊跡地など），土質・地質・構造（侵食や風化されやすい土質・岩質，流れ盤など），表層の状況（浮石・転石の有無，湧水状況など），形状（斜面勾配や高さなど），変状（亀裂，倒木など）の 5 項目について点検調査し，点数化する．

次に，力学モデルを用いた数値解析による方法の一例を紹介する[10.1]．降雨を評価して崩壊発生場所を予知するためには，地形形状を考えなければならない．このため，図 10.3 のように，地形をブロックダイアグラム化し，個々の格子を対象として次式より表土層内の水深 h を求め，無限長斜面安定解析式を用いて各格子の安全率を時間ごとに求める手法が提案されている．

$$\lambda \frac{\partial h}{\partial t} + \frac{\partial q_x}{\partial x} + \frac{\partial q_y}{\partial y} = r \tag{10.2}$$

$$q_x = h \cdot k \cdot I_x \tag{10.3}$$

$$q_y = h \cdot k \cdot I_y \tag{10.4}$$

ここに，h：表土層内の水位 (m)，q：単位時間当たりの単位幅流量 ($\mathrm{m^2/h}$)，I：動水勾配，r：有効降雨（水位の上昇に直接寄与する降雨）強度 (m/h)，k：透水係数 (m/h)，

表 10.1　崖崩れ危険度判定基準 [塚本良則, 小橋澄治：新砂防工学, p. 89, 表 4.14, 朝倉書店 (1991)]

(a) 急傾斜地崩壊危険区域危険度判定基準

項　目		点　数		備　考
		自然斜面	人工斜面	
1. 高さ	10 m 以上	7	7	
	10 m 未満	3	3	
2. 傾斜度	45° 以上	1	1	
	45° 未満	0	0	
3. オーバーハング	有	3	3	
	無	0	0	
4. 表土の厚さ	0.5 m 以上	1	1	
	0.5 m 未満	0	0	
5. 湧水など	有	1	1	
	無	0	0	
6. 周辺の崩壊	有	3	3	
	無	0	0	
7. 斜面崩壊防止工事の技術的基準	満足		0	
	不満足		3	
8. 構造物の異常	有		0	
	無		3	

(b) 斜面危険度採点区分

ランク	点　数		備　考	
	自然斜面	人工斜面		
A	9 点以上	15 点以上	危険度	大
B	6～8 点	9～14 点	〃	中
C	5 点以下	8 点以下	〃	小

人為的工事によって各項目による危険が消滅しているものについては, その項目をないものとし 0 点とする.

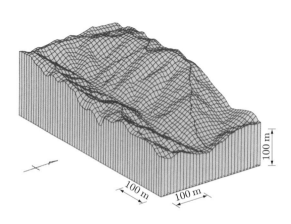

100 m

100 m　100 m

図 10.3　地形のブロックダイアグラム

λ：有効間隙率であり，添字 x，y はそれぞれの方向の成分を表す．降雨開始後，安全率が 1.0 を切るまでの時間が短い場所ほど危険であると仮定して，各格子の危険度を降雨開始後の継続時間から評価する．図 10.4 は，表土層厚さ 1.2 m で有効降雨強度 20 mm/h の場合の結果である．各格子に示された A，B，C が危険度を表しており，前者ほど危険な斜面である．図中太線で囲まれている部分は，実際に豪雨による崩壊の発生源となった場所を表す格子であり，予測結果とほぼ一致している．しかし，式 (10.2) では各格子点ごとに表土層厚を求める必要があり，実用上はまだ多くの問題点を含んでいる．このように，現状では山崩れや崖崩れの予知は難しい．

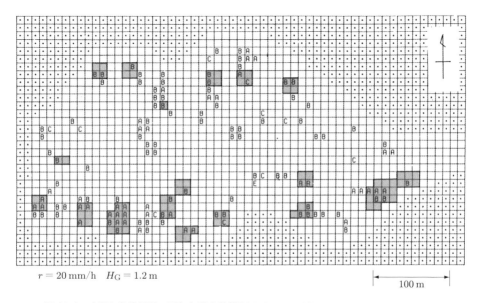

$r = 20\,\mathrm{mm/h}$ $H_\mathrm{G} = 1.2\,\mathrm{m}$

$\longleftarrow$ 100 m $\longrightarrow$

図 10.4 山崩れ危険場所の予知と発生位置［沖村孝ほか：数値地形モデルを用いた表層崩壊危険度の予測法，土木学会論文集，No. 358/III-3, p. 74, 図-8, 土木学会（1985）］

10.2.4 山崩れや崖崩れの対策

　山崩れや崖崩れの予知が難しいため，一般にあらかじめこれらの崩壊を防止するための対策は困難である．このため，山崩れや崖崩れの対策は崩壊発生後，再び崩壊を起こさない，拡大させないための対策，すなわち復旧工が主体であり，斜面対策工と擁壁工に分類される．斜面対策工については第 11 章で紹介している．

√ **10.3**　地すべり

10.3.1　地すべりのメカニズムと被害

　山崩れや崖崩れに比べて地すべり (land slide) は規模が大きく，一般に数万 m² 以上の移動域を有し，すべり面深さも 20〜50 m と深い．移動速度は緩慢で 1 日数 cm〜数 m である．一度地すべりを起こした場所は，土塊の乱れや風化，地下水の変化などに起因して，再び地すべりを起こす場合が多い．通常一度地すべりを起こしたところは，地すべり地形として空中写真から判読できる．したがって，地すべりが発生する場所はあらかじめ判明している場合が多い．

　わが国の地すべりには特徴があり，新潟県を代表とする第三紀層地すべり（主に新第三紀に堆積した緑色凝灰岩（グリーンタフ）が移動するもの）と，徳島県を代表とする破砕帯型地すべり（中央構造線の活動に伴うもの）に分けられる．それ以外の場所でも，地すべりは地層の不連続面を境界として活動するので，工事開始前に良く調査しておくことが望ましい．

　地すべりが最も活動的な時期は，新潟県などでは融雪期の 3〜4 月，徳島県などでは豪雨後が多い．地震で地すべりそのものが再移動を開始した例は少ない．

　地すべりの安定も，式 (10.1) で解析されることが多い．前述したように，地すべりは再発性が高く，ほとんどの地すべりは過去に地すべりが発生した場所で起こっている．土質力学的に見ると，一度地すべりを起こしたすべり面のせん断強度は，ピーク強度を経て残留強度に達していると考えられる．また，山崩れや崖崩れが突発的であるのに対して，地すべり運動は非常にゆっくりとした運動であり，これは粘性土の特徴である．したがって，地すべり地では c' が大幅に減少しており，ϕ' が小さい．一度地すべりが発生した場所は，ほとんど極限状態でつり合っているため，少しでも斜面の形状変化や間隙水圧の増大があると，すぐに地すべりが再発することになる．

10.3.2　地すべりに影響を及ぼす要因

① **地質条件**：地すべりの発生は，地質条件に最も影響される．新潟，長野県ではグリーンタフを主体とした第三紀層地すべり，徳島，高知，愛媛県では中央構造線の活動に起因する破砕帯型地すべりが多く分布している．また，温泉の分布する地帯でも地すべりが生じやすく，温泉地すべり（火山性地すべり）とも呼ばれている．このように，地すべりは地質によって発生が限られることが多い．

② **地形条件**：10.3.1 項で説明したように，過去の地すべりの結果が地形に残っている場合が多い．図 10.5 は，典型的な地すべり地形を示す等高線の形状を示したものである．滑落崖付近では等高線間隔が密になった馬蹄形状を示し，その下流に

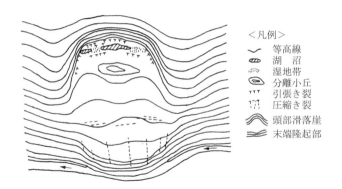

<凡例>
〜 等高線
◯ 湖 沼
⬭ 湿地帯
◐ 分離小丘
ｗ 引張き裂
ｗ 圧縮き裂
〰 頭部滑落崖
〰 末端隆起部

図 10.5　地すべり地形の模式図［藤原明敏：地滑りの解析と防止対策, p. 10, 図 2.1, 理工図書（1979）］

は緩斜面，さらにその下流には堆積，停止に伴って急斜面が出現する．このように，地すべり経験箇所では典型的な地すべり地形を示すことが多いので，等高線の入った地形図や，空中写真の実体視による地形情報から過去の地すべり地が把握できる．

③ **地すべり履歴条件**：地すべりは再発性が高いため，再発の段階に応じて図 10.6 に示されるようにいくつかの段階に分けられる．それぞれの段階に応じて土の強度や崩壊機構が異なるため，解析手法には弾性解析，弾塑性解析，塑性解析とさまざまな手法が必要となる．このため，地すべりの履歴は重要な要因である．

④ **人為条件**：地すべり発生の契機となる直接の要因は融雪や降雨であるが，それと同等もしくはそれ以上に人間による地形の形状変更が原因となる場合がある．これは道路や鉄道や造成地の建設に伴うことが多い．地すべりに対しては事前の調査が最も大切であり，場合によっては地すべり地を避ける計画変更も必要となる．

10.3.3　地すべりの予知

地すべりの予知では，どこで（箇所），いつ（時間），どれくらいの量で（規模）発生するかが重要である．地すべりは再発性が高いため，はじめて発生する地すべりでない限り，山崩れや崖崩れと比べると地すべりの危険個所や規模を予知することは容易である．

地すべりは1日数 cm〜数 m の速さでゆっくりと移動するため，避難する時間的余裕があることが多く，人命に危害を与えることは少ないが，ときには山崩れや崖崩れのように急激に移動を開始することもある．この急激な活動を開始する時刻を予知するための研究が進められている．地すべりは外力の増大がないにもかかわらず，変形が増大するクリープ (creep) 的な運動が多く，この場合には図 10.7 に示すように，一次，二次，三次の変形を示し，急激な破壊は三次クリープ現象のことを指す．二次ク

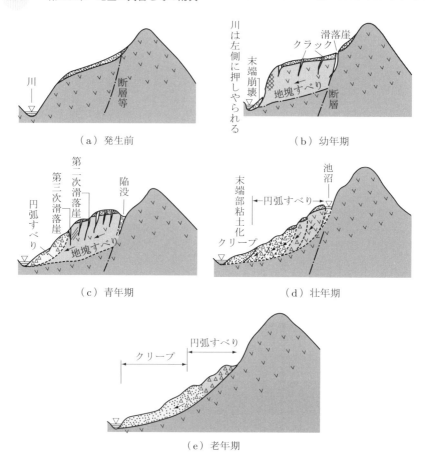

（a）発生前　　　　　　　　　　（b）幼年期

（c）青年期　　　　　　　　　　（d）壮年期

（e）老年期

図 10.6　地すべりの発達段階[山田剛二ほか：地すべり・斜面崩壊の
　　　　　実態と対策，p. 15，図 2.1，山海堂（1983）]

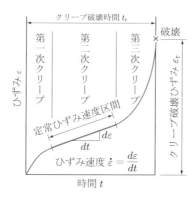

図 10.7　クリープの 3 段階[申潤植：地すべり工学，p. 356，図 1.1，山海堂（1994）]

リープのひずみ速度から破壊にいたるまでに要する時間は，次式のように示されている[10.2].

$$\log t_{\mathrm{r}} = 2.33 - 0.916 \log(\dot\varepsilon \times 10^4) \pm 0.51 \tag{10.5}$$

ここに，t_{r}：クリープ破壊時間 (min)，$\dot\varepsilon$：二次クリープ速度 (1/min) である.

10.3.4　地すべりの対策

　小規模の地すべりには山崩れや崖崩れの対策が適用されることがあるが，一般には地すべりは規模が大きい（すべり面が深く移動土量が大きい）ため，より強固な対策が必要となる．あまりにも巨大な対策が必要となる場合には，経済効果を検討しなければならない．地すべりの対策工は，地すべりの移動を少しでも少なくする工法（抑制工）と，移動を完全に停止させることを意図した工法（抑止工）に分けられる．

　抑制工としては，排水工法，排土工法，植生工法，被覆工法，吹付工法，格子枠工法などがある．一方，抑止工としては，擁壁，すべり防止杭，補強土工法，アンカー工法などがある．

10.4　土石流

10.4.1　土石流のメカニズムと被害

　土石流 (earth flow または debris flow) とは，土砂が斜面上をまるで流体のように流下し，4〜10°以下の緩傾斜面で停止する現象をいう．移動速度は秒速数 m と速く，山麓の緩傾斜面まで流出することが多いので，人命を奪う場合が多い．

　土石流には，山崩れや崖崩れなどの豪雨により崩壊した土砂がそのまま土石流となる場合，崩壊土砂が一度谷底に堆積して形成された自然ダムが貯留水の圧力により崩れて土石流になる場合，河床に堆積している不安定土砂が豪雨により増水した地表流の力により流下する場合などがある．このため，土石流は豪雨の多い西日本や豪雪地帯に多く発生する．流下距離は 1〜2 km が最も多く，山崩れや崖崩れや地すべりに比べて長い．土石流による堆積土量は 1 万 $\mathrm{m}^3/\mathrm{km}^2$ 程度である．

10.4.2　土石流に影響を及ぼす要因

① **地質条件**：表 10.2 は，地質別に見た土石流の発生状況である．土石流は花崗岩地帯で最も多く発生し，次いで変成岩地帯である．この両方での発生率は 50% 近くを占める．この理由は，これらの地質が風化しやすく，また断層，破砕帯などにより細片化され，強度が小さくなっているためと考えられる．

② **地形条件**：土石流が発生した渓流の流域面積を図 10.8 に示す．大流域よりも流域

表 10.2　土石流発生渓流（流域面積 10 km² 以下）の地質別分類（1972～1977 年）［芦田和男編：扇状地の土砂災害, p. 29, 表 1.1, 古今書院（1985）］

地　質	渓流数	百分率 (%)
花崗岩	146	28.9
その他深成岩	9	1.8
火山噴出岩	68	13.4
変成岩	92	18.2
古生層・中生層	81	16.0
第三紀層	68	13.4
第四紀層	42	8.3
計	506	100.0

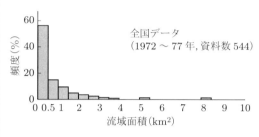

図 10.8　土石流発生渓流の流域面積の頻度分布［芦田和男編：扇状地の土砂災害, p. 224, 古今書院（1985）］

面積 3 km² 以下の小流域での土石流の発生が多い．とくに，0.5 km² 以下の小流域で多く発生することがわかる．これは小流域では侵食作用が活発に続いており，平衡状態に達していないためと考えられる．

③ **降雨条件**：土石流は豪雨中もしくは融雪時に発生するため，降雨条件は土石流の発生にとって最も影響の大きな要因である．山崩れや崖崩れでは総降雨量と時間降雨強度の二つのパラメータが重要であるが，土石流でもこの二つのパラメータが重要であり，とくに 10 分間程度の短時間の降雨量の大きさが土石流の発生に大きく関係している．

10.4.3　土石流の予知

　土石流の予知で重要なことは，どこで（箇所），いつ（時間），どれくらいの量で（規模）発生するかを予知することであるが，現状では精度良く予知する方法は確立されていない．たとえば，箇所については，渓床勾配，渓床堆積物の有無，集水面積などの調査に基づいて，土石流が生じる可能性のある渓流を土石流危険渓流として特定している．また，土石流堆積域についても，次のようないくつかの予測が行われている．

① 土石流を一種の粘性流体と見なして，水理学的手法により堆積域を求める方法[10.3]

② 土石流の堆積はその機構が複雑であるため，これを確率論的に処理してその堆積域を求める方法[10.4]

③ 土石流が堆積する扇状地の微地形を調べ，土石流による侵食，側方堆積（一種の自然堤防）や土石流停止に伴う 1 m 内外の微地形を明らかにし，過去の土石流堆積情報や地表傾斜から堆積域を求める方法[10.5]

10.4.4　土石流の対策

　土石流による災害を防ぐ工法は，土石流の発生域で行う工法，流下域で行う工法および堆積域で行う工法に大別される．発生域では土石流の原因となる山崩れを防止するための対策がとられるが，10.2.4 項で述べたような斜面対策工（山腹基礎工とも呼ぶ）や植生工（山腹緑化工とも呼ぶ）が代表的なものである．流下域では，土石流の成長を防止するとともに，土石流の流下を抑える対策がとられるが，その代表的なものが砂防ダムである．堆積域では，導流堤により土石流が河道外へ氾濫するのを防ぎ，危険の少ない場所へ流路変更させる工法などがとられる．

　土石流対策として広く用いられている砂防ダムは，その機能面から透過型と不透過型に，また材料の面からコンクリート製と鋼製に大別される．透過型砂防ダムはスリット状や格子状の構造をしており，平時に上流側ポケットに流入してくる土砂の流出は許容して，土石流となって流入してくる場合の大量の土砂，巨石や流木をより多く捕捉する．不透過型砂防ダムでは，平時から土砂を上流側ポケットに堆積させることにより，渓床勾配を土石流堆積勾配よりも緩くして土石流を停止させ，土砂の流出を軽減する．

10.5　液状化

10.5.1　液状化のメカニズムと被害

　地下水で飽和された緩い砂質地盤が地震による振動を受けた場合，粒子間のかみ合わせがはずれる．この場合は粒子が土中に浮遊した状態となり，地盤が液体状になる現象を液状化 (liquefaction) という．

　土がせん断力を受けると，せん断変形に伴って体積も変化する．これをダイレイタンシー (dilatancy) 現象といい，密な土では体積が膨張し，緩い土では体積が減少する．したがって，緩い状態の砂が地震による振動を受けた場合にはその体積が収縮する．地盤が飽和していると，土中水は地震の早い挙動に追随できず，非排水状態の等体積変化となる．このため，間隙水圧が上昇して有効応力が減少し，せん断抵抗力が低下する．地表付近に弱い場所があると，高い間隙水圧により地表が破られ，間隙水が砂粒子を伴って噴出することがある．これを噴砂 (sand boil) と呼ぶ．

　液状化が発生すると，地表に建設されている構造物には沈下や傾斜が生じる．この現象による被害の代表的なものは 1964 年の新潟地震であり，橋脚の変位に伴う橋梁の落下，ビルの倒壊などが発生した．1995 年の兵庫県南部地震ではポートアイランドという埋立地で液状化が発生し，噴砂も確認された．また，ポートアイランドをとり

囲むケーソン護岸では，基礎および前面地盤の液状化により巨大なケーソンが海側へ移動する側方変位も見られ，最も大きなものは 5 m 以上も移動した．

　2011 年の東日本大地震においても，液状化現象が広範囲にわたって発生し，道路・護岸施設・上下水道などのライフライン施設および家屋等に大きな被害が生じた．国土交通省関東地方整備局と地盤工学会が実施した関東地方周辺の調査[10.6] によると，砂や水が噴出したことにより液状化が発生したと判断できる箇所は 3332 箇所あり，その約 35% は海岸近くの埋立地であった．次いで，三角州・海岸低地が約 16%，後背湿地，干拓地，砂州，旧河道・池・沼，自然堤防がそれぞれ 9～6% を占めている．その中でも千葉県浦安市や千葉市などの東京湾沿岸部の海浜埋立地域では，下水道・道路・宅地を含めて，全域が同時に液状化した．

　地震後には土中水の排水により過剰間隙水圧が減少し，粒子の沈殿により粒子間のかみ合わせが回復し，有効応力が再び増大する．砂の沈殿により地震前より密な状態で堆積するため，地盤は体積収縮の状態となり地表面が沈下する．

10.5.2　液状化に影響を及ぼす要因

① 地震動：地震のエネルギーが大きいほど液状化は発生しやすくなり，かつ液状化範囲も大きくなる．液状化に対する地震動の直接の影響はせん断波であり，最大せん断応力，波形，周期，周波数などが関係する．

② 拘束圧：一般に，拘束圧が大きいほど液状化は起こりにくくなる．実際の地盤での拘束圧は土被り圧や構造物の上載荷重，静止土圧などに関係している．

③ 密度：緩い砂層ほど液状化を受けやすい．砂の締まり具合は相対密度で評価でき，相対密度が大きいほど液状化は発生しにくい．砂の場合，N 値が相対密度と関係することが多いため，実務的には N 値を用いて液状化のしやすさを判定することがある．

④ 粒度分布：一般に，粒径が均一な砂は良く締まらないため，粒径のそろった砂ほど液状化しやすい．逆に，粘土の場合は，粘着力の影響が大きく粒子がバラバラになる可能性が少ないため，液状化しにくい．一般には，平均粒径がおよそ 0.02～2.0 mm の砂で細粒分の少ないものほど液状化しやすい．図 10.9 は，液状化の可能性がある砂の粒度分布である．

⑤ 飽和度：地盤が飽和していることが，液状化発生の大きな条件である．地下水位以下では完全に飽和していると考えられるため，地下水位の影響は大きい．地下水位が常時地表近くにあると考えられる沖積低地や旧河道および埋立地では液状化が発生しやすい．

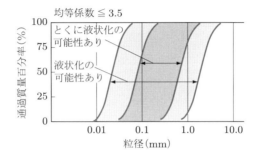

図 10.9　液状化の可能性のある粒度分布（均等係数が小さい場合）［運輸省港湾局監修：埋立地の
　　　　液状化対策ハンドブック，p. 116，図 4.5.3 (a)，沿岸開発技術研究センター（1997）］

10.5.3　液状化の予知

　液状化のおおよその可能性を予知する方法には，地形・地質に基づくものと，土質試験・調査結果に基づくものがある．地下水位が高い沖積低地，旧河道や自然堤防，下流域の埋立地などは液状化が起こりやすい地形であり，山地や丘陵地，洪積台地では液状化は発生しにくい（図 10.10 参照）．

図 10.10　東日本大地震による関東地方の液状化発生分布［国土交通省関東地
　　　　　方整備局，地盤工学会：東北地方太平洋地震による関東地方の地盤液
　　　　　状化現象の実態解明報告書，p.4，図 2.1.1（2011）を加工して作成］

　図 10.10 は，東日本大地震において関東地方での液状化発生地点を示している．この図では液状化により砂や水が噴出した地点を濃い茶色で表している．地盤が大きく変形していても噴砂の見られない場合は液状化発生とは認めていない．液状化は東京湾岸の京葉間および利根川下流域に集中しており，川崎・横浜方面，那珂川・久慈側方面，利根川中流域，鬼怒川・小見川流域，古利根川流域に散在している．とくに，東京湾岸ではおおむね明治以降の埋立地において液状化が発生しており，内陸でも旧河道や湖沼の埋立地では液状化が発生している．

　土質試験・調査結果に基づくものとしては，N 値を用いる方法が広く利用されており，限界 N 値（過去の被害例の分析から設定された N 値）を用いる方法や，液状化に対する抵抗率（N 値と粒度分布から推定する液状化強度比と地震時に作用する繰返しせん断力比の比）を用いる方法がある．

10.5.4　液状化の対策

　液状化の対策は，液状化の要因を減らす方法をとることである．すなわち，地震動に伴うせん断変形を抑えること，粘着力のない砂地盤に粘着力を付加すること，間隙水圧が上昇しにくいように透水性を高めること，緩い地盤の密度を高めること，高い地下水位を下げることなどである．

　せん断変形を抑えるには矢板（シートパイル）工法や地中連続壁工法があり，密度を高めるにはサンドコンパクション工法やバイブロタンパー工法などがある．また，間隙水圧の消散を促進させるものとしてグラベルドレーン工法などがあり，粘着力を付加するために注入固化工法や置換工法などがある．

　これらの方法は，第 11 章で説明しているので参照されたい．

演習問題

10.1　1945 年以降のわが国の自然災害の特徴についてまとめよ．

10.2　山崩れや崖崩れに影響を及ぼす要因についてまとめよ．また，土石流に影響を及ぼす要因についてもまとめよ．

10.3　地すべりや土石流に対する対策についてまとめよ．

10.4　液状化に影響を及ぼす要因についてまとめよ．

課題

10.1　山崩れ，地すべり，土石流の違いをまとめよ．

10.2　液状化の発生メカニズムを説明し，その対策について調べよ．

第11章 地盤改良

11.1 地盤改良の分類

　基礎地盤には，上部構造物を支えるだけの支持力や変形特性が必要であることを第8章で述べた．また，傾斜地は平地に比べて不安定であり，これを安定化させることが必要であることを第9，10章で取り扱った．もし支持力が不足したり，傾斜地が不安定である場合には，上部構造物や斜面形状の設計変更を行うか，地盤改良が行われる．わが国の主要都市が位置する沖積平野は十分に固結していない軟弱な地盤であり，ここでの建設工事では地盤改良をしなければならないことが多い．地盤改良を必要とするか否かは基礎地盤の特性で判断されるのではなく，上部構造物の安全性を判断基準とすべきである．なぜなら，上部工が軽い構造物では，軟弱地盤でも地盤改良を必要としないこともあり，逆に重要な構造物でその重量も大きい場合には，比較的強固な地盤でも改良をしなければならないことがあるからである．

　ここでは，各種の地盤改良をいろいろな観点から分類する．

11.1.1　目的による分類

① **力学的な問題の解決**：地盤改良により地盤の支持力の増大，変形の防止，土圧の軽減，斜面の安定などに貢献する．

② **水理学的な問題の解決**：地盤の安定に重大な影響を持つ水の作用を制御するもので，土中水の排除，止水，地震時の液状化の防止，地表面あるいは地下の侵食防止などがある．

③ **環境問題の解決**：地盤改良が環境保全に貢献できる分野としては，土壌汚染や水質汚染の防止，廃棄物の処理・処分，地盤沈下の防止，騒音や振動の防止などがある．

11.1.2　施工場所による分類

　地盤改良の適用場所はきわめて広範であり，建設工事が行われるほとんどすべての場所に適用される．

① **斜面部の改良**：傾斜地盤の改良で盛土斜面，切土斜面，自然斜面に細分類できる．

② 浅層の改良：道路の路床に代表されるように，主に地表面下 1～3 m の改良をいう.

③ 深層の改良：主に地表面下 1～3 m 以深の改良をいう.

11.1.3　改良の手段による分類

改良の手段により，次のように分類できる.

① 置換：良質な材料に置き換える方法

② 高密度化：粘性土の圧密や脱水，砂質土の締固めなど間隙を減少させ，密度を増大させる方法

③ 排水：浸透水の排除，地下水位の低下により地盤を安定させる方法

④ 補強：鋼，コンクリート，合成繊維，グラスファイバー，植物などにより地盤を補強する方法

⑤ 固結：薬液の注入，セメントなどの混合により地盤を固結させる方法

11.1.4　改良の作用による分類

地盤改良がどのような作用に関係するものかにより，次のように分類できる.

① 物理的な作用による改良：置換，締固め，補強など多くの地盤改良は物理的な作用によるものである.

② 化学的な作用による改良：セメント，石灰および薬液の化学反応による固化などである.

③ 生物的な作用による改良：斜面部に適用される植生工法や微生物を用いた汚染土壌の浄化である.

表 11.1　地盤改良工法の分類

場所 手 作用 段	物理的			生物的	化学的
	置　換	高密度化	排　水	補　強	固　結
斜面部 切土			排水	地山補強土 被覆 植生	吹付け
斜面部 盛土	粒度調整 軽量盛土 置換	締固め		補強土壁 ジオテキスタイルによる補強	セメント安定処理 石灰安定処理 歴青安定処理
表層部					
深層部		重錘落下締固め プレローディング サンドコンパクション ロッドコンパクション バイブロフローテーション コンパクショングラウチング	排水 バーチカルドレーン グラベルドレーン 真空圧密	アンカー 地山補強土	薬液注入 高圧噴射注入 深層混合

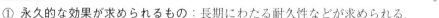

11.1.5　改良効果の時期による分類

① 永久的な効果が求められるもの：長期にわたる耐久性などが求められる.

② 仮設的な効果が求められるもの：一時的に限定された効果が求められる.

　表 11.1 は改良の作用・手段を横軸に，適用場所を縦軸にとり，代表的な地盤改良工法を表したものである. この表では，たとえば「粒度調整工法」を「粒度調整」とするように，地盤改良工法名の「工法」を省略している. これらのうち，代表的なものについて，改良の手段別に 11.2 節以降で概述する[11.1〜11.3].

11.2　置換による地盤改良工法

11.2.1　粒度調整工法

　土の粒度分布は，地盤の締固め特性および透水性に大きく影響を及ぼす. したがって，粒度を調整することによって地盤を要求される性質に改善・制御することが可能であり，このような工法を粒度調整工法 (mechanical stabilization) という. 材料の入手が簡単にできる場合にはきわめて経済的な工法であり，地盤改良の原点ともいえる工法である. 近年掘削発生土の処分が問題となってきており，掘削土を良質な土と混合して再利用するべく，この工法が見直されている.

　粒度の調整には，不足粒径部分を補充する場合と不要粒径部分を除去する場合がある. 不足部分を補充する場合では，対象とする土の粒度分布に基づいて配合設計を行い，2 種類以上の土を所定の割合で混合する. 不要部分を除去する方法はフィルタ材などに使用する場合であり，ふるいによって除去する方法が一般的である.

11.2.2　置換工法

　置換工法 (replacement method) とは，構造物基礎地盤を構成している軟弱なシルトあるいは粘土の一部もしくは全部を除去し，良質な土と置き換えることにより，構造物を安定させる工法である. 置換材料には，砂や砕石が用いられることが多い. また，置換する軟弱地盤の除去方法により，掘削置換工法と強制置換工法に分けられる.

　図 11.1（a）のように，掘削置換工法は軟弱地盤を掘削除去した後に，良質な土を

（a）掘削置換工法　　　　　　　　（b）強制置換工法

図 11.1　置換工法

埋め戻すもので，短期間に効果が得られるため，埋立護岸のケーソン基礎地盤など比較的重要な構造物基礎に用いられている．この工法では，除去した軟弱土の捨て場の確保と，安価な置換材料の入手が必要であるが，最近ではどちらも困難な状況である．

図 11.1（b）のように，強制置換工法は置換材料の重量により軟弱土を強制的に側方へ押し出し，置き換えるものである．この方法は，軟弱地盤の処理として，最も古く単純なものである．盛土の安定性とともに，盛土側方に軟弱土が降起するなど周辺に被害を与えるおそれがあり，本工法の適用には十分な配慮が必要である．

そのほかの工法として，軟弱土中にサンドパイルを打設して，軟弱土を側方に押し出す方法がある．サンドパイルの置換砂の密度を大きくするために，11.3.4 項で述べるサンドコンパクション工法が使われることもある．

11.2.3　軽量盛土工法

軽量盛土工法 (light weight soil filling method) とは，軟弱地盤上に盛土をつくる場合，地盤には改良を加えず盛土を軽量化するものである．軽量盛土材料としては，スラグや石炭がらなどの廃棄物を有効利用する場合と，発泡スチロールや気泡モルタルなどの人工軽量材を用いる場合がある．

最近では，発泡スチロールを用いた工法が注目され施工実績が増えてきている．発泡スチロールの英語名 expanded poly-styrol の略を使って EPS 工法といわれる．EPS 工法は発泡スチロールを盛土材料や裏込め材料として，道路や鉄道や土地造成の工事に適用する工法である．その特徴は，材料の超軽量性（密度約 $25\,\mathrm{kg/m^3}$），耐圧縮性，耐水性，大型ブロック（約 $1\,\mathrm{m} \times 1\,\mathrm{m} \times 2\,\mathrm{m}$）の自立性や施工性の良いことである．適用分野としては，軟弱地盤や急傾斜地での盛土，構造物の埋戻し，擁壁や橋台の裏込め，盛土の拡幅，埋設管基礎および落石対策工などがある．

11.3　高密度化による地盤改良工法

11.3.1　締固め工法

道路・鉄道・宅地造成などの盛土においては，土を締め固めて地盤の力学的性状を改善することが初歩的，基本的な要点である．締固め試験，締め固めた土の性質，施工管理方法などについては 2.5 節を参照されたい．

11.3.2　プレローディング工法

プレローディング工法 (pre-loading method) とは，本体構造物を築造する前に軟弱地盤上に盛土を載荷して，軟弱地盤の沈下をあらかじめ進行させることにより，地盤の強度を増大させるものである．これにより本体構造物の沈下を限度内に収めること

ができるだけでなく，強度的に安全な構造物が建設できる．

　プレローディング工法には，図 11.2 に示す 4 種類がある．

- （a）　**全面撤去**：プレロードにより沈下を先行させ，所要の状態に達したときにこれを撤去して，本体構造物を建設する．
- （b）　**余盛部撤去**：過大なプレロードを載荷して所要の状態になったとき，不要な部分すなわち余盛部を撤去する．
- （c）　**段階載荷**：盛土を数段階に分けて載荷するもので，前段階の盛土荷重がプレロードの役割を果たすことになる．
- （d）　**押さえ盛土** (counter weight fill method)：先行させた盛土の一部はプレロードの役割をするが，本体盛土に対して押さえ盛土の機能も持たせるものである．

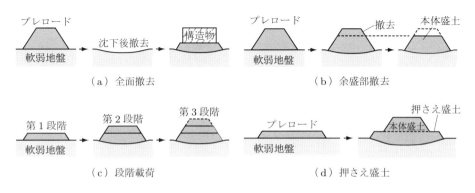

図 11.2　プレローディング工法

11.3.3　重錘落下締固め工法

　重錘落下締固め工法 (heavy tamping method) とは，質量の大きいおもりを高所から落下させることを繰り返し，地盤を締め固める工法である．動圧密工法 (dynamic consolidation method) ともいわれる．

　おもりは質量 10〜60 t，底面積 3〜7 m² 程度の鋼製または鉄筋コンクリート製であり，クレーンにより 10〜40 m の高さから繰り返し落下させて，深さ 10〜20 m までの地盤を改良する．この方法は，ローラーなどによる一般的な締固め方法に比べて，1 打撃当たりのエネルギーが圧倒的に大きいため，1 回の打撃による沈下量も大きい．その際に発生する過剰間隙水圧は，打撃により生じる微小クラックを通じて粘性土地盤でも比較的早期に消散し，圧密沈下が促進され，強度増加が期待できる．わが国では埋立地盤の改良に利用された例がある．

11.3.4　サンドコンパクション工法

サンドコンパクション工法 (sand compaction method) とは，軟弱な粘性土地盤や緩い砂地盤内に振動を用いて砂を圧入して直径の大きい砂杭を造成して，地盤の安定を図る工法である．

軟弱な粘土地盤内に，このような砂杭が一定間隔で造成されると，複合地盤としてのせん断強度が増大し，支持力の増加とすべり破壊の防止が可能となる．

一方，緩い砂地盤に対しては砂杭の圧入造成が地盤を締め固め，間隙比を減少させるため，せん断抵抗や水平抵抗が増加し，載荷時の圧密沈下を低減したり，地震時の液状化を防止する．

11.3.5　バイブロフローテーション工法

バイブロフローテーション工法 (vibrofloatation method) とは，砂地盤の振動締固め工法であり，締固めにはバイブロフロットと呼ばれる棒状振動機を用いる．図 11.3 に，この工法の施工順序を示す．まず図 (a) のように先端部から噴射する水ジェットと振動部の振動を利用してバイブロフロットを地盤中に挿入し，次に図 (b) のように，横吹き水ジェットで砂地盤を飽和させながら振動により周囲の地盤を締め固める．図 (c) のように，地盤が締め固まることにより生じるバイブロフロットまわりの空隙には砂利，砕石，砂などの骨材を投入して，さらに振動伝達効果や密度増大を図る．その結果，図 (d) のように，直径 50〜60 cm の骨材の杭が造成されるので，砂地盤の密度と強度の増大，圧縮性の減少，地震時の液状化防止などの効果がある．一方，バイブロフロットのような特殊な装置の代わりに，棒状あるいは杭状の振動体を地盤に打ち込み，その側面に沿って砂や砕石を補給しながら振動によって地盤を締め固めるロッドコンパクション工法 (rod compaction method) が施工されることもある．

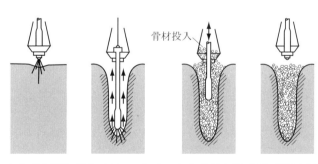

(a) 貫入開始　(b) 水ジェットで　(c) 骨材充填　(d) 締固め完了
　　　　　　　　飽和・締固め　　　締固め

図 11.3　バイブロフローテーション工法の施工順序

11.3.6　コンパクショングラウチング工法

コンパクショングラウチング工法 (compaction grouting method) は，図 11.4 に示すように，流動性の極めて低いモルタルを地盤中に静的に圧入して固化体を連続的に造成し，この固化体形成による締固め効果で周辺地盤を強化する工法である．地盤中に圧入するモルタルは流動性が非常に小さいため，周辺地盤中に浸透せずに圧入点付近で強制的に地盤を押し広げて固結するため，高い締固め効果を発揮する．既設構造物や埋設管が存在する緩い砂地盤の液状化対策に用いられ，ほかの締固め工法と比較して無振動で低騒音である点が特徴である．

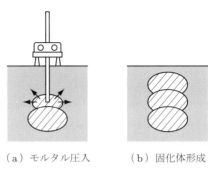

（a）モルタル圧入　　　（b）固化体形成

図 11.4　コンパクショングラウチング工法

11.4　排水による地盤改良工法

11.4.1　排水工法

排水工法 (dewatering method) とは，地下水を揚水することにより地下水位の低下を図り，構造物の安全性を確保する工法である．地下水位の低下は斜面の安定や地すべりの防止，掘削時の湧水・土砂流出・クイックサンド・ヒービングなどの防止，擁壁や矢板の水平荷重の減少，重力式ダムの揚圧力の軽減，粘土層の圧密促進などに関係する．

排水工法は，重力による水の流れに基づき排水する重力排水工法と重力以外の力を強制的に与えて排水する強制排水工法に分けられる．一般に，前者は安価であるため，長期間排水を必要とする場合に用いられる．

重力排水工法には，釜場という集水池を設けて集めた水をポンプアップする釜場工法，水位を低下すべき区域の周囲に井戸を掘削する深井戸工法 (deep well method)，地下に集水管や透水性の良い材料で集水溝を網の目のように配置する暗渠工法 (drainage

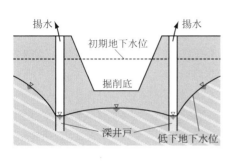

図 11.5　深井戸工法

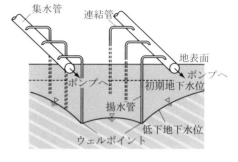

図 11.6　ウェルポイント工法

conduit method)，地表面に排水溝を配置する明渠工法 (open ditch method) などがある．図 11.5 は深井戸工法による地下水位の低下の様子を示したものであり，3.3.2 項 (1) の揚水試験の考え方を利用して解析できる．

釜場工法や深井戸工法は，掘削区域の排水に適用される．暗渠工法や明渠工法は，造成地盤や道路の路盤・路床の排水に用いられる．また，斜面の排水としては，縦排水溝と小段や斜面先の横排水溝の組み合わせによるトレンチ工法が効果的である．

強制排水工法の代表的な工法は，ウェルポイント工法 (well point method) である．これは図 11.6 に示すように，ウェルポイントと呼ばれる集水装置を先端に付けた揚水管を排水区域周囲の地中に数 m 間隔で埋設し，それらを集水管で連結して排水ポンプにより揚水して地下水位を低下させるものであり，掘削地域の水位低下に効果的である．

粘性土地盤の場合には，透水性が悪くウェルポイントへの集水が難しいので，集水効率を高めるために，電気浸透工法や 11.4.4 項で説明する真空圧密工法を併用することがある．電気浸透工法は，地中に直流電気を流すと地下水が陰極に集まる性質を利用して，ウェルポイントを陰極にして集水効率を高めるものである．

11.4.2　バーチカルドレーン工法

バーチカルドレーン工法 (vertical drain method) は，軟弱な粘性土地盤中に配置した人工の鉛直ドレーンを排水溝として土中の間隙水を排水し，圧密を促進させる工法である．この工法は，透水材料に砂を用いたサンドドレーン工法 (sand drain method) や袋詰めサンドドレーン工法と，特殊加工されたプラスチック材などを用いたプラスチックボードドレーン工法 (card-board drain method) に分けられる．サンドドレーンや袋詰めサンドドレーンは直径が 10～60 cm 程度の円形断面であるが，プラスチックボードドレーンは厚さ 3 mm，幅 10 cm 程度の長方形断面である．バーチカルドレーン工法の原理については，4.6 節を参照されたい．

11.4.3 グラベルドレーン工法

グラベルドレーン工法 (gravel drain method) とは，強度と排水性の優れた砕石材料を地盤中に杭状に打設し，地震時に発生する地盤内の過剰間隙水圧を砕石のドレーンにより消散させ，液状化を防止しようとする工法である．歴史的には比較的新しいもので，1971 年のサンフェルナンド地震で被災したサンフランシスコの浄水場の復旧工事に適用されたのが最初であり，1976 年にシード (Seed) らにより設計法が提案されている．わが国でもこれを契機に各方面で研究され施工されており，1994 年の釧路地震や 1995 年の阪神淡路大震災においてその効果が確かめられている．

11.4.4 真空圧密工法

真空圧密工法 (vacuum consolidation method) とは，1949 年ごろにスウェーデンのチェルマン (Kjelmann) らによって考案された圧密促進工法の一種で，1960 年代前半に日本に導入された．

図 11.7 に示すように，軟弱地盤の地表面から鉛直ドレーンを打設し，鉛直ドレーンの頭部と水平ドレーンを連結して有孔集水管を敷設する．その上を気密シートで覆い，気密シート端部を地盤中に埋め込んだ後，真空ポンプを運転させる．気密シート下部では真空圧により減圧され，鉛直・水平ドレーン，有孔集水管を介して軟弱地盤内から水を強制的に排水することで，圧密沈下を早めて短時間に地盤改良をする工法である．真空圧密工法は，プレローディング工法の場合に発生する外向きの地盤変形が抑制でき，地盤のせん断破壊のおそれがほとんどないのが特徴である．

従来は，気密性の保持が困難で運転経費が高い，高い真空圧が得られない，改良深度に限界がある，中間砂層が挟在する地盤では改良効果が期待できないなどの問題が

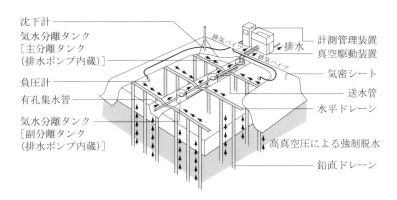

図 11.7 真空圧密工法[真空圧密技術協会：高真空 N&H 工法
―改良型真空圧密工法―技術資料，p. 5，図-I.1 (2004)]

あったが，これらの課題を解決した工法が主流となっており，近年，採用されること
が多くなってきている．

11.5 補強による地盤改良工法

11.5.1 植生工法

植生工法 (planting works) とは，植生によって周辺環境との調和を保ちながら地盤
を安定化する工法で，建設工事においては主に斜面に適用されることが多い．とくに，
景観保全の観点から，斜面には必ず採用しなければならない工法である．

植生工法は種子を斜面に直接蒔く播種工と，別の場所で育てた苗を植え込む植栽工
に大別できる．播種工にはポンプやモルタルガンを用いて種子，肥料，水，侵食防止
剤などを斜面に吹き付ける種子吹付け工，袋・シート・マットに種子，肥料，土など
を装着して斜面に設置する植生袋工・植生シート工・植生マット工などがある．一方，
植栽工には芝を斜面に設置する張芝工・筋芝工，苗を植え込む植生ポット工，樹木を
植える植樹工などがある．

植生工法は，植物の生育とともにその効果が上昇するため，植物の適応種類，適応
時期を的確に判断しなければならない．

11.5.2 被覆工法

被覆工法とは，土工や種々の侵食作用によってできる斜面や裸地表面を被覆するこ
とにより，その箇所に働く侵食力を減少させて安定化を図る工法である．11.5.1 項の
植生工法は植生を用いた被覆工法と考えることができる．被覆材料によって種々の工
法があり，軟らかいソイルセメントを用いるプラスチックソイルセメント工，コンク
リート，モルタルあるいは合成樹脂の吹付け工，合成繊維，マットやシートによる被
覆工，歴青材料を用いるアスファルト斜面工・アスファルトパネル工，鋼製あるいは
繊維製のネット張工，コンクリート製あるいは鋼製の斜面枠工などである．

図 11.8 に示す斜面枠工は，単なる侵食防止だけでなく，その曲げ剛性により斜面表
層部の小崩壊を抑止する機能も兼ねることができ，アンカー工や杭工と併用すること
で，さらに深い部分の安定にも効果がある．また，枠内に植生を導入すると，緑化に
よる景観保全もできるため，各地で採用されている．

図 11.8　斜面枠工

11.5.3　ジオテキスタイルによる補強工法

　ジオテキスタイル (geotextile) は合成高分子製の地盤改良用繊維材料で，シート，ネット，グリット構造のものがある．ジオメンブレン (geomembrane)，ジオコンポジット (geocomposite) といった製品とあわせて，ジオシンセティックス (geosynthetics) と呼ばれることがある．ジオテキスタイルによる補強工法は軟弱地盤上に敷設する方法と盛土内に敷設する方法がある．

　図 11.9 (a) は，軟弱地盤をジオテキスタイルで補強するために軟弱地盤上にジオテキスタイルを敷設し，その上に盛土を構築した例である．ジオテキスタイルと周囲の土との間に発生する摩擦力と，ジオテキスタイルの張力により盛土の安定を確保している．

　図 11.9 (b) は，盛土築造中にジオテキスタイルを敷設して盛土を強化する例である．ネットを盛土の一部あるいは全面に敷き込み，盛土がすべり破壊するときに生じるせん断応力に，ネットのせん断抵抗力で抵抗させる．また，締固め厚さを確認するために，盛土の仕上がり厚さごとに層厚管理材としてネットが埋設されている．この層厚管理ネットは，その引張強さにより土工機械の斜面肩付近の走行を可能にする役目も兼ねている．

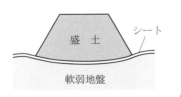

（a）軟弱地盤の補強

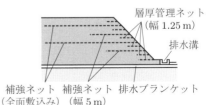

（b）盛土の補強

図 11.9　ジオテキスタイルによる補強工法

11.5.4　補強土壁工法

補強土壁工法 (reinforced earth wall method) とは，盛土を補強材で補強するとともに，壁面を連結して擁壁構造をつくる工法である．その構成は，主に壁面材と補強材の 2 種類であり，それらの連結部が構造上重要なポイントになる．図 11.10 は，フランスで最初に開発されたテールアルメ工法である．壁面は金属スキンと呼ばれる U 字型断面を有する壁面材で構成され，これが帯状補強材と直接連結されている．近年では，テールアルメ工法でもコンクリートスキンが使用されている．スライドジョイントを介してコンクリート壁面と補強材を連結することにより，壁面背部の土砂が圧縮しても連結部に力が作用しないようにしている．最近では，さまざまな壁面材や補強材が用いられている．壁面材にはコンクリートパネルだけでなく，コンクリートブロックを用いた工法が開発され，補強材にはジオシンセティックスや多数アンカーなどが用いられている．

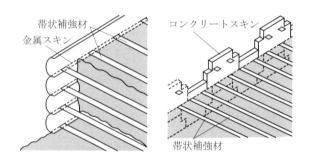

図 11.10　テールアルメ工法［補強土工法編集委員会編：
補強土工法，p. 9，表-1.3，土質工学会 (1986)］

11.5.5　アンカー工法

アンカー工法 (anchoring) とは，図 11.11 のように，機械によって削孔した孔に引張材（PC 鋼材）を挿入し，グラウトを注入固結した後，引張材を緊張することによって，構造物と地盤に引張力を伝達して安定化する工法である．根切り工事における土留工や，斜面の安定工法として広く適用されている．とくに，土留工としては切梁・腹起こしの代わりにアンカーを用いることにより，掘削空間を広く利用できるために施工条件が改善され，大きなメリットとなっている．斜面安定工としては，き裂の多い岩盤斜面に有効であり，被覆工法の一種である斜面枠工などと併用することによりさらに効果をあげている．

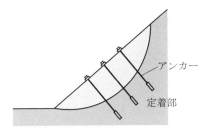

図 11.11　アンカー工法

11.5.6　地山補強土工法

　地山補強土工法 (reinforced earth method) とは，地山を機械によって削孔し，鉄筋やロックボルトなどを挿入してグラウトを注入することにより，小口径の場所打ち杭を形成し，吹付けコンクリートなどでつくられる表面工とともに地盤を一体化する工法である．斜面の安定，土圧の軽減，支持力の増加など地山の安定性を向上させる．地山補強土工法は，用いられる補強材や設計の違いにより，ネイリング (nailing)，マイクロパイリング (micro piling)，ダウアリング (doweling) の 3 種類に分類される．硬い地山ではネイリング，軟らかい地山ではマイクロパイリングやダウアリングが用いられる．

　図 11.12 に，地山補強土工法の適用例を示す．図 (a) は，地山に補強材を配置して補強している例である．図 (b) は，切土斜面の補強であり，地山を安定勾配より急勾配に掘削する場合，一般に上部より段階的に掘削しながら所定の高さを補強していく．図 (c) は，構造物の基礎を補強している例である．

（a）自然地山の補強　　（b）切土斜面の補強　　（c）構造物基礎の補強

図 11.12　地山補強土工法

11.6 固結による地盤改良工法

11.6.1 セメント安定処理工法

セメント安定処理工法 (soil stabilization by cement) とは，セメントあるいはセメントをベースにしてほかの材料と調整されたセメント系安定材料により，土を固結する工法である．11.6.3 項で説明する薬液注入工法や 11.6.4 項で説明する深層混合工法などでもセメントを材料とすることがあるが，ここでは軟弱地盤の浅層部を対象とする浅層改良工法として取り上げる．

砂質土とセメントの反応は，貧配合のセメントモルタルと同じである．セメントの水和反応の過程で生成するケイ酸石灰水和物（C-S-H）ゲルにより土粒子が結合される．一方，粘性土の場合は，セメントの水和反応過程で生成する水酸化カルシウム $(Ca(OH)_2)$ が粘土との間に吸着・イオン交換・ポゾラン反応などを起こし，固結する．

セメント安定処理工法は，セメントと土の均一な混合性，効果的な締固め方法，高含水・高有機質の土への適用性などの問題があり，混合機械・締固め機械や新しいセメント系安定材料の開発が進められている．とくに，従来のセメントを母材として各種成分を添加したセメント系固化材が多く開発されている．添加する成分としては石膏，高炉スラグ，フライアッシュなどであり，アルミン酸硫酸石灰水和物（エトリンガイト）が生成されることが多い．

セメント安定工法の施工過程において，粉体のセメントが粉塵となって飛散し，周辺環境ならびに作業員の健康に悪影響を及ぼすことが問題である．これを解決するために，テフロン処理による粉塵抑制固化材が開発されている．また，セメントおよびセメント系固化材を土と混合して改良する場合に，改良土から六価クロムが溶出するおそれがあり，2000 年に国土交通省から出された通達では，その溶出試験により安全性を確認することになっている．最近では，六価クロムの含まれない固化材が開発されている．

11.6.2 石灰安定処理工法

石灰安定処理工法 (soil stabilization by lime) とは，土に石灰を混合して安定化させる工法で，古代から行われていた．石灰安定処理の対象は，主に高含水比の粘性土であり，トラフイカビリティの改善，締固め強さの確保，耐久性の向上，軟弱土の有効利用などを目的に施工されている．

石灰には生石灰と消石灰があり，生石灰が水と反応すると消石灰となる．欧米では対象土の含水比が低いため，消石灰を使用することが多い．一方，わが国では高含水比の粘性土が多く，消石灰より強力な脱水力と膨張力がある生石灰を使うことが多い．

生石灰パイル工法はこの代表である.

石灰は,上記の生石灰の脱水・膨張反応とともに,消化された消石灰と粘土との反応（Ca^+ の吸着,イオン交換,ポゾラン反応）により土を安定化させる.

11.6.3 薬液注入工法

薬液注入工法 (chemical grouting) とは,一定時間後に固結する注入材を土の間隙に浸透させ,間隙水や空気と置換させるものである.注入材は間隙中で固結し,土粒子を結合させることによって土の粘着力を高めるだけでなく,土を不透水化させる.

対象地盤は沖積層が多く,注入材を地盤に送り込む圧力により図 11.13 の四つの形式がある.砂質土には,注入材を浸透させる図（a）の浸透注入形式が適用される.粘性土には,注入圧により割裂した地盤に脈状に注入材を浸透させる図（b）の割裂注入形式が採用される.注入速度を大きくすると注入圧が上がり,図（c）のように注入孔付近の地盤を割裂して注入材は脈状に浸透するとともに,割裂脈周辺にも浸透していく.これを割裂浸透注入形式という.さらに注入圧を高め,注入材を高圧高速で一定方向に送り出して注入材の噴射流をつくると,図（d）のようにその噴射体の運動エネルギーによって地盤を破壊し,切削すると同時に注入材と原地盤材を置き換え,あるいは混合して硬化させる.これは高圧噴射注入と呼ばれる形式である.

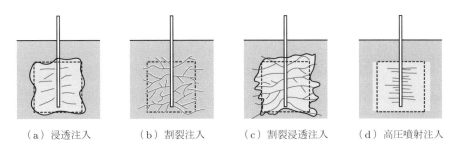

（a）浸透注入　　（b）割裂注入　　（c）割裂浸透注入　　（d）高圧噴射注入

図 11.13　薬液注入工法

11.6.4 深層混合工法

深層混合工法 (deep mixing method) とは,攪拌羽根を有する混合処理機を用いて,安定材と土とを原位置で混合し,化学的硬化作用により地盤を改良する工法であり,改良深さは数 m〜50 m 程度である.安定材はスラリーにして用いる場合と,粉体・塊状にして用いる場合がある.石灰系のものと比べて,セメント系のものが多く用いられている.

この工法は,1960 年代後半に運輸省港湾技術研究所で開発され,当初は塊状の生石灰を深層に送って混合するものであった.その後,ヘドロの処理に対してセメントス

ラリーによる方法が実用化され，深層混合工法による海上工事が本格的に行われるようになった．陸上では，空気圧送により安定材を地盤中に送り込む技術が開発されている．最近では，液状化防止を目的に砂地盤の改良に用いたり，小規模の建築構造物を支持させる地盤改良杭としても適用されている．

演習問題

11.1 地盤改良工法を分類せよ．

11.2 サンドドレーン工法とサンドコンパクション工法の違いを説明せよ．

11.3 液状化対策工として効果が期待できる地盤改良工法をまとめよ．

課題

11.1 地盤改良工法あるいは斜面安定工法の例を身近な場所で探し，その工法について調べよ．

参考文献

第1章

[1.1] 赤井浩一：土質力学, 朝倉書店, pp. 7–9, 1966

第2章

[2.1] 地盤工学会編：地盤材料試験の方法と解説, 地盤工学会, pp. 53–80, 97–161, 373–385, 2009

[2.2] 赤井浩一：土質力学, 朝倉書店, p. 116, 1979

[2.3] 松尾新一郎編著：新稿土質工学, 山海堂, pp. 149–150, 1984

[2.4] 高専土質実験教育研究会編：土質実験法 [改訂版], 鹿島出版会, p. 94, 1993

第5章

[5.1] 河上房義：新編土質力学, 森北出版, 1980

[5.2] 河上房義：土質工学演習—基礎編—, 森北出版, 1994

[5.3] 土質工学会編：ジオテクノート④モールの応力円, 1993

[5.4] 土木学会編：土質試験のてびき, 1996

[5.5] 土質工学会編：土質工学ハンドブック, 1986

[5.6] 伊勢田哲也：土木施工, 朝倉書店, 1981

[5.7] 大原資生, 三浦哲彦：最新土木施工, 森北出版, 1985

第6章

[6.1] 河上房義：新編土質力学, 森北出版, 1980

[6.2] 河上房義：土質工学演習—基礎編—, 森北出版, 1994

[6.3] 土質工学会編：ジオテクノート④モールの応力円, 1993

[6.4] 土木学会編：土質試験のてびき, 1996

[6.5] 土質工学会編：土質工学ハンドブック, 1986

[6.6] 伊勢田哲也：土木施工, 朝倉書店, 1981

[6.7] 大原資生, 三浦哲彦：最新土木施工, 森北出版, 1985

第7章

[7.1] 河上房義：土質力学（第8版）, 森北出版, pp. 58–70, 2012

[7.2] 河上房義：土質工学演習［基礎編］第3版, 森北出版, pp. 57–78, pp. 195–214, 2002

[7.3] 赤井浩一：土質力学, 朝倉出版, pp. 193–224, 1973

[7.4] 山口柏樹：土質力学, 技報堂出版, pp. 135–169, 1978

[7.5] 中野 坦, 小山 明, 杉山武司：新版 土質力学, コロナ社, pp. 65–80, 1987

[7.6] 後藤正司：土質力学，共立出版，pp. 74–94，1972

[7.7] 久野悟郎，箭内寛治，浅川美利：土質工学演習，学献社，pp. 82–98，1972

第 8 章

[8.1] 河上房義：土質力学（第 8 版），森北出版，pp. 155–176，2012

[8.2] 赤井浩一：土質力学，朝倉出版，pp. 169–192，1973

[8.3] 山口柏樹：土質力学，技報堂出版，pp. 260–297，1978

[8.4] 中野　坦，小山　明，杉山武司：新版 土質力学，コロナ社，pp. 191–211，1987

[8.5] 久野悟郎，箭内寛治，浅川美利：土質工学演習，学献社，pp. 218–260，1972

[8.6] 日本道路協会：道路橋示方書・同解説 IV 下部構造編，pp. 196–316，2017

[8.7] 日本建築学会：建築基礎構造設計指針，pp. 112–283，2019

[8.8] 土質工学会：クイ基礎の調査・設計から施工まで，pp. 107–147，pp. 320–324，1978

[8.9] 大成建設株式会社土木本部土木設計部編：地盤と基礎の設計，山海堂，pp. 299–440，2007

第 10 章

[10.1] 沖村　孝，市川龍平：数値地形モデルを用いた表層崩壊危険度の予測法，土木学会論文集，No. 358，pp. 69–75，1985

[10.2] 斎藤迪孝：斜面崩壊時期の予知，地すべり，Vol. 2，No. 2，pp. 7–12，1996

[10.3] 芦田和男編：扇状地の土砂災害，古今書院，p. 224，1985

[10.4] 今村遼平，杉田昌美：Random Walk Model による土砂堆積シミュレーションについて，新砂防，No. 114，pp. 17–26，1980

[10.5] 建設省吉野川砂防工事事務所：仁淀川土砂災害対策報告書（その 6），砂防地すべり技術センター，p. 90，1976

[10.6] 国土交通省関東地方整備局，地盤工学会：東北地方太平洋沖地震による関東地方の地盤液状化現象の実態解明報告書，p. 59，2011

第 11 章

[11.1] 日本材料学会土質安定材料委員会編：地盤改良工法便覧，日刊工業新聞社，pp. 51–519，1991

[11.2] 軟弱地盤ハンドブック編集委員会編：土木・建築技術者のための最新軟弱地盤ハンドブック，建設産業調査会，pp. 287–424，1981

[11.3] 松尾新一郎，河野伊一郎：地下水位低下工法，鹿島出版会，pp. 109–138，1970

演習問題解答

第 1 章
1.1 1.1.3 項参照
1.2 1.1.4 項参照
1.3 1.2.1 項参照
1.4 1.2.2 項 (2) 参照
1.5 1.2.2 項 (3) 参照

第 2 章
2.1 まず，飽和した粘土試料と容器の質量 $m_\mathrm{a} = 68.95\,\mathrm{g}$，乾燥した粘土試料と容器の質量 $m_\mathrm{b} = 62.01\,\mathrm{g}$，容器の質量 $m_\mathrm{c} = 35.05\,\mathrm{g}$ より，含水比 w は

$$w = \frac{m_\mathrm{a} - m_\mathrm{b}}{m_\mathrm{b} - m_\mathrm{c}} \times 100 = \frac{68.95 - 62.01}{62.01 - 35.05} = 25.7\%$$

また，間隙比 e は式 (2.18) で表すことができ，水の密度は $\rho_\mathrm{w} = 1\,\mathrm{g/cm^3}$ とし，完全飽和された試料なので $S_\mathrm{r} = 100\%$，土粒子の密度 ρ_s は $2.70\,\mathrm{g/cm^3}$ より，

$$e = \frac{\rho_\mathrm{s} \cdot w}{\rho_\mathrm{w} \cdot S_\mathrm{r}} = 0.695$$

2.2 【演習問題 2.1】と同じく，式 (2.18) により，間隙比 $e = 0.650$，土粒子の密度 $\rho_\mathrm{s} = 2.65\,\mathrm{g/cm^3}$，飽和度 $S_\mathrm{r} = 90\%$ であり，水の密度は $\rho_\mathrm{w} = 1\,\mathrm{g/cm^3}$ とすると，含水比 $w\,(\%)$ が計算できる．

$$w = \frac{e \cdot \rho_\mathrm{w} \cdot S_\mathrm{r}}{\rho_\mathrm{s}} = \frac{0.650 \times 1 \times 90}{2.65} = 22.1$$

また，湿潤密度 $\rho_\mathrm{t}\,(\mathrm{g/cm^3})$ は式 (2.12) から計算することができる．

$$\rho_\mathrm{t} = \frac{\rho_\mathrm{s}(1 + w/100)}{1 + e} = 1.96$$

2.3 (1) 塑性指数，コンシステンシー指数および液性指数は以下の式で表される．液性限界 w_L は 71.8%，塑性限界 w_p は 25.9%，自然含水比 w_n は 64.8% より，

$$I_\mathrm{p} = w_\mathrm{L} - w_\mathrm{p} = 71.8 - 25.9 = 45.9$$
$$I_\mathrm{c} = \frac{w_\mathrm{L} - w_\mathrm{n}}{I_\mathrm{p}} = \frac{71.8 - 64.8}{45.9} = 0.15$$
$$I_\mathrm{L} = \frac{w_\mathrm{n} - w_\mathrm{p}}{I_\mathrm{p}} = \frac{64.8 - 25.9}{45.9} = 0.85$$

(2) 液性限界 $w_\mathrm{L} = 71.8\%$ ならびに塑性指数 $I_\mathrm{p} = 45.9\%$ をもとに塑性図を描くと解図 1 のようになり，この土は粘土（高液性限界）（CH）に分類される．

2.4 表 2.11 の試験結果をもとに粒径加積曲線を描くと解図 2 のようになる．

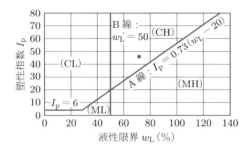

解図 1 塑性図

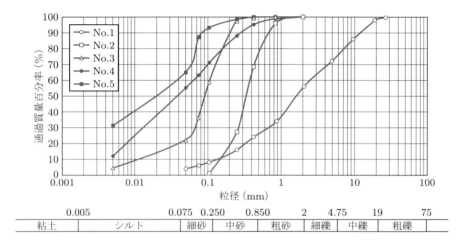

解図 2 粒径加積曲線

また，試料 No.1, No.4, No.5 について塑性図を用いて細粒分を分類することができる．以上の結果から，No.1 細粒分まじり礫質砂（SG-F），No.2 分級された砂（SP），No.3 細粒分質砂（SF），No.4 砂質シルト（高液性限界）（MHS），No.5 砂まじり粘土（低液性限界）（CL-S）．

2.5 乾燥砂の密度は $1.35\,\mathrm{g/cm^3}$ であることから，穴の体積 V （$\mathrm{cm^3}$）は $1037\,\mathrm{g}$ を乾燥砂の密度で除した値となる．

$$V = \frac{1037}{1.35} = 768$$

また，掘り出した土（湿潤状態）の質量は $1230\,\mathrm{g}$ であるから，湿潤密度 ρ_t は $1.60\,\mathrm{g/cm^3}$ になる．

第 3 章

3.1 （1） $i = \Delta h / \Delta l = 0.5/0.3 = 1.67$

(2) $v = k \cdot i = 2.0 \times 10^{-4} \times 1.67 = 3.3 \times 10^{-4}\,\mathrm{m/s}$

(3) $v = k \cdot i = 2.0 \times 10^{-4} \times (1.0/0.3) = 6.7 \times 10^{-4}\,\mathrm{m/s}$

3.2 $k = \dfrac{QL}{HAt} = \dfrac{400 \times 15}{40 \times (5.5^2 \pi/4) \times 60} = 1.1 \times 10^{-1}\,\mathrm{cm/s}$

3.3 式 (3.22) より，

$$1.0 \times 10^{-6} \times 10^2 = \frac{2.3 \times a \times 4}{(10^2 \pi/4) \times 600} \log_{10} \frac{30}{20}$$

となり，

$a = 2.9\,\mathrm{cm}^2$ ∴ 直径は $1.9\,\mathrm{cm}$

3.4 図 3.25 より，$N_\mathrm{f} = 5$，$N_\mathrm{d} = 14$ である．したがって，式 (3.47) より，

$$Q = 7.0 \times 10^{-5} \times 4 \times 1 \times \frac{5}{14} \times 60 \times 60 \times 24 = 8.6\,\mathrm{m}^3/日$$

となる．また，点 A は $n_\mathrm{d} = 10.1$ だから，$h_\mathrm{A} = 4 \times 10.1/14 = 2.9\,\mathrm{m}$

3.5 (1) $i_\mathrm{c} = \dfrac{\gamma_\mathrm{sat}}{\gamma_\mathrm{w}} - 1 = \dfrac{18.0}{9.81} - 1 = 0.835$

(2) $i = \dfrac{Q}{kA} = \dfrac{0.024}{2.0 \times 10^{-3} \times 20} = 0.6$

∴ $F_\mathrm{s} = i_\mathrm{c}/i = 0.835/0.6 = 1.4$

(3) $Q = k i_\mathrm{c} A = 2.0 \times 10^{-5} \times 10^2 \times 0.835 \times 20 = 0.0334\,\mathrm{cm}^2/\mathrm{s}$

第 4 章

4.1 第 1 層：$w = \dfrac{S_\mathrm{r} e \rho_\mathrm{w}}{\rho_\mathrm{s}} = \dfrac{42.0 \times 0.90 \times 1.00}{2.70} = 14.0\%$

$$\rho_\mathrm{t} = \frac{\rho_\mathrm{s}(1 + w/100)}{1 + e} = \frac{2.70(1 + 14.0/100)}{1 + 0.90} = 1.62\,\mathrm{g/cm}^3$$

∴ $\gamma_\mathrm{t} = \rho_\mathrm{t} \times g = 1.62 \times 9.81 = 15.9\,\mathrm{kN/m}^3$

第 2 層：$\rho_\mathrm{sat} = \dfrac{\rho_\mathrm{s} + e \rho_\mathrm{w}}{1 + e} = \dfrac{2.65 + 0.70 \times 1.00}{1 + 0.70} = 1.97\,\mathrm{g/cm}^3$

∴ $\gamma_\mathrm{sat} = 1.97 \times 9.81 = 19.3\,\mathrm{kN/m}^3$

第 3 層：$\rho_\mathrm{sat} = \dfrac{\rho_\mathrm{s} + e \rho_\mathrm{w}}{1 + e} = \dfrac{2.70 + 1.90 \times 1.00}{1 + 1.90} = 1.59\,\mathrm{g/cm}^3$

∴ $\gamma_\mathrm{sat} = 1.59 \times 9.81 = 15.6\,\mathrm{kN/m}^3$

全応力：$\sigma = 15.9 \times 6 + 19.3 \times 8 + 15.6 \times 5 = 328\,\mathrm{kN/m}^2$

間隙水圧：$u = 9.81 \times 13 = 128\,\mathrm{kN/m}^2$

有効応力：$\sigma' = \sigma - u = 328 - 128 = 200\,\mathrm{kN/m}^2$

4.2 構造物構築前の鉛直有効応力 p_0 は，

$$p_0 = (20.0 - 9.81) \times 6 + (16.0 - 9.81) \times 4 = 85.9\,\mathrm{kN/m}^2$$

$e\text{--}\log p$ 曲線を用いる方法：$S_\mathrm{c} = \dfrac{\Delta e}{1 + e_0}\, h = \dfrac{0.37}{1 + 1.83} \times 8 = 1.05\,\mathrm{m}$

体積圧縮係数 m_v を用いる方法：$S_\mathrm{c} = m_\mathrm{v} \Delta p' h = 2.6 \times 10^{-4} \times 500 \times 8 = 1.04\,\mathrm{m}$

圧縮指数 C_c を用いる方法：$S_\mathrm{c} = \dfrac{C_\mathrm{c}}{1 + e_0}\, h \log \dfrac{p_0' + \Delta p'}{p_0'} = \dfrac{0.48}{1 + 1.83} \times 8 \times \log \dfrac{85.9 + 500}{85.9}$

$$= 1.13\,\mathrm{m}$$

4.3 $c_\mathrm{v} = 1.5 \times 10^{-3}\,\mathrm{cm}^2/\mathrm{s} = 129.6\,\mathrm{cm}^2/日$

$U = 0.5$ のとき $T_\mathrm{v} = 0.197$

$\therefore$ $U = 0.5$ となる日数は,

$$t_{50} = \frac{T_\mathrm{v}(h/2)^2}{c_\mathrm{v}} = \frac{0.197 \times 250^2}{129.6} = 95 \text{ 日}$$

また, 1 年後の時間係数 T_v は

$$T_\mathrm{v} = \frac{c_\mathrm{v}t}{(h/2)^2} = \frac{129.6 \times 365}{250^2} = 0.759$$

図 4.13 より, $T_\mathrm{v} = 0.759$ のとき, $U = 0.87$

4.4 盛土を 300 日で施工し, 施工終了後 200 日目の沈下量は, 盛土最終荷重を $t = 0$ 日で瞬時載荷したときの $t = 300/2 + 200 = 350$ 日の沈下量に等しい.

最終沈下量は

$$S_\mathrm{c} = m_\mathrm{v}\Delta p' h = 9.4 \times 10^{-4} \times 108 \times 700 = 71.1 \text{ cm}$$

$$c_\mathrm{v} = 2.0 \times 10^{-3} \text{ cm}^2/\text{s} = 172.8 \text{ cm}^2/\text{日}$$

$t = 350$ 日の時間係数 T_v は

$$T_\mathrm{v} = \frac{c_\mathrm{v}t}{(h/2)^2} = \frac{172.8 \times 350}{350^2} = 0.494$$

図 4.13 より, $T_\mathrm{v} = 0.494$ のとき, $U = 0.755$

$\therefore$ 残留沈下量 $S_\mathrm{R} = S_\mathrm{c}(1 - U) = 71.1(1 - 0.755) = 17.4 \text{ cm}$

4.5 表 4.2 より, 施工終了後からの経過時間 t と $t/(S - S_0)$ の関係を整理すると, 解表 1 のようになる. ただし, S：経過時間 t 日のときの沈下量, S_0：経過時間 $t = 120$ 日のときの沈下量 $(= 30.6 \text{ cm})$ である.

解表 1

経過時間（日）	0	20	40	60	80	100	120	140	160	180	200	220	240	260	280	300
沈下量（cm）	0	4.2	8.6	13.4	18.8	24.6	30.6	35.8	40.4	44.4	47.9	51.2	54.0	56.8	58.9	61.2
施工終了後からの経過時間 t（日）							0	20	40	60	80	100	120	140	160	180
$t/(S - S_0)$（日/cm）							—	3.8	4.1	4.3	4.6	4.9	5.1	5.3	5.7	5.9

表に示した t と $t/(S - S_0)$ の関係を描くと解図 3 のようになり, $a = 3.583$ 日/cm, $b = 0.013 \text{ cm}^{-1}$ が得られる.

したがって, 500 日目（施工終了後から 380 日目）の沈下量 S は,

$$S = S_0 + \frac{t}{a + b \times t}$$

$$= 30.6 + \frac{380}{3.583 + 0.013 \times 380} = 75.2 \text{ cm}$$

また, 最終沈下量 S_c は,

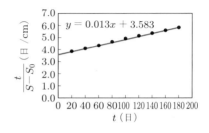

解図 3

$$S_c = S_0 + \frac{1}{b} = 30.6 + \frac{1}{0.013} = 108\,\text{cm}$$

第5章

5.1 式 (5.10), (5.11) より，最大主応力面と $60°$ で交わる面に作用する垂直応力 σ とせん断応力 τ は，次のようになる.

$$\sigma = \frac{\sigma_1 + \sigma_3}{2} + \frac{\sigma_1 - \sigma_3}{2}\cos 2\theta = \frac{400 + 100}{2} + \frac{400 - 100}{2} \times \cos(2 \times 60°)$$
$$= 175\,\text{kN/m}^2$$
$$\tau = \frac{\sigma_1 - \sigma_3}{2}\sin 2\theta = \frac{400 - 100}{2} \times \sin(2 \times 60°) = 130\,\text{kN/m}^2$$

5.2 最大主応力 σ_1 と最小主応力 σ_3 を直径とするモールの応力円を描くと，解図4のようになる.図より，$\theta = 60°$ の面上の応力を読みとると，$\sigma = 175\,\text{kN/m}^2$, $\tau = 130\,\text{kN/m}^2$ となる.

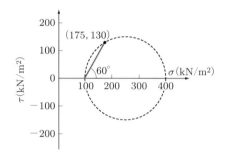

解図 4

5.3 $\phi = \tan^{-1}\frac{\tau}{\sigma} = \tan^{-1}\frac{200}{300} = 34°$

5.4 粘着力 c_u は，式 (5.26) より，

$$c_u = \frac{M_{\max}}{\pi D^2(H/2 + D/6)} = \frac{20}{\pi \times 0.05^2 \times (0.1/2 + 0.05/6)} = 44\,\text{kN/m}^2$$

5.5 鋭敏比 S_t は，式 (5.23) より，

$$S_t = \frac{q_u}{q_{ur}} = \frac{1.63}{0.33} = 4.94$$

第6章

6.1 受働土圧係数 K_p は，式 (6.16) より，

$$K_p = \frac{\sin^2(\theta + \phi)}{\sin^2\theta\sin(\theta - \delta)\left\{1 - \sqrt{\frac{\sin(\phi+\delta)\sin(\phi+\beta)}{\sin(\theta-\delta)\sin(\theta-\beta)}}\right\}^2}$$
$$= \frac{\sin^2(90° + 30°)}{\sin^2 90°\sin(90° - 20°)\left\{1 - \sqrt{\frac{\sin(30°+20°)\sin(30°+10°)}{\sin(90°-20°)\sin(90°-10°)}}\right\}^2}$$
$$= 10.903$$

受働土圧 P_p および壁底からのその作用位置 h_0 は，次のようになる.

$$P_\mathrm{p} = \frac{1}{2}\gamma_\mathrm{t}H^2 K_\mathrm{p} = \frac{1}{2} \times 18.0 \times 5^2 \times 10.903 = 2450\,\mathrm{kN/m}$$

$$h_0 = \frac{H}{3} = \frac{5.0}{3} = 1.67\,\mathrm{m}$$

6.2 受働土圧 P_p は，式 (6.32) より，次のようになる．

$$P_\mathrm{p} = \frac{\gamma_\mathrm{t}H^2}{2}\tan^2\left(45° + \frac{\phi}{2}\right) + 2cH\tan\left(45° + \frac{\phi}{2}\right)$$

$$= \frac{18.0 \times 5.0^2}{2} \times \tan^2\left(45° + \frac{30°}{2}\right) + 2 \times 10.0 \times 5.0 \times \tan\left(45° + \frac{30°}{2}\right)$$

$$= 848\,\mathrm{kN/m}$$

壁底からの作用位置 h_0 は，式 (6.33) より，次のようになる．

$$h_0 = \frac{H}{3}\frac{\gamma_\mathrm{t}H\tan(45° + \phi/2) + 6c}{\gamma_\mathrm{t}H\tan(45° + \phi/2) + 4c}$$

$$= \frac{5.0}{3} \times \frac{18.0 \times 5.0 \times \tan(45° + 30°/2) + 6 \times 10.0}{18.0 \times 5.0 \times \tan(45° + 30°/2) + 4 \times 10.0}$$

$$= 1.84\,\mathrm{m}$$

6.3 合成加速度の傾き α は，式 (6.47) より，次のようになる．

$$\alpha = \tan^{-1}\frac{k_\mathrm{h}}{1 - k_\mathrm{v}} = \tan^{-1}\frac{0.12}{1 - 0} = 6.84°$$

6.4 安全率 F_s は，式 (6.58) より，次のようになる．

$$F_\mathrm{s} = \frac{5.7c}{\gamma_\mathrm{t}H - \sqrt{2}\,cH/B} = \frac{5.7 \times 14.0}{18.0 \times 7.0 - \sqrt{2} \times 14.0 \times 7.0/3.0} = 1.00$$

第 7 章

7.1 $v = \frac{1}{\mu} + 1 = \frac{1}{1/4} + 1 = 5$, $\cos\theta_1 = 0.8944$, $\cos\theta_2 = 1.0000$, $\cos\theta_3 = 0.7071$

$$\Delta\sigma_{z\mathrm{B}} = \frac{v}{2\pi z^2}(P_1\cos^{v+2}\theta_1 + P_2\cos^{v+2}\theta_2 + P_3\cos^{v+2}\theta_3)$$

$$= \frac{5}{2 \times \pi \times 4^2}(30 \times 0.8944^7 + 20 \times 1.0000^7 + 40 \times 0.7071^7) = 1.85\,\mathrm{kN/m^2}$$

7.2 $\mu = \frac{1}{4}$ より $f = \frac{8}{3\pi}$, $\cos\theta_1 = 0.8000$, $\cos\theta_2 = 1.0000$, $\cos\theta_3 = 0.6247$

$$\Delta\sigma_{z\mathrm{B}} = \frac{f}{z}(q_1{'}\cos^{v+1}\theta_1 + q_2{'}\cos^{v+1}\theta_2 + q_3{'}\cos^{v+1}\theta_3)$$

$$= \frac{8/(3 \times \pi)}{4}(50 \times 0.80000^6 + 20 \times 1.0000^6 + 100 \times 0.6247^6) = 8.29\,\mathrm{kN/m^2}$$

7.3 $\beta_1 = \tan^{-1}(0/3) = 0.0000\,\mathrm{rad}$, $\beta_2 = \tan^{-1}(6/3) = 1.1071\,\mathrm{rad}$

$\alpha_1 = \beta_2 - \beta_1 = 1.1071 - 0.0000 = 1.1071\,\mathrm{rad}$

$\alpha_2 = \beta_2 + \beta_1 = 1.1071 + 0.0000 = 1.1071\,\mathrm{rad}$

$\Delta\sigma_{z\mathrm{B}} = \frac{q}{\pi}(\alpha_1 + \sin\alpha_1\cos\alpha_2) = \frac{50}{\pi}(1.1071 + \sin 1.1071\cos 1.1071) = 24.0\,\mathrm{kN/m^2}$

$\beta_1 = \tan^{-1}(-3/3) = -0.7854\,\mathrm{rad}$, $\beta_2 = \tan^{-1}(3/3) = 0.7854\,\mathrm{rad}$

$\alpha_1 = \beta_2 - \beta_1 = 0.7854 - (-0.7854) = 1.5708\,\text{rad}$

$\alpha_2 = \beta_2 + \beta_1 = 0.7854 + (-0.7854) = 0.0000\,\text{rad}$

$\Delta\sigma_{zC} = \frac{q}{\pi}(\alpha_1 + \sin\alpha_1\cos\alpha_2) = \frac{50}{\pi}(1.5708 + \sin 1.5708\cos 0.0000) = 40.9\,\text{kN/m}^2$

7.4 $I_{\text{ADC'A'}} = 0.490\ (\because\ a/z = 4/5 = 0.8,\ b/z = 12/5 = 2.4)$

$I_{\text{A'B'A}} = 0.250\ (\because\ a/z = 4/5 = 0.8,\ b/z = 0/5 = 0.0)$

$\Delta\sigma_{zA} = (I_{\text{ADC'A'}} - I_{\text{A'B'A}})q = (0.490 - 0.215)\times 35 = 9.63\,\text{kN/m}^2$

$I_{\text{ODC'O'}} = 0.490\ (\because\ a/z = 4/5 = 0.8,\ b/z = 4/5 = 0.8)$

$\Delta\sigma_{zO} = 2(I_{\text{ODC'O'}})q = 2\times(0.429)\times 35 = 30.0\,\text{kN/m}^2$

7.5 $I_{\text{GICE}} = 0.1818\ (\because\ m = L/z = 10/6 = 1.6667,\ n = D/z = 5/6 = 0.8333)$

$I_{\text{GIBF}} = 0.0506\ (\because\ m = L/z = 10/6 = 1.6667,\ n = D/z = 1/6 = 0.1667)$

$I_{\text{GHDE}} = 0.0815\ (\because\ m = L/z = 2/6 = 0.3333,\ n = D/z = 5/6 = 0.8333)$

$I_{\text{GHAF}} = 0.0238\ (\because\ m = L/z = 2/6 = 0.3333,\ n = D/z = 1/6 = 0.1667)$

$\Delta\sigma_{zG} = (I_{\text{GICE}} - I_{\text{GIBF}} - I_{\text{GHDE}} \mp I_{\text{GHAF}})q$
$= (0.1818 - 0.0506 - 0.0815 + 0.0238)\times 70 = 5.15\,\text{kN/m}^2$

第 8 章

8.1 (1) $\alpha = 1.0,\ \beta = 0.5$

$\phi = 30°$ のとき，$N_c = 37.2,\ N_\gamma = 20.0,\ N_q = 22.5$

$q_u = \alpha c N_c + \beta\gamma_2 B N_\gamma + \gamma_1 D_f N_q = 1.0\times 8.0\times 37.2 + 0.5\times(20.0 - 9.81)\times 5\times 20.0 + (18.0 - 9.81)\times 3.75\times 22.5 = 1500\,\text{kN/m}^2$

(2) $\alpha = 1.3,\ \beta = 0.3$

$\phi = 30°$ のとき，$N_c = 37.2,\ N_\gamma = 20.0,\ N_q = 22.5$

$q_u = \alpha c N_c + \beta\gamma_2 B N_\gamma + \gamma_1 D_f N_q = 1.3\times 8.0\times 37.2 + 0.3\times(20.0 - 9.81)\times 5\times 20.0 + (18.0 - 9.81)\times 3.75\times 22.5 = 1380\,\text{kN/m}^2$

(3) $\alpha = 1.3,\ \beta = 0.4$

$\phi = 30°$ のとき，$N_c = 37.2,\ N_\gamma = 20.0,\ N_q = 22.5$

$q_u = \alpha c N_c + \beta\gamma_2 B N_\gamma + \gamma_1 D_f N_q = 1.3\times 8.0\times 37.2 + 0.4\times(20.0 - 9.81)\times 5\times 20.0 + (18.0 - 9.81)\times 3.75\times 22.5 = 1490\,\text{kN/m}^2$

(4) $\alpha = 1.0 + 0.3B/L = 1.0 + 0.3\times 5/15 = 1.1,\ \beta = 0.5 - 0.3B/L = 0.5 - 0.3\times 5/15 = 0.47$

$\phi = 30°$ のとき，$N_c = 37.2,\ N_\gamma = 20.0,\ N_q = 22.5$

$q_u = \alpha c N_c + \beta\gamma_2 B N_\gamma + \gamma_1 D_f N_q = 1.1\times 8.0\times 37.2 + 0.47\times(20.0 - 9.81)\times 5\times 20.0 + (18.0 - 9.81)\times 3.75\times 22.5 = 1500\,\text{kN/m}^2$

8.2 $\alpha = 1.3,\ \beta = 0.4$

$\phi = 35°$ のとき，$N_c = 57.8,\ N_\gamma = 44.0,\ N_q = 41.4$

$q_a = \frac{1}{F_s}q_u = \frac{1}{F_s}(\alpha c N_c + \beta\gamma_2 B N_\gamma + \gamma_1 D_f N_q)$ より

$\frac{6000}{3\times 3} = \frac{1}{3}(1.3\times 2.0\times 57.8 + 0.4\times 19.0\times 3\times 44.0 + 19.0\times D_f\times 41.4)$

$\therefore\ D_f = 1.1\,\text{m}$

8.3 (1) $\alpha = 1.3$

$\phi = 30°$ のとき，$N_c = 250,\ N_q = 90$

粘性土で $N = 6$ のとき，$f_s = 10N = 10\times 6 = 60\,\text{kN/m}^2$

砂質土で $N = 25$ のとき，$f_s = 2N = 2 \times 25 = 50\,\text{kN/m}^2$

$R_u = q_u A_p + U l f_s = (\alpha c N_c + \gamma D_f N_q) A_p + U l f_s = [1.3 \times 0 \times 250 + \{15 \times 4 + (18 - 9.81) \times 12 + (19 - 9.81) \times 4\} \times 100] \times \pi \times \frac{0.4^2}{4} + \pi \times 0.4 \times (16 \times 60 + 4 \times 50) = 3660\,\text{kN}$

(2) 杭先端の N 値は $N = 25$，砂質部分の平均 N 値は $\overline{N}_s = 25$，粘土質部分の平均 N 値は $\overline{N}_c = 6$

$R_u = 9.81 \{ 40 N A_p + \left(\frac{\overline{N}_s l_s}{5} + \frac{\overline{N}_c l_c}{2} \right) U \} = 9.81 \times \{ 40 \times 25 \times \frac{\pi \times 0.4^2}{4} + \left(\frac{25 \times 4}{5} + \frac{6 \times 16}{2} \right) \times \pi \times 0.4 \} = 2070\,\text{kN/m}^2$

8.4 $B = B_g = 3.6\,\text{m}$，$L = 4.0\,\text{m}$

$\alpha = 1.0 + 0.3B/L = 1.0 + 0.3 \times 3.6/4.0 = 1.27$，$\beta = 0.5 - 0.3B/L = 0.5 - 0.3 \times 3.6/4.0 = 0.23$

$\phi = 0°$ のとき，$N_c = 5.71$，$N_\gamma = 0.00$，$N_q = 1.00$

$f_{gs1} = 2 \times \overline{N}_1 = 20\,\text{kN/m}^2$，$f_{gs2} = 2 \times \overline{N}_2 = 20\,\text{kN/m}^2$

$R_{gu} = q_{gu} A_g + U_g l_g f_{gs} = (\alpha c N_c + \beta \gamma_2 B_g N_\gamma + \gamma_1 l_g N_q) A_g + U_g l_g f_{gs} = [1.27 \times 16 \times 5.71 + 0.23 \times (20 - 9.81) \times 3.6 \times 0.00 + \{(18 - 9.81) \times 10 + (20 - 9.81) \times 2\} \times 1.00] \times (3.6 \times 4.0) + 2 \times (3.6 + 4.0) \times (8 \times 20 + 2 \times 20) = 6180\,\text{kN}$

第9章

9.1 アンカー力導入によって土塊ブロックに作用する力のうち，垂直抗力 N が $P\sin(\omega + \alpha)$ だけ増加し，すべらそうとする力 T が $P\cos(\omega + \alpha)$ だけ減少する．したがって，次のようになる．

$$F_s = \frac{2cH(\sin\beta/\sin\alpha) + [\gamma_t H^2 \{\sin(\beta - \alpha)/\tan\alpha\} + 2P\sin(\omega + \alpha)\sin\beta] \tan\phi}{\gamma_t H^2 \sin(\beta - \alpha) - 2P\cos(\omega + \alpha)\sin\beta}$$

9.2 $F = 1.3$，1.0 を代入して，$c' = 21.68\,\text{kN/m}^2$，$\tan\phi' = 0.30$ が得られる．$F = 1.2$ となるとき，$H = 1.59\,\text{m}$．ゆえに，水位を $3.41\,\text{m}$ 下げれば良い．

9.3 フェレニウス法にて計算すると，解表 2 のようになる．

解表 2

分割片番号	A_i (m²)	α_i (°)	l_i (m)	ϕ (°)	c_i (kN/m²)	$\sin\alpha_i$	$\cos\alpha_i$	W_i (kN)	$W_i \sin\alpha_i$	$W_i \cos\alpha_i$	$W_i \cos\alpha_i \tan\phi$	$c_i \cdot l_i$
1	2.49	59.27	1.45	40	1	0.859585	0.510993	48.80	48.80	41.9512	24.9385	20.9259	1.45
2-上	1.91	51.88	0.65	5	50	0.786720	0.617311	37.44	42.34	33.3066	26.1345	2.2865	32.50
2-下	0.28							4.90					
3-上	3.37	43.20	1.50	5	50	0.684547	0.728969	66.05	102.98	70.4926	75.0670	6.5675	75.00
3-下	2.11							36.93					
4-上	1.12	33.60	1.50	5	50	0.553392	0.832921	21.95	84.25	46.6243	70.1753	6.1395	75.00
4-下	3.56							62.30					
5	3.98	24.26	1.50	5	50	0.410878	0.911690	78.01	78.01	32.0518	71.1191	6.2221	75.00
6	2.79	15.55	1.50	5	50	0.268079	0.963397	54.68	54.68	14.6596	52.6824	4.6091	75.00
7	0.90	7.10	1.50	5	50	0.123601	0.992332	17.64	17.64	2.1803	17.5047	1.5315	75.00
合計									241.2664			48.2821	408.95

したがって，安全率 F は $F = \Sigma(c_i \cdot l_i + W_i \cdot \cos\alpha_i \cdot \tan\phi)/\Sigma(W_i \cdot \sin\alpha_i) = 1.90$．

9.4 $k_h = 0.15$，$\gamma_t = 17.0\,\text{kN/m}^3$，$c = 30.0\,\text{kN/m}^2$，$\phi = 5°$，$\tan\phi = 0.0874887$，$r = 8.4\,\text{m}$，$\Sigma l = 28.83\,\text{m}$，$\Sigma(c \cdot l) = 864.9\,\text{kN/m}$ のとき，地震時安定解析の結果は解表 3 のようになる．

解表 3

分割片番号	A (m²)	α (°)	$\sin\alpha$	$\cos\alpha$	W (kN/m)	$W\sin\alpha$	$W\cos\alpha$	h (m)	$(W\cos\alpha - k_\mathrm{h}\cdot W\sin\alpha)\tan\phi$	$r\cdot W\sin\alpha$	$h\cdot k_\mathrm{h}\cdot W$
1	19.32	48.35	0.747218	0.664579	328.44	245.4164	218.2742	4.81	15.8758	2061.49791	236.96946
2	35.83	34.58	0.567556	0.823335	609.11	345.7043	501.5013	7.53	39.3389	2903.91585	687.98975
3	26.97	19.70	0.337095	0.941471	458.49	154.5548	431.6548	9.16	35.7366	1298.26036	629.96526
4	19.73	6.78	0.118057	0.993007	335.41	39.5976	333.0644	10.14	28.6197	332.619975	510.15861
5	12.08	−4.46	−0.077763	0.996972	205.36	−15.9694	204.7381	11.73	18.1218	−134.14321	361.33092
6	7.65	−16.90	−0.290702	0.956814	130.05	−37.8058	124.4336	11.69	11.3827	−317.56889	228.04268
7	2.82	−31.24	−0.518624	0.855002	47.94	−24.8628	40.9888	11.21	3.9123	−208.84783	80.61111
合計									152.9879	5935.73417	2735.06778

したがって，安全率 F は

$$F = \Sigma r\{cl + (W\cos\alpha - ul - k_\mathrm{h}W\sin\alpha)\tan\phi\}/\Sigma(rW\sin\alpha + hk_\mathrm{h}W) = 0.99.$$

第 10 章

10.1 10.1 節参照

10.2 10.2.2 項，10.4.2 項参照

10.3 10.3.4 項，10.4.4 項参照

10.4 10.5.2 項参照

第 11 章

11.1 11.1 節参照

11.2 11.3.4 項，11.4.2 項参照

11.3 10.5.4 項および 11 章の関連工法を参照

索　引

著 者 略 歴

鍋島　康之（なべしま・やすゆき）大阪大学博士（工学）
　　1988 年　大阪大学工学部土木工学科卒業
　　1994 年　大阪大学大学院工学研究科博士後期課程土木工学専攻単位取得退学
　　2005 年　明石工業高等専門学校助教授
　　2007 年　明石工業高等専門学校准教授
　　2011 年　明石工業高等専門学校教授（現在に至る）

日置　和昭（ひおき・かずあき）大阪工業大学博士（工学），技術士（建設部門）
　　1992 年　大阪工業大学工学部土木工学科卒業
　　1994 年　大阪工業大学大学院工学研究科修士課程土木工学専攻修了
　　2007 年　大阪工業大学講師
　　2012 年　大阪工業大学准教授
　　2019 年　大阪工業大学教授（現在に至る）

佐野　博昭（さの・ひろあき）金沢工業大学博士（工学）
　　1983 年　防衛大学校理工学専攻土木工学専門課程卒業
　　1986 年　長岡技術科学大学大学院工学研究科修士課程建設工学専攻修了
　　1994 年　石川工業高等専門学校講師
　　1996 年　石川工業高等専門学校助教授
　　2002 年　大分工業高等専門学校教授
　　2020 年　防衛大学校教授（現在に至る）

辻子　裕二（つじこ・ゆうじ）豊橋技術科学大学博士（工学）
　　1991 年　豊橋技術科学大学建設工学課程卒業
　　1993 年　豊橋技術科学大学大学院工学研究科前期修士課程建設工学専攻修了
　　2002 年　福井工業高等専門学校講師
　　2003 年　福井工業高等専門学校助教授
　　2007 年　福井工業高等専門学校准教授
　　2014 年　福井工業高等専門学校教授（現在に至る）

吉田　信之（よしだ・のぶゆき）アルバータ大学 Ph.D.
　　1981 年　神戸大学工学部土木工学科卒業
　　1983 年　神戸大学大学院工学研究科修士課程土木工学専攻修了
　　1990 年　アルバータ大学大学院博士課程土木工学専攻修了
　　1993 年　京都大学講師
　　1996 年　神戸大学助教授
　　2007 年　神戸大学准教授
　　2016 年　逝去

沖村　孝（おきむら・たかし）京都大学理学博士
　　1967 年　神戸大学工学部土木工学科卒業
　　1969 年　神戸大学大学院工学研究科修士課程土木工学専攻修了
　　1984 年　神戸大学助教授
　　1995 年　神戸大学教授
　　2008 年　神戸大学名誉教授（現在に至る）

青木　一男（あおき・かずお）京都大学工学博士
　　1975 年　京都大学工学部土木工学科卒業
　　1977 年　京都大学大学院工学研究科修士課程土木工学専攻修了
　　1992 年　大阪工業大学助教授
　　1998 年　大阪工業大学教授
　　2018 年　大阪工業大学名誉教授（現在に至る）

渡辺　康二（わたなべ・こうじ）長岡技術科学大学博士（工学）
　　1962 年　岐阜大学工学部土木工学科卒業
　　1972 年　福井工業高等専門学校講師
　　1976 年　福井工業高等専門学校助教授
　　1984 年　福井工業高等専門学校教授
　　2003 年　福井工業高等専門学校名誉教授（現在に至る）

編著者略歴

澤 孝平（さわ・こうへい）京都大学工学博士
　1965 年　京都大学工学部土木工学科卒業
　1967 年　京都大学大学院工学研究科修士課程土木工学専攻修了
　1972 年　京都大学講師
　1973 年　明石工業高等専門学校助教授
　1984 年　明石工業高等専門学校教授
　2006 年　明石工業高等専門学校名誉教授（現在に至る）

編集担当　二宮　惇（森北出版）
編集責任　藤原祐介（森北出版）
組　　版　プレイン
印　　刷　丸井工文社
製　　本　同

地盤工学　（第 2 版・新装版）　　　　　Ⓒ 澤 孝平 2020

1999 年 11 月 11 日　第 1 版第 1 刷発行　　【本書の無断転載を禁ず】
2007 年　2 月 28 日　第 1 版第 7 刷発行
2009 年 12 月 28 日　第 2 版第 1 刷発行
2019 年　8 月 30 日　第 2 版第 7 刷発行
2020 年 10 月 30 日　第 2 版・新装版第 1 刷発行
2022 年　2 月 21 日　第 2 版・新装版第 2 刷発行

編　著　者　澤　孝平
発　行　者　森北博巳
発　行　所　森北出版株式会社
　　　　　　東京都千代田区富士見 1-4-11（〒102-0071）
　　　　　　電話 03-3265-8341／FAX 03-3264-8709
　　　　　　https://www.morikita.co.jp/
　　　　　　日本書籍出版協会・自然科学書協会　会員
　　　　　　JCOPY ＜（一社）出版者著作権管理機構　委託出版物＞

落丁・乱丁本はお取替えいたします.

Printed in Japan／ISBN978-4-627-40663-6